普通高等教育园林景观类『十二五』规划教材

造园材料

主　编　王建伟

副主编　解文峰　王瑶　陈鸿

中国水利水电出版社
www.waterpub.com.cn

U0238583

内 容 提 要

本书结合造园材料相关的最新标准和规范，参考园林工程中新材料、新技术、新工艺的应用方法，适时穿插材料的艺术语言、设计特性及应用举例，有主有次地阐述了风景园林专业人员必须掌握的理论知识和专业技能。内容包括绪论、造园材料的基本性质、石材、木材和竹材、造园烧土材料、无机胶凝材料、混凝土和砂浆、塑料和玻璃、金属材料及制品、造园功能材料等。

本书体例新颖、内容翔实，紧扣专业、突出适用，图文并茂、通俗易懂，做到科学性、专业性、实用性并重。

本书可作为高等院校本专科园林专业的教材，也可作为城市规划和建筑学专业的教材，以及相关从业人员的参考用书。

图书在版编目（ＣＩＰ）数据

造园材料 / 王建伟主编. -- 北京 ： 中国水利水电
出版社，2014.9（2017.9重印）
普通高等教育园林景观类"十二五"规划教材
ISBN 978-7-5170-2173-5

Ⅰ．①造… Ⅱ．①王… Ⅲ．①园林建筑－建筑材料－
高等学校－教材 Ⅳ．①TU986.3

中国版本图书馆CIP数据核字(2014)第201194号

书　　名	普通高等教育园林景观类"十二五"规划教材 **造园材料**
作　　者	主编　王建伟　　副主编　解文峰　王瑶　陈鸿
出版发行	中国水利水电出版社 （北京市海淀区玉渊潭南路1号D座　100038） 网址：www.waterpub.com.cn E-mail：sales@waterpub.com.cn 电话：(010) 68367658（营销中心）
经　　售	北京科水图书销售中心（零售） 电话：(010) 88383994、63202643、68545874 全国各地新华书店和相关出版物销售网点
排　　版	中国水利水电出版社微机排版中心
印　　刷	北京嘉恒彩色印刷有限责任公司
规　　格	210mm×285mm　16开本　13印张　402千字　4插页
版　　次	2014年9月第1版　2017年9月第2次印刷
印　　数	3001—5000册
定　　价	**30.00**元

凡购买我社图书，如有缺页、倒页、脱页的，本社营销中心负责调换

编 委 会

造园材料是人类造园活动所用一切材料的总称，是园林建设的物质基础，是表达设计理念的客观载体。从某种意义上说，我国几千年光辉灿烂的造园史就是一部人们利用材料、改造材料的发展史。

在风景园林专业的课程体系中，造园材料是培养"能设计、会施工、懂管理"这种宽口径、厚基础、复合型人才的重要基础课程。同时，造园材料也是园林从业人员达到"以艺驭技，以技创艺，技艺结合"这一高度的必备知识。

本书从多年的造园材料教学实践经验出发，遵循材料学与园林设计、施工和管理的内在联系，在系统介绍造园材料基本概念、基本性质和各种材料基本知识的基础上，注重理论知识与实际应用的科学结合，构建了一套便于学生理解和掌握的教学内容体系。

本书具有以下几点特色：

（1）构建了新的课程体系。本书紧扣风景园林专业的知识体系，围绕"'材'为景观设计所'选'，'料'为园林施工所'用'"这个中心，凸显《造园材料》作为风景园林景观设计和工程施工的基础知识的地位这一目的，构建了新的课程体系。

（2）编写体例有所创新。在对各种造园材料的基本知识讲解之后，还介绍了材料的施工工艺、构造方法、艺术语言、设计特性等多方面的知识，并举例说明其在造园中的应用，以达到学以致用的目的。

（3）体系完整，重点突出。造园材料种类繁多，本书既注重造园材料知识的系统性和完整性，又以材料在造园工程中使用的"量"为重要依据，削枝强干，突出重点。

（4）图文并茂，趣味直观。书中插有多张高质量照片，使得材料知识的理解更加直观，每章末尾的小结、思考题和调研题，延展了学生的思维，增加了教材的趣味性。

本书共分10章。其中，第1、2、4章由河南科技学院王建伟编写，第3章由河南科技大学苏维编写，第5章由安徽科技学院陈鸿编写，第6、7章由河南科技学院王瑶编写，第8、9章由四川农业大学解文峰编写，第10章第1节由河南科技学院李梅编写，第10章第2节由河南科技学院郑树景编写，第10章第3节由河南五建建设集团有限公司郭东明编写，第10章第4节由河南科技学院新科学院魏淑敏编写。最后，由王建伟统稿和修编定稿。

由于编写人员水平有限，加之时间仓促，书中疏漏在所难免，望读者批评指正，以便今后进一步修改补充。

作者

2014 年 5 月

目录
Contents

第1章 绪 论

1.1 造园材料的概念

1.1.1 "造园"一词的起源

享有"世界三大园林体系之一"美誉的中国，在造园科学和艺术上，有着悠久的历史和光辉的成就。我国造园业的发展先后经历了原始文明、农业文明、工业文明、信息文明四个阶段。它生成于商周，转折于魏晋，成熟于唐宋，发达于明清，上下 3000 余年。在我国现存的文献记载中，元末明初著名学者陶宗仪在《曹氏园池行》中"浙右园池不多数，曹氏经营最云古。我昔避兵贞溪头，杖屦寻常造园所。"的诗句，为"造园"一词的最早出处。或许明末计成《园冶》中，郑元勋的题词"古人百艺皆传之于书，独无传造园者何？曰：园有异宜，无成法，不可得而传也。"可以解释其中的原因。

《园冶》是我国历史上第一部将造园实践和经验提升到造园理论和原则的专著，首次创造性地提出了完整的造园学说。直到 20 世纪，童寯、陈植等一批近代造园理论的研究者，梳理了我国的造园史，构建了我国近代造园理论体系，界定了"造园"和"造园学"所涵盖的内容。

造园是指各种"园子"的创作（即设计）、建造（即施工）、经营（即管理、保护）的全过程。这些"园子"包括庭园、苑囿、都市公园、天然公园及其他性质类似的各项设施，如名胜、古迹、环境保护、自然保护、国土美化、风景资源开发及旅游开发与经营等。造园学则是包括农学、林学、生物学、工程学、气候学、地理学、美学等的综合性科学。

1.1.2 "造园材料"一词的起源

作为我国近代造园理论研究的开拓者之一的陈植先生，在构建我国近代造园理论体系，界定造园学所涵盖范围的同时，还制订了高等院校造园学科的课程体系。他在《造园学概论》一书中，明确地将造园体系分为造园材料学、造园建筑学、造园设计学、造园管理学、造园行政学等 14 个学科。这一对造园学体系的科学总结，为我国高等教育造园专业人才的培养，奠定了坚实的理论基础。"造园材料"一词也由此应运而生。造园材料作为园林建设的物质基础，是表达设计理念的客观载体。从某种意义上说，我国几千年光辉灿烂的造园史就是一部人们利用材料、改造材料的发展史。

时至今日，"造园"、"园林"、"风景园林"等词并用，它们的词意基本相同，如将其分别置于"材料"一词之前来表述一门课程，则"造园"一词更为简洁和准确。

1.1.3 造园材料与建筑材料、土木工程材料的关系

长期以来，造园材料作为风景园林专业一门重要的专业基础课，并没有受到应有的重视，相当一部分设有风景园林专业的院校并没有开设这门课程。目前，造园材料的知识多散见于各类建筑工程及园林工程书籍之中，教材建设十分匮乏，致使没有开设《造园材料》课程的院校也多以土建专业的《土木工程材料》或《建筑材料》为教材或参考用书，此种做法，存在诸多不妥。

土木工程材料是指应用于结构工程中的无机材料、有机材料和复合材料的总称，它是工程结构

设计和施工人员必备的基础知识,适合高校土木工程专业学习。建筑材料是指构成建筑物和构筑物本身的材料,它是建筑设计者必备的基础知识,适合高校建筑学专业学习。造园材料是指应用于造园过程中的生物材料和非生物材料的总称,它是景观设计和园林施工者必备的基础知识,适合高校风景园林专业学习。

总的来讲,造园材料、建筑材料、土木工程材料三者之间虽然有交叉重合,但其侧重点又各有不同。因此,有必要对造园材料知识进行研究、优化和整合,突出造园特色,满足专业需求,增强专业归属感,使造园材料知识更富有专业性、适用性、针对性和逻辑性。

1.2 造园材料的分类

我国历史悠久、幅员辽阔,造园材料又具有鲜明的时代特色和典型的地域特征,因此,古往今来造园材料不断推陈出新,材料种类日益丰富,几乎涵盖了自然界中的所有材料,难以根据其组成或结构特点予以确切的定义。为了便于掌握其应用规律,通常从不同角度进行分类。

1.2.1 按造园材料的生命特征分类

从广义上讲,造园材料按其是否具有生命特征分类,可以分为生物造园材料和非生物造园材料两大类。

1.2.1.1 生物造园材料

生物造园材料是指应用于造园过程中,具有生命特性的动物和植物。

在中国3000多年的造园史中,人们对自然的审美是先从动物开始的。《诗经》中"王在灵囿,麀鹿攸伏,麀鹿濯濯,白鸟翯翯。王在灵沼,於牣鱼跃。"就生动地描绘了灵囿、灵沼这两处陆上和水中动物的艺术形态。康熙年间陈扶摇在其所著的《秘传花镜》一书中将园林动物归纳为禽鸟、兽畜、鳞介、昆虫四大类,并分别介绍了各种类动物的习性、饲养方法和欣赏特点等内容。在我国古典园林中饲养各种飞禽走兽,除了为增添园林的自然野趣之外,还多有文化上的象征意义。新中国成立以来,动物园成为我国现代园林的主要类型之一,并且饲养动物的种类和数量不断增多,饲养的目的也不再是单纯地供人们娱乐,对保护濒危动物和维护自然生态平衡等都有十分重要的意义。

园林植物是构成园林景观的主题,它包括木本和草本的观花、观叶和观果植物,以及适用于园林、绿地和风景名胜区的防护植物与经济植物。

目前,除了各种鱼类还多应用于园林之中,其他动物主要集中在动物园内;同时,《园林植物学》也通常是高等院校风景园林专业的必修课程。因此,本书对生物造园材料不再赘述,以下所讲均指非生物造园材料。

1.2.1.2 非生物造园材料

非生物造园材料是指应用于造园过程中,不具有生命特性的各种材料。

1.2.2 按造园材料的使用历史分类

1.2.2.1 传统造园材料

传统造园材料是指在我国古典园林营造中所使用的材料。

在我国古典园林营造中,多使用夯土、山石、木材、竹材、砖瓦、陶瓷、石灰、油漆彩绘等材料。这些材料大多是天然形成,或只做简单加工,符合古代造园者天人合一的理念和崇尚自然的思想。它更多地应用了材料自身的力学特性,展现了材料的自然质感和色泽,营造了一种朴素美和古拙美。

1.2.2.2 现代造园材料

现代造园材料是指在我国现代园林建设中所使用的除传统造园材料以外的材料。

随着科学技术的发展，新技术、新材料、新工艺的不断涌现，我国现代园林建设所使用的材料得到了极大的丰富。主要包括玻璃、塑料、塑胶、涂料、水泥、混凝土、金属制品、土工材料、复合材料及各种造园功能材料等。

"问渠哪得清如许，为有源头活水来。"对造园新材料的大胆应用和对设计理念的不断更新便是造园的"源头活水"。造园材料的推陈出新，是我国古典园林和现代园林不断发展的共同动力。始制于北魏、流行于唐宋及其以后的琉璃瓦，自从出现，就以它绚丽而耀目的光泽使得我国古典园林增色许多，将园林建筑衬托得金碧辉煌、瑞烟翠渺。园林装饰陶瓷的出现，更使得园林中的花窗、栏杆、照壁、陈设等让人耳目一新，就连鱼缸、果皮箱等都变得光洁可爱了。在现代园林中，金属材料除作为结构材料被广泛应用外，许多园林中还出现了应用金属材料加工制作的园林小品，在园林环境中别具一番魅力。在有些园林中，运用不同色彩的陶瓷砖在水池底部铺成图案，也大大增强了水池的景观表现力。玻璃、涂料等新材料的出现，使得现代园林独具特色并富有感染力。

设计理念的更新也需要新的造园材料的支持。混凝土这种出现在19世纪中期的材料，由于其良好的可塑性和经济、实用等优点，迅速受到各方建设者的青睐，除作为结构材料使用的普通混凝土外，可运用在园林建设中的混凝土类型和品种也层出不穷，使得造园者的设计理念得到了充分的表达。

1.2.3 按造园材料的应用工程类型分类

按照不同的工程类型所使用的造园材料来分类，可以分为风景建筑工程材料、园林给排水工程材料、园林水景工程材料、园林道路工程材料、山石景观工程材料、园林照明工程材料六大类（见表1-1）。这种分类方式的优点是材料适用对象明确，功能特性突出；缺点是不同工程所用材料类型交叉、重叠较多，不利于对每一类材料知识的完整学习。

表1-1 按不同工程类型应用的造园材料分类

材料类别	主要应用项目或部位	常用材料
风景建筑工程材料	景观建筑（亭、廊、桥、榭等） 园林小品（桌、凳、花台、雕塑等）	石材、木材、竹材、砖瓦、石灰、水泥、钢材、砂浆、混凝土、油漆彩绘、防水卷材等
园林给排水工程材料	园林给水工程 园林排水工程	各种给排水管材、管件、阀门等
园林水景工程材料	湖、池、溪流（驳岸、护坡、湖底等）、泉、瀑布	木桩、竹桩、石材、混凝土、防水卷材、各种喷头、阀门、管网材料等
园林道路工程材料	基层、结合层、面层、附属工程	砂、砖、石子、水泥、石灰、石板、木材、沥青、混凝土等
山石景观工程材料	山基、主体、胶结、连接	山石、砂子、石子、水泥、石灰、混凝土、颜料、铁活、GRC、FRP等塑山材料等
园林照明工程材料	供电、照明	管线、灯具、变压设备等

1.2.4 按造园材料的功能作用分类

按造园材料的功能作用分类，此分类方式便于造园工程技术人员选材用料，各种材料手册均按此分类。根据材料在造园中所起的功能作用不同，可分为结构材料和功能材料两大类。

1.2.4.1 结构材料

结构材料是指梁、板、柱、基础、墙体和其他受力构件所用的材料。

最常用的结构材料有石材、木材、钢材、烧结砖、混凝土等。材料的力学性能和机械性能是应用的主要技术性能，这些性能的优劣决定了工程结构的安全性和使用的可靠性。

1.2.4.2 功能材料

功能材料是指担负某些造园功能的非承重材料，分为以下六大类。

（1）围护、分割材料。在景观建筑中起到围护和分割空间作用的非承重材料，如隔墙、隔断、幕墙等构件所使用的砌块、木板、塑料板、金属板、石膏板等。

（2）景观、装饰材料。如景石、玻璃、陶瓷、涂料、油漆、铝合金等。

（3）防水、防潮材料。如防水砂浆、防水混凝土等刚性防水材料；改性沥青防水卷材、合成高分子防水卷材等柔性防水材料；防水涂料、密封材料等。

（4）保温、隔热材料。如矿棉、石棉、玻璃棉、膨胀蛭石、膨胀珍珠岩、泡沫玻璃、泡沫混凝土、聚氨酯泡沫塑料、聚苯乙烯泡沫塑料等。

（5）吸声、隔音材料。如吸声砖、开孔石膏板、矿棉板、玻璃棉、软木板、吸声蜂窝板等。

（6）防火、防腐材料。耐火混凝土、耐火石膏板、防火防腐涂料等。

1.2.5 按造园材料的化学组成分类

按造园材料的化学组成分类是目前造园材料最常见的分类方法，方便学习、记忆和掌握造园材料的基本知识和基本理论。按材料的化学组成可将造园材料分为无机材料、有机材料、复合材料三大类。这三大类中又分别包含多种材料类别，见表1-2。

表1-2　　　　　　　　　　　造园材料按化学组成的分类

材料类别			举例
无机材料	金属材料	黑色金属	钢、铁及其合金、合金钢、不锈钢
		有色金属	铜、铝及其合金
	非金属材料	天然石材	砂、碎石、卵石、毛石、料石、景石
		烧土制品	砖、瓦、陶瓷制品
		胶凝材料及制品	石灰、石膏、水泥、砂浆、混凝土及各种硅酸盐制品
		玻璃	普通平板玻璃、特种玻璃
		无机纤维材料	矿物棉、玻璃纤维
有机材料	天然材料		木材、竹材及其制品
	沥青材料		石油沥青、煤沥青及其制品
	合成高分子材料		塑料、橡胶、涂料、胶粘剂
复合材料	有机与无机非金属材料复合		聚合物混凝土、玻璃纤维增强塑料
	金属与无机非金属材料复合		钢筋混凝土、钢纤维混凝土
	金属与有机材料复合		PVC钢板、有机涂层铝合金板

1.3 造园材料的技术标准与质量控制

1.3.1 造园材料的技术标准

行业的标准化对促进社会经济的繁荣、发展起着举足轻重的作用，古往今来一直都备受重视。秦始皇统一六国后，紧接着"统一文字、货币、度量衡"，还将"书同文、车同轨"列为天下之大政，使得秦朝盛极一时，并出现了真正意义上的皇家园林，造园业有了较大的发展。宋朝李诫编修的《营造法式》是我国建筑史上一部重要的技术法规，它是集建筑设计与施工技术、技术标准与规范、劳动定额等内容为一体的专著，对建筑技术和标准的发展起到了非常重要的推动作用。

在造园业逢勃发展的今天，为了保证材料质量、利于现代化生产和科学管理，必须对材料产品的技术要求制定统一的执行标准。根据《中华人民共和国标准化法》的规定，造园材料应采用建筑业行业技术标准。其内容主要包括：产品规格、分类、技术要求、检验方法、验收规则、标识、运输和储存注意事项等方面。

根据技术标准发布单位与适用范围分为国家标准、行业标准、地方标准、企业标准四类。

1.3.1.1　国家标准

国家标准有强制性标准（代号 GB）和推荐性标准（代号 GB/T）。强制执行标准是全国必须执行的技术指导文件，产品的技术指标都不得低于标准中规定的要求。推荐性标准在执行时也可采用其他相关标准的规定。

1.3.1.2　行业标准

各行业（或主管部门）为了规范本行业的产品质量而制定的技术标准，也是全国性的指导文件，其技术要求应高于国家标准。如建筑工程行业标准（代号 JGJ）、建筑材料行业标准（代号 JC）、城建行业工程建设规程（代号 CJJ）等。

1.3.1.3　地方标准

地方标准（代号 DB）为地方主管部门发布的地方性技术指导文件，适用于该地区使用，其技术要求应高于国家标准。

1.3.1.4　企业标准

由企业制定发布的指导本企业生产的技术文件（代号 QB），仅适用于本企业。凡没有制定国家标准、部级标准的产品，均应制定企业标准。企业标准所订的技术要求应高于类似（或相关）产品的国家标准。

标准的一般表示方法是由标准名称、部门代号、标准编号、颁布年份四部分组成。例如，2007年制定的国家强制性 175 号通用硅酸盐水泥的标准为：《通用硅酸盐水泥》（GB 175—2007）；2005年制定的国家推荐性 19766 号天然大理石建筑板材的标准为：《天然大理石建筑板材》（GB/T 19766—2005）。

随着我国对外开放的深入，常常还涉及一些与造园材料关系密切的国际或外国标准，其中主要有国际标准（代号 ISO）、美国材料试验协会标准（代号 ASTM）、日本工业标准（代号 JIS）、德国工业标准（代号 DIN）、英国标准（代号 BS）、法国标准（代号 NF）等。熟悉有关的技术标准，并了解制定标准的科学依据，是十分必要的。

1.3.2　造园材料的质量控制

为了满足风景园林设计和施工要求的艺术效果和技术性能，所用材料的技术性质必须达到相应的技术要求。因此，造园材料在选材用料时，必须对其质量严格控制。工程实际中对材料进行质量控制的方法主要有以下几种。

（1）通过对材料有关质量文件的书面检验，初步确定其来源及基本质量状况。

（2）对工程拟采用的材料进行抽样验证试验。根据检验所测得的技术指标来判定其实际质量状况，只有相关指标达到相应技术标准规定的要求时，才允许其在工程中使用。

（3）在使用过程中，通过监测材料的使用性能、成品或半成品的技术性能，评定材料在工程中的实际技术性能表现。

（4）在使用工程中，材料技术性能出现异常时，应根据材料的有关知识判定其原因，并采取措施避免其对于工程质量的不良影响。

1.4 《造园材料》课程对风景园林专业学习的意义

在风景园林专业的课程体系中，造园材料是一门重要的专业基础课。它既是培养"能设计、会施工、懂管理"这种宽口径、厚基础、复合型人才的重要基础课，又是园林从业人员达到"以艺驭技，以技创艺，技艺结合"这一高度的必备知识，造园材料这门课程对风景园林专业的学习具有十分重要的意义。

1. 有利于充分表达设计理念

造园材料是园林建设的物质基础，是表达设计理念的客观载体。对于一个设计者而言，只有熟练掌握各种造园材料的知识，才能最大限度地体现设计思想和设计理念。比如我国古典园林多以砖、石、木、竹等作为造园材料，自从 19 世纪中期混凝土材料出现之后，由于其良好的可塑性和经济、实用等优点，迅速受到园林建设者的青睐。一方面，混凝土作为结构材料使用时，能够满足大跨度、大空间、结构复杂的设计要求，拓展和丰富了园林建筑的形式；此外，一部分特种混凝土（如高强混凝土等）的使用，能够缩小园林建筑中梁柱的截面尺寸，不但解决了园林建筑"肥梁胖柱"不美观的问题，而且可增加使用面积。另一方面，可运用在园林建设中的混凝土类型和品种也是层出不穷，进一步使造园者的设计理念得到了充分的表达。再如石材的应用，造园者只有掌握了太湖石的清秀、玲珑，房山石的沉实、浑厚，宣石的貌似积雪，灵璧石的清韵、万化，才能够运用自如，使景园主题思想的表达恰到好处。

2. 有利于优选施工方法和施工工艺

造园材料不同于其他的建筑物或构筑物的建造材料，它具有很大的艺术性和灵活性。对施工者而言，具有很大的思考空间和发挥空间。一个设计已定的园子，在施工过程中，还需要施工者仔细体会造园各要素的景观效果，分析不同的施工方法或施工工艺带来的不同艺术表现力。例如灰浆有泼灰、泼浆灰、煮浆灰、老浆灰等多种使用方法，这就需要一个掌握有丰富造园材料知识的施工者，根据具体情况合理地加以选择。

3. 有利于合理组织施工管理

对于一个园林工程管理者，掌握造园材料知识的多少和深刻程度直接影响到工程的施工组织设计，施工组织设计是工程进行的依据。工程管理者需要合理选用材料、进调材料，以满足工程进度的要求。我国古典园林中往往点缀有楼、台、厅、阁等小型园林建筑，这些建筑的飞子、斗拱等部位通常使用硬杂木，工程管理者就应该知道什么是硬杂木，哪里出产硬杂木，都包括哪些树种，产量有多大，什么时候采购才能满足工程的需求。某风景区的建设，就曾因硬杂木和青条石的进调不力，致使工期延误一个多月，造成了很大的浪费。

4. 有利于控制工程造价

在景园建设投资中，造园材料的费用一般占总投资的 60% 以上，因此造园材料价格的高低直接影响工程总造价的多少。在有些工程或工程的某些部位，可选择的材料品种很多，在满足造景需要和各项使用功能的前提下，虽然它们在工程中所体现的效果相近，但是所需要的成本以及其所消耗的资源或能源可能差别很大。比如园林建筑中斗拱的建造，由于其本身构造的复杂性，若选用钢筋混凝土材料，则会造成施工难度大、工期延长、造价提高、所做斗拱尺寸偏差大等问题；若选用可加工性好、强度和刚度均符合设计要求的木材为材料，则会使施工方便、工期缩短、造价降低。因此，从控制园林工程造价的角度来看，正确选择和使用材料，在园林建设工作中对于创造良好的经济效益和社会效益都具有十分重要的意义。

5. 有利于园林建筑坚固耐久

造园材料的耐久性是影响园林建筑寿命的两个最重要因素之一。要保证建筑的耐久性，就必须在了解材料性能的基础上，掌握各种材料的防腐、防火、防虫蛀等方面的技术和手段，并合理地应用到工程建设中。我国古典园林中的建筑物大多以砖、石、木为结构材料，梁、柱和斗、拱等构件多用木材制作，而木材的防腐、防火、防虫蛀、防变形等方面的性能都较差，这就给园林建筑的耐久性提出了严峻的挑战。然而，我们能够看到很多木结构建筑历经千年风雨依然完好屹立，这正说明了当时的建造者掌握了多么丰富和科学的材料学知识。目前，钢筋混凝土作为现代工程中的主要建设材料，其耐久性同样受到了广泛的关注和深入的研究，再次说明了造园材料的耐久性对园林建筑的耐久性有着重要的意义。

6. 有利于建造生态园林

随着造园业的发展，"生态"理念越来越多地渗透到造园活动的设计、施工和管理中。再开阔的思路，再合理的设计，最终还须通过材料这个载体来实现。因此，生态材料的相继出现，为生态园林的打造起到了很大的推动作用。近年来，生物相容型生态混凝土已经在某些园林的小溪、水池、湖体等水景以及护堤、护坡中应用，与普通的混凝土相比，它具有多孔、透水、透气等特性，能与动植物和谐共存，保护了生态环境。

小　结

我国的造园历史已绵延 3000 余年，"造园"一词最早出现在元末明初著名学者陶宗仪所著的《曹氏园池行》中，距今仅有 600 余年。"造园材料"一词的出现更晚，我国近代造园理论家陈植先生在他的《造园学概论》一书中首次提及"造园材料学"，距今只有短短几十年。然而，造园材料并未因其词汇出现较晚影响了它的发展，而是紧跟历史的进程和地域的变迁，不断地推陈出新，愈加丰富灿烂。

时至今日，造园材料已经成为风景园林专业的一门重要学科，其知识更加繁杂，内容更加丰富，学科的基础作用更加凸显。因此，我们有必要对其进行细致的梳理和认真的学习。具体来说，要了解"造园"与"造园材料"的词义及起源；掌握造园材料的分类、技术标准与质量控制；深入认识《造园材料》课程对风景园林专业学习的重要意义。

思　考　题

1. 简述造园材料的分类方法和分类特点。
2. 造园材料质量控制的方法有哪些？
3. 在我国根据技术标准的发布单位与适用范围，可分为哪几类？
4. 综述造园材料学习的目的与意义。
5. 试论述造园材料的应用现状与发展趋势。

第2章 造园材料的基本性质

造园材料的基本性质，是指材料处于不同的使用条件和使用环境时，通常必须考虑的最基本、共有的性质。例如用于园林小品和景观建筑的结构材料应具有良好的力学性能；用于园路、广场的铺装材料应具有合适的摩擦系数和良好的耐磨性能；用于驳岸、护坡的山石材料应具有较小的吸水率和良好的抗冻性；用于园桌、园椅、园林器设的材料应具有较小的导热系数和良好的耐磨性；造园中的很多材料在使用时，往往还需考虑其装饰性、生态性、艺术性等。

总的来讲，造园材料所处的工程部位不同，使用环境不同，人们对材料的使用功能要求不同，艺术效果就不同，技术性质也不同。因此，为了保证造园材料的技术性和艺术性都符合造园者的要求，能够在造园设计和施工中合理地选材用料，就必须了解和掌握造园材料的基本性质。

2.1 材料的基本状态参数

2.1.1 材料的密度、表观密度和堆积密度

2.1.1.1 密度

材料在绝对密实状态下单位体积的质量，称为材料的密度，用式（2-1）表示。

$$\rho = \frac{m}{V} \qquad (2-1)$$

式中 ρ——材料的密度，g/cm^3 或 kg/m^3；

$\quad$ m——材料在干燥状态下的质量，g 或 kg；

$\quad$ V——材料在绝对密实状态下的体积，cm^3 或 m^3。

所谓绝对密实状态下的体积，是指不包括材料内部孔隙的固体物质的实际体积。

常用材料中除钢材、玻璃、沥青等可以认为不含孔隙外，绝大多数材料均或多或少地含有孔隙。测定有孔隙材料的密度时，须将材料磨成细粉（粒径小于 0.20mm），经干燥后用李氏瓶测得其实际体积。材料磨得越细，测得的密度值越精确。

2.1.1.2 表观密度

材料在自然状态下单位体积的质量，称为材料的表观密度，用式（2-2）表示。

$$\rho_0 = \frac{m}{V_0} \qquad (2-2)$$

式中 ρ_0——材料的表观密度，g/cm^3 或 kg/m^3；

$\quad$ m——材料的质量，g 或 kg；

$\quad$ V_0——材料在自然状态下的体积，cm^3 或 m^3。

所谓自然状态下的体积，是指包括材料内部孔隙的外观几何形状的体积。

对于外形规则的材料，其表观密度测定很简便，只要测得材料的质量和体积，即可算得。不规则材料的体积要采用排水法求得，但材料表面应预先涂上蜡，以防止水分渗入材料内部使所测结果不准确。另外，材料的表观密度与含水状况有关，当材料含水率变化时，其质量和体积均有所变化。因此测定材料表观密度时，须同时测定其含水率，并予以注明。

2.1.1.3 堆积密度

散粒材料在自然堆积状态下单位体积的质量，称为材料的堆积密度，用式（2-3）表示。

$$\rho_0' = \frac{m}{V_0'}$$ （2-3）

式中 ρ_0'——散粒材料的堆积密度，kg/m^3；

m——散粒材料的质量，kg；

V_0'——散粒材料的自然堆积体积，m^3。

所谓散粒材料的自然堆积体积，是指含有孔隙在内的散粒状材料的总体积与颗粒之间空隙体积之和。

测定散粒状材料的堆积密度时，材料的质量是指填充在一定容器内的材料质量，其堆积体积是指所用容器的体积。

在造园过程中，密度、表观密度和堆积密度常用来计算材料的配料、用量、构件的自重、堆放空间和材料的运输量。工程中常用的几种材料密度、表观密度和堆积密度值见表 2-1。

表 2-1　　　　常用造园材料的密度、表观密度和堆积密度　　　　单位：kg/m^3

材　料	密度	表观密度或堆积密度	材　料	密度	表观密度或堆积密度
生石灰块	—	1100	普通黏土砖	2500	1800～1900
生石灰粉	—	1200	黏土空心砖	2500	900～1450
水泥	3100	1250～1450	膨胀蛭石	—	80～200
砂子	2600	1400～1700	膨胀珍珠岩	—	40～130
花岗岩	2700	2500～2700	松木	1550	400～700
普通混凝土	2700	2200～2450	钢材	7850	7850
泡沫混凝土	3000	600～800	玻璃	2550	—

2.1.2 材料的密实度和孔隙率

2.1.2.1 密实度

密实度是指材料内部固体物质的体积占材料总体积的百分率，用式（2-4）表示。

$$D = \frac{V}{V_0} \times 100\% = \frac{\rho_0}{\rho} \times 100\%$$ （2-4）

式中 D——材料的密实度，％。

2.1.2.2 孔隙率

孔隙率是指材料内部孔隙体积占材料总体积的百分率，用式（2-5）表示。

$$P = \frac{V_0 - V}{V_0} \times 100\% = \left(1 - \frac{\rho_0}{\rho}\right) \times 100\%$$ （2-5）

式中 P——材料的孔隙率，％。

由式（2-4）和式（2-5）可得：

$$D + P = 1$$ （2-6）

上式表明，材料的总体积是由该材料的固体物质与其所包含的孔隙所组成。

2.1.2.3 孔隙特征

大多数造园材料的内部都含有孔隙，这些孔隙会对材料的性能产生不同程度的影响。一般认为，孔隙可以从两个方面对材料产生影响：一是孔隙的多少，常用孔隙率来表示；二是孔隙的特征，通常包括以下 3 方面。

（1）按孔隙尺寸大小，可把孔隙分为微孔、细孔和大孔 3 种。

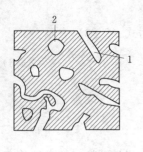 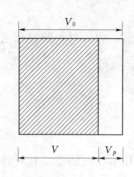

图 2-1　含孔材料体积组成示意图

1—开口孔隙；2—闭口孔隙

（2）按孔隙之间是否相互贯通，把孔隙分为互相隔开的孤立孔，互相贯通的连通孔。

（3）按孔隙与外界之间是否连通，把孔隙分为与外界相连通的开口孔，与外界不相连通的封闭孔（见图 2-1）。

材料的孔隙率大小、孔隙特征、孔隙分布状况等，直接影响材料的力学性能、热工性能、耐水性等性能。一般而言，孔隙率较小，封闭的微孔较多且孔隙分布均匀的材料，其吸水性较小，强度较高，导热系数较小，抗渗性较好。该类性能的材料宜在驳岸、护坡等受水体长期浸泡的部位，或园路基层、景观建筑基础等易受冻融影响的部位使用。

2.1.3　材料的填充率和空隙率

2.1.3.1　填充率

填充率是指散粒材料在堆积状态下，颗粒体积占总体积的百分率，用式（2-7）表示。

$$D' = \frac{V_0}{V_0'} \times 100\% = \frac{\rho_0'}{\rho_0} \times 100\% \qquad (2-7)$$

式中　D'——材料的填充率，%。

2.1.3.2　空隙率

空隙率是指散粒材料在堆积状态下，颗粒间空隙体积占总体积的百分率，用式（2-8）表示。

$$P' = \frac{V_0' - V_0}{V_0'} \times 100\% = \left(1 - \frac{\rho_0'}{\rho_0}\right) \times 100\% \qquad (2-8)$$

式中　P'——材料的空隙率，%。

空隙率的大小反映了散粒材料的颗粒之间相互填充的致密程度。空隙率可作为控制混凝土骨料级配与计算含砂率的依据。

由式（2-7）和式（2-8）可得填充率和空隙率的关系为：

$$D' + P' = 1 \qquad (2-9)$$

综上所述，含孔材料的体积组成如图 2-1 所示，散粒状材料的体积组成如图 2-2 所示。

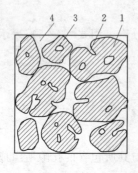 

图 2-2　散粒状材料松散体积组成示意图

1—颗粒中的固体物质；2—颗粒的开口孔隙；

3—颗粒的闭口孔隙；4—颗粒间的空隙

2.2 材料的基本物理性质

2.2.1 材料与水有关的性质

2.2.1.1 亲水性与憎水性

材料与水接触时能被水润湿的性质称为亲水性，反之，材料与水接触时不能被水润湿的性质称为憎水性。

材料的亲水性与憎水性程度可用润湿角 θ 来表示，如图 2-3 所示。θ 角越小，表明材料越易被水润湿。一般认为，当润湿角 $\theta \leq 90°$ 时，表明水分子之间的内聚力小于水分子与材料之间的吸引力，材料具有亲水性，此种材料称为亲水性材料，如石材、砖瓦、陶瓷、木材、混凝土等；当润湿角 $\theta > 90°$ 时，表明水分子之间的内聚力大于水分子与材料之间的吸引力，材料具有憎水性，此种材料称为憎水性材料，如沥青、石蜡和某些高分子材料等。由此可见，润湿角越小，材料亲水性越强，越易被水润湿，当 $\theta = 0$ 时，表示该材料完全被水润湿。

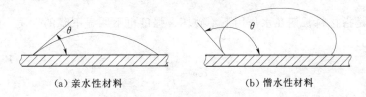

(a) 亲水性材料　　　　　　(b) 憎水性材料

图 2-3　材料润湿示意图

2.2.1.2 吸水性与吸湿性

1. 吸水性

材料在水中吸收水分的性质称为吸水性。材料的吸水性用吸水率表示，有以下两种表示方法。

（1）质量吸水率。

质量吸水率是指材料在吸水饱和时，所吸水的质量占材料干燥状态下质量的百分率，用式（2-10）表示。

$$W_m = \frac{m_b - m_g}{m_g} \times 100\% \tag{2-10}$$

式中　W_m——材料的质量吸水率，%；

m_b——材料吸水饱和状态下的质量，g 或 kg；

m_g——材料在干燥状态下的质量，g 或 kg。

（2）体积吸水率。

体积吸水率是指材料在吸水饱和时，所吸水的体积占材料表观体积的百分率，用式（2-11）表示。

$$W_v = \frac{V_w}{V_0} \times 100\% = W_m \rho_0 \tag{2-11}$$

式中　W_v——材料的体积吸水率，%；

V_w——材料吸水饱和时水的体积，cm^3 或 m^3；

ρ_w——水的密度，g/cm^3。

材料的吸水率与其孔隙特征有很大关系。若材料具有封闭孔隙，则水分难以渗入材料内部，吸水率就较小；若材料有较多粗大的开口孔隙，水分虽然容易进入，但不易在孔中保留，吸水率也较小；若材料具有较多细微且连通的孔隙，则吸水率会较大。各种材料的吸水率差异很大，如花岗岩的吸水率只有 0.5%～0.7%，混凝土的吸水率为 2%～3%，烧结普通砖的吸水率为 8%～20%，

11

木材的吸水率可超过 100%。

2. 吸湿性

材料的吸湿性是指材料在潮湿空气中吸收水分的性质。反之，材料在干燥空气中会放出所含水分，称为还湿性。材料的吸湿性用含水率表示，如式（2-12）。

$$W_h = \frac{m_s - m_g}{m_g} \times 100\%$$ （2-12）

式中　W_h——材料的含水率，%；

m_s——材料在吸湿状态下的质量，g 或 kg；

m_g——材料在干燥状态下的质量，g 或 kg。

材料的含水率随空气湿度和环境温度的变化而变化，在空气湿度增大、温度降低时，材料的含水率变大，反之变小。材料中所含水分与空气温度、湿度相平衡时的含水率，称为平衡含水率（或称气干含水率）。材料的开口微孔越多，吸湿性越强。

材料吸水或吸湿后，对材料很多性能产生显著影响，它会使材料的表观密度增大、体积膨胀、强度下降、保温性能降低、抗冻性变差等。

2.2.1.3　耐水性

材料的耐水性是指材料长期在水作用下不破坏、强度也不明显下降的性质。耐水性用软化系数表示，如式（2-13）。

$$K_R = \frac{f_b}{f_g}$$ （2-13）

式中　K_R——材料的软化系数；

f_b——材料在吸水饱和状态下的抗压强度，MPa；

f_g——材料在干燥状态下的抗压强度，MPa。

一般地，材料吸水后，强度均会有所降低，强度降低越多，软化系数越小，说明该材料耐水性越差。

材料的 K_R 在 0～1 之间，工程中将 $K_R > 0.85$ 的材料称为耐水材料。长期处于水中或潮湿环境中的重要结构，所用材料必须保证 $K_R > 0.85$，用于受潮较轻或次要结构的材料，其值也不宜小于 0.75。

2.2.1.4　抗渗性

材料的抗渗性是指材料抵抗压力水渗透的性能。大多数造园材料常含有孔隙、孔洞或其他缺陷，当材料两侧的水压差较大时，水可能从高压侧通过内部的孔隙、孔洞或其他缺陷渗透到低压侧。这种压力水的渗透，不仅会影响工程的使用，而且渗入的水还会带入能腐蚀材料的介质，或将材料内的某些成分带出，造成材料的破坏。

1. 渗透系数

材料的抗渗性用渗透系数表示，如式（2-14）。

$$K = \frac{Qd}{AtH}$$ （2-14）

式中　K——材料的渗透系数，cm/h；

Q——渗透水量，cm^3；

d——试件厚度，cm；

A——渗水面积，cm^2；

t——渗水时间，h；

H——静水压力水头，cm。

上式表明，在一定时间内，透水材料试件的水量与试件的断面积及水头差（液压）成正比，与试件的厚度成反比。渗透系数 K 反映水在材料中流动的速度。K 值越小，说明水在材料中流动的速度越慢，其抗渗性越强。

2. 抗渗等级

对于现代园林工程中大量使用的砂浆、混凝土等材料，其抗渗性能常用抗渗等级来表示。抗渗等级是以规定的试件，在标准试验条件下所能承受的最大水压力来确定，用式（2-15）表示。

$$P_n = 10H - 1 \qquad (2-15)$$

式中　P_n——材料的抗渗标号；

　　　H——材料透水前所能承受的最大水压力，MPa。

抗渗等级符号 Pn 中，n 为该材料在标准试验条件下所能承受的最大水压力的10倍数，如P4，P6，P8，P10，P12等分别表示材料能承受0.4，0.6，0.8，1.0，1.2MPa的水压。

材料的抗渗性不仅与材料本身的亲水性和憎水性有关，还与材料的孔隙率和孔隙特征有关。材料的孔隙率越小，封闭孔隙越多，其抗渗性越强。经常受压力水作用的园林室外工程，应选用具有一定抗渗性的材料。抗渗性是检验防水材料质量的重要指标。

2.2.1.5　抗冻性

材料的抗冻性是指材料在吸水饱和状态下，能经受多次冻融循环作用而不被破坏，强度也不显著降低的性能。

材料的抗冻性与其内部孔隙构造特征、材料强度、耐水性和吸水饱和度等因素有关。抗冻性良好的材料，其抵抗温度变化、干湿交替等破坏作用的能力较强。所以，抗冻性常作为评价材料耐久性的一个指标。

材料的抗冻性常用抗冻等级表示，如 F_{15}，F_{25}，F_{50}，F_{100}，F_{200} 等分别表示材料能承受15，25，50，100，200 次的冻融循环。材料抗冻性等级的选择，是根据建筑的类型、使用条件、气候条件等来决定的。例如烧结普通砖、陶瓷面砖、轻混凝土等墙体材料，一般要求其抗冻等级为 F_{15} 或 F_{25}；用于道路和桥梁的混凝土应为 F_{50}，F_{100} 或 F_{200}；水工混凝土要求高达 F_{500}。

2.2.2　材料与热有关的性质

2.2.2.1　导热性

材料的导热性是指材料传导热量的能力。导热性用导热系数表示，如式（2-16）。

$$\lambda = \frac{Qa}{(t_1 - t_2)AZ} \qquad (2-16)$$

式中　λ——材料的导热系数，W/(m·K)；

　　　Q——传导热量，J；

　　　a——材料厚度，m；

　　　A——传热面积，m^2；

　　　Z——传热时间，s；

　　$t_1 - t_2$——材料两侧温度差（$t_1 > t_2$）（K）。

上式表示，厚度为1m的材料，当其相对两侧表面温度差为1K时，在1s时间内通过$1m^2$面积的热量。因此，材料的导热系数越小，表示其越不易导热，绝热性能越好。在工程中常将 $\lambda \leqslant 0.175$W/(m·K) 的材料称为绝热材料。

2.2.2.2　热阻

在工程中常把 $1/\lambda$ 称为材料的热阻，用 R 表示，单位是（m·K)/W。它表明热量通过材料层时所受到的阻力。在同样的温差条件下，热阻越大，通过材料层的热量就越少。

导热系数 λ 和热阻 R 是评定材料绝热性能（即保温隔热性能）的主要指标，其大小除与材料的性质、结构、密度有关外，还与材料的含水率及环境温度有关。一般地，材料孔隙率越大，其热阻就越大。材料在受潮或受冻后，其热阻会大大降低。因此，绝热材料应经常处于干燥状态，以利于发挥材料的绝热效能。

2.2.2.3　热容量和比热容

1. 热容量

热容量是指材料受热时吸收热量，冷却时放出热量的性质，用式（2-17）表示。

$$Q = mc(t_1 - t_2) \qquad (2-17)$$

式中　Q——材料的热容量，J；

　　　m——材料的质量，g；

　　　c——材料的比热容，J/(g·K)；

　　　$t_1 - t_2$——材料受热或冷却前后的温差，K。

2. 比热容

比热容是指单位质量的材料，当温度升高或降低 1K 时所吸收或放出的热量，用式（2-18）表示。

$$c = \frac{Q}{m(t_1 - t_2)} \qquad (2-18)$$

式中　c、Q、m、$(t_1 - t_2)$ 的意义，同上所述。

比热容是反映材料吸热或放热能力大小的物理量。对保持建筑物内部温度稳定有很大意义。比热容大的材料，利于维持室内温度稳定，减少热量损失，易于实现节约能源的目的。对节约能源起着重要的作用。常见造园材料的热工指标见表2-2。

表 2-2　　　　　　　　　　几种典型造园材料的热工性质指标

材　　料	导热系数 /［W/(m·K)］	比热容 /［J/(g·K)］	材　　料	导热系数 /［W/(m·K)］	比热容 /［J/(g·K)］
铜材	350	0.38	松木（横纹）	0.15	1.63
钢材	58	0.47	泡沫塑料	0.03	1.30
花岗石	3.1	0.82	冰	2.2	2.05
普通混凝土	1.8	0.88	水	0.58	4.19
烧结普通砖	0.65	0.85	静态空气	0.023	1.00

2.2.2.4　热变形性

材料的热变形性是指材料在温度变化时的尺寸变化。材料的热变形性常用线膨胀系数来表示，如式（2-19）。

$$\alpha = \frac{VL}{L(t_2 - t_1)} \qquad (2-19)$$

式中　α——材料的线膨胀系数，1/K；

　　　L——材料的原长度，mm；

　　　VL——材料的线变形量，mm；

　　　$t_2 - t_1$——材料在升、降温前后的温差，K。

除个别材料（如水结冰，体积增大）外，一般材料均符合热胀冷缩这一自然规律。线膨胀系数越大，表示材料的热变形性越大。普通混凝土膨胀系数为 10×10^{-6}/K，钢材膨胀系数为 10×10^{-6}/K～12×10^{-6}/K，因此，它们能组合成钢筋混凝土共同工作。

2.2.2.5　耐燃性和耐火性

1. 耐燃性

耐燃性是指材料在火焰和高温作用下可否燃烧的性质。

材料的耐燃性是决定建筑物防火、建筑结构耐火等级的重要因素。我国现行规范《建筑材料及制品燃烧性能分级》（GB 8624—2006）将建筑材料及制品分为：不燃材料（A1级匀质材料、A2级复合材料）、难燃材料（B级、C级）、可燃材料（D级、E级）、易燃材料（F级）等4类，共7

个等级。

（1）不燃材料。在空气中受到火烧或高温作用时，不起火、不碳化、不微烧的材料，称为不燃材料。如砖、砂浆、混凝土、金属材料和天然或人工的无机矿物材料。

（2）难燃材料。在空气中受到火烧或高温作用时，难起火、难碳化、离开火源后燃烧或微烧立即停止的材料，称为难燃材料。如石膏板、水泥石棉板、水泥刨花板等。

（3）可燃材料。在空气中受到火烧或高温作用时，立即起火或微燃，离开火源后继续燃烧或微燃的材料，称为可燃材料。如胶合板、纤维板、木材等。

（4）易燃材料。在空气中受到火烧或高温作用时，立即起火并迅速燃烧，且离开火源后仍继续迅速燃烧的材料，称为易燃材料。如油漆、纤维织物等。

2. 耐火性

耐火性是指材料在火焰和高温作用下，保持其不破坏、性能不明显下降的能力。

材料的耐火性用其耐火时间（h）来表示，称为耐火极限。耐燃的材料不一定耐火，耐火的材料一般都耐燃。如钢材是非燃烧材料，但其耐火极限仅有 0.25h，故钢材虽为重要的建筑结构材料，但其耐火性却较差，使用时须进行特殊的耐火处理。

2.2.3 材料的声学性质

2.2.3.1 吸声性

材料的吸声性是指声能穿透材料和被材料消耗的性质（见图 2-4）。材料的吸声性用吸声系数表示，如式（2-20）。

$$\alpha = \frac{E_\alpha}{E_r + E_\alpha + E_\zeta} = \frac{E_\alpha}{E_i} \qquad (2-20)$$

式中　α——材料的吸声系数；

E_i——入射声能；

E_r——反射声能；

E_α——吸声声能；

E_ζ——透射声能。

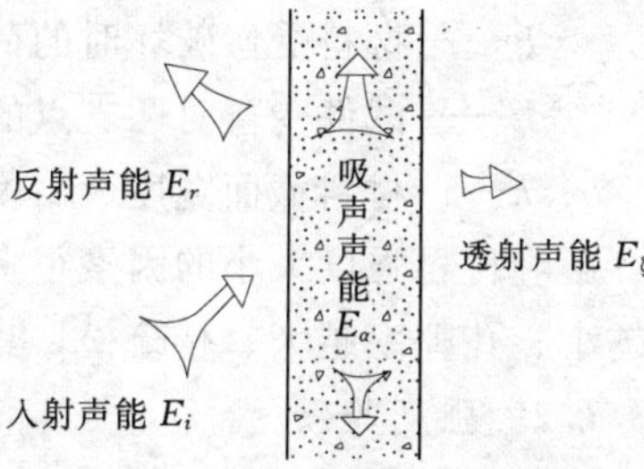

材料的吸声效果主要受材料的密度、厚度、孔隙率、孔隙特征影响。

图 2-4　声波的入射、反射、吸收及透射

2.2.3.2 隔声性

声波在建筑结构中的传播主要通过空气和固体来实现，因而隔声分为隔空气声和隔固体声（在 10.4.2 隔音材料一节中有详细讲解，此处不再赘述）。

2.3 材料的力学性质

2.3.1 强度、强度等级和比强度

2.3.1.1 强度

材料的强度是指材料在外力作用下不破坏时能承受的最大应力。材料的强度通常以其极限强度表示。

根据外力作用方式的不同（见图 2-5），材料强度有抗拉、抗压、抗剪、抗弯（抗折）强度等。

材料的抗拉、抗压、抗剪强度可按式（2-21）进行计算。

$$f = \frac{F}{A} \qquad (2-21)$$

式中 f——抗拉、抗压、抗剪强度，MPa；

F——材料受拉、压、剪破坏时的荷载，N；

A——材料的受力面积，mm^2。

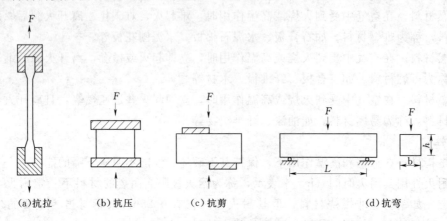

(a)抗拉   (b)抗压   (c)抗剪   (d)抗弯

图 2-5 材料受力示意图

材料的抗弯强度与材料受力情况有关，试验时将试件放在两支点上，中间作用一集中力，对矩形截面的试件，其抗弯强度可按式（2-22）进行计算。

$$f_m = \frac{3FL}{2bh^2} \tag{2-22}$$

式中 f_m——材料的抗弯强度，MPa；

F——材料受弯破坏时的荷载，N；

L——试件受弯时两支点的间距，mm；

b、h——材料截面宽度、高度，mm。

影响材料强度大小的因素很多，主要取决于其本身的成分与构造。一般情况下，材料的表观密度越小、孔隙率越大、越疏松，其强度越低。

2.3.1.2 强度等级

不同造园材料的强度差别很大，根据其强度的大小，划分为若干不同的等级。这对于使用者掌握材料性质，合理选用材料，正确地进行设计和控制工程施工质量都是十分必要的。对于生产者控制生产工艺，保证产品质量也十分有益。

我国规范《烧结普通砖》（GB 5101—2003）中将烧结普通砖按抗压强度分为 MU10～MU30 共 5 个等级；《通用硅酸盐水泥》（GB 175—2007/XG1—2009）规定，硅酸盐水泥按 28 天的抗压强度和抗折强度分为 42.5～62.5 级共 3 个强度等级；《混凝土结构设计规范》（GB 50010—2010）规定，普通混凝土划分为 14 个等级，即：C15，C20，C25，C30，C35，C40，C45，C50，C55，C60，C65，C70，C75，C80。

不同的材料具有不同的抵抗外力的特征，混凝土、石材等抗压强度较高，钢材的抗拉和抗压强度都较高。施工设计在选择材料时，应认清不同材料的不同强度特征。常用造园材料的强度见表2-3。

表 2-3   常用造园材料的强度   单位：MPa

材　料	抗 压 强 度	抗 拉 强 度	抗 弯 强 度
花岗岩	100～250	5～8	10～14
烧结普通砖	7.5～30	—	1.8～4.0
普通混凝土	7.5～60	1～4	2.0～8.0
松木（顺纹）	30～50	80～120	60～100
钢材	235～1800	235～1800	—

2.3.1.3 比强度

材料的比强度是指材料强度与其表观密度之比。比强度是衡量材料轻质高强的重要指标。比强度值越大，材料的轻质高强性能越好。优质的结构材料，必须有较高的比强度。

2.3.2 弹性和塑性

材料在外力作用下产生变形，当外力撤除后变形即可消失，并能完全恢复原始形状的性质称为弹性。这种可恢复的变形称为弹性变形，具有这种性质的材料称为弹性材料。当外力撤除后，材料仍保持变形后的形状和尺寸，且不产生裂缝的性质，称为塑性。这种不可恢复的变形称为塑性变形，具有这种性质的材料称为塑性材料。

材料在弹性变形范围内，弹性模量 E 为常数，其值等于应力与应变之比，如式（2-23）所示。

$$E = \frac{\sigma}{\varepsilon} \tag{2-23}$$

式中　E——材料的弹性模量，MPa；

　　　σ——材料的应力，MPa；

　　　ε——材料的应变。

弹性模量是衡量材料抵抗变形能力的一个指标，其值越大，说明材料在相同外力作用下的变形越小，即刚性越好。

2.3.3 脆性和韧性

材料受外力作用，当外力达到一定限度后，材料无明显的塑性变形而突然破坏的性质称为脆性。具有这种性质的材料称为脆性材料，如烧结砖、石材、陶瓷、玻璃、普通混凝土、铸铁等。

材料在冲击或振动荷载作用下，能吸收较大的能量，同时产生较大的变形而不发生突然破坏的性质称为材料的冲击韧性（简称韧性）。具有这种性质的材料称为韧性材料，如木材、钢材等。

韧性可用材料受荷载达到破坏时所吸收的能量来表示，如式（2-24）所示。

$$\alpha_K = \frac{A_K}{A} \tag{2-24}$$

式中　α_K——材料的冲击韧性，J/mm²；

　　　A_K——试件破坏时所消耗的功，J；

　　　A——试件受力净截面积，mm²。

2.3.4 硬度和耐磨性

硬度是材料抵抗较硬物质刻划或压入的能力。测定硬度的方法很多，常用刻划法和压入法。刻划法常用于测定天然矿物的硬度，即按滑石、石膏、方解石、萤石、磷灰石、正长石、石英、黄玉、刚玉、金刚石的硬度递增顺序分为10级，通过它们对材料的划痕来确定所测材料的硬度，称为莫氏硬度。压入法是以一定的压力将一定规格的钢球或金刚石制成的尖端压入试样表面，根据压痕的面积或深度来测定其硬度。常用的压入法有布氏法、洛氏法和维氏法，相应的硬度称为布氏硬度、洛氏硬度和维氏硬度。

耐磨性是材料表面抵抗磨损的能力，通常用磨损率表示，如式（2-25）所示。

$$M = \frac{m_0 - m_1}{A} \tag{2-25}$$

式中　M——材料的磨损率，g/cm²；

　　　m_0——磨前质量，g；

　　　m_1——磨后质量，g；

A——试件受磨面积，mm²。

一般情况下，硬度大的材料强度高、耐磨性强，但不宜加工。工程中有时用硬度来推算材料的强度。

2.4　材料的艺术性和生态性

2.4.1　材料的艺术性

风景园林是造园艺术与技术相结合的产物，是符合人们审美要求的优美景观区域。造园艺术的发挥，除园林设计之外，在很大程度上取决于材料自身的艺术性。只有把握住各种造园材料的艺术性特征，才能取得理想的造园效果。

造园材料共同的艺术性特征主要表现在材料的色彩和质感这两个方面，同时不同材料又有着不同的艺术特征，如景石的形态和皴纹、木材及其制品的纹理、陶瓷和金属的光泽、玻璃的透明性、竹材自身的节理构造等。

2.4.1.1　色彩

色彩是材料最富表现力和感染力的艺术要素，从某种角度来看，它甚至决定着园林的"性格"。每每提及江南园林，人们自然会想到粉墙黛瓦、褐色门窗、色彩淡雅、清新脱俗；北方园林则是金瓦红墙、雕梁画栋、色彩浓重、豪迈奔放。

利用造园材料的本色创造园林景观是一种最合理、最经济、最方便、最可靠的途径。在众多造园材料中，山石的种类最为丰富，不但形态各异，而且色彩多样。扬州个园的四季假山，就是巧用山石色彩来寓意四季之景的佳作。其春山是序幕，于山石花台郁郁葱葱的修竹之中，置以石笋以呈"雨后春笋"之意；夏山选用灰白色太湖石作积云式掇山，并结合荷池、夏荫来表现生机盎然的夏景；秋山是高潮，选用富于秋色的黄石叠高垒胜以象征"重九登高"的俗情；冬山是尾声，选用宣石为山，山后种植腊梅，宣石有如白雪，皑皑耀目，加以墙面上风洞的呼啸效果，冬意更浓。冬山和春山仅一墙之隔，却又开透窗，自冬山可窥春山，有"冬去春来"之意。像这样将山石之色与四时之景巧妙结合的园林景观可谓别出心裁、堪作典范。

江南园林的粉墙黛瓦给"粉壁置石"传统手法的应用提供了广阔的空间，"以粉壁为纸，以山石为绘"，创作出另一种形式的丹青山水（见图 2-6）。现代园林继承并创新了这种手法，所做景观也有很多可圈可点之处（见图 2-7）。

图 2-6　古典园林中粉壁置石手法的运用　　图 2-7　现代园林中粉壁置石手法的运用

2.4.1.2　质感

质感是指人们对造园材料外观、质地的一种感觉，包括材料表面的粗糙与细腻；材料的纹理与花样；材料的坚实与松软；材料的光滑、透明、光亮与昏暗；环纹的清晰与模糊；色彩的深浅等。材料的质地不同，给人的感觉也不同，如坚硬而又光滑的材料（如大理石板材、不锈钢板材等）有严肃、有力、整洁之感；保持自然本色的材料（如木材、竹材等）则给人以清新、亲切、淳朴之感。

质感除取决于所用材料外，更取决于材料的加工方法和加工程度。采用不同的加工方法及加工程度，可取得不同的质感效果。在我国现代园林中多数的塑山、塑石及仿生构件，在"远观势"及"远观形"方面可谓逼真，但在"近观质"方面还有待提高。

2.4.1.3 纹理

纹理是指材料表面的花纹或线条，对景石、木材、竹材的艺术效果影响较大。具有水平纹理的景石给人以平静、安详之感；带有竖向纹理的景石则给人以挺拔、峻峭之感；富有倾斜纹理的山石则表现出积极向上、勃勃生机之势。木材也因树种不同，生长条件有别，具有多种多样天然细腻的纹理，这使得木材及其制品更加典雅、亲切、温和。

2.4.1.4 光泽

光泽是光线在材料表面有方向性的反射，若反射光线分散在各个方向，称漫反射；如与入射光线成对称的集中反射，则称镜面反射。镜面反射是材料产生光泽的主要原因。材料表面的光洁度越高，光线的反射越强。许多材料的面层均加工成光滑的表面，如天然大理石和花岗岩板材、釉面烧土制品、镜面玻璃、不锈钢板材等。

2.4.1.5 透明性

材料的透明性是材料透射光线的结果。能透光又能透视的材料称为透明体，只能透光不能透视的材料称为半透明体。透明材料具有良好的透光性，在现代建筑中应用十分广泛，在造园中的应用也是方兴未艾。例如玻璃在景观建筑的屋顶和幕墙、水体景观的底部和岸顶、园林地灯的罩面及栏杆、栏板等处的应用就越来越多。

2.4.2 材料的生态性

生态环境材料（环境协调型材料）是20世纪90年代国际材料科学界出现的新概念，生态环境造园材料是生态环境材料的重要组成部分，简称生态造园材料。生态造园材料是指材料生命周期的各阶段节省资源、节省能源、可循环再生、无环境污染或很少污染的材料。当前，建设生态园林是全社会的共识，利用生态造园材料和发挥造园材料的生态性是建设生态园林的重要途径。

2.4.2.1 生态造园材料的基本特征

（1）从资源和能源的选用上看，生态造园材料所用原料尽可能少用天然资源，大量使用尾矿、废渣、垃圾、废液等废弃物。

（2）从生产技术上看，生态造园材料的生产采用低能耗制造工艺和不污染环境的生产技术。

（3）从生产过程上看，生态造园材料在配制或生产过程中，不使用甲醛、卤化物溶剂或芳香烃；材料中不得含有汞及其化合物，不得使用含铅、镉、铬及其化合物的颜料和添加剂；尽量减少废渣、废气以及废水的排放量，或使之得到有效的净化处理。

（4）从使用过程上看，生态造园材料的设计是以改善生活环境、提高生活质量为宗旨，即材料不仅不损害人体健康，而且应有利于人体健康。材料具有多功能化的特征，如抗菌、灭菌、防霉、除臭、隔热、阻燃、防火、调温、调湿、消声、消磁、防辐射和抗静电等。

（5）从废弃过程上看，生态造园材料可循环使用或回收再利用，不产生污染环境的废弃物。

2.4.2.2 生态造园材料的评价指标

（1）标准。检查材料执行的产品标准、施工标准、验收标准，并提供相应的检验检测报告（必备条件）。

（2）资源消耗。计算单位产品生产过程中的资源消耗量以及低质原料、工业废渣及环境友好型原材料的使用比例等。以此评分。

（3）能源消耗。计算单位产品生产过程中的能源消耗量（包括原料运输、电能、燃料等）。以此评分。

（4）生产环境影响。计算单位产品生产过程中的废弃物排放量（包括废气、废水、废料等）。以此评分。

（5）清洁生产。说明产品生产所用的工艺、设备、燃料及现场环境状况等。以此评分。

（6）本地化。说明产品生产现场到使用现场的距离。以此评分。

（7）使用寿命。说明产品使用寿命；新产品比原有产品使用寿命的延长程度及更换方便性等。以此评分。

（8）洁净施工。说明产品的施工过程，评判能否实现洁净施工。以此评分。

（9）使用环境影响。评估产品在使用周期内对空气质量的影响（例如放射性、有毒有害成分的释放等）。以此评分。

（10）再生利用性。评估产品达到使用寿命后的可再生利用性能。以此评分。

2.4.2.3 常见生态造园材料

依据上述"生态造园材料评价指标"，大部分传统造园材料在很多方面的评分都很高，如景石的使用寿命长、环境影响小，木材的导热系数小、易加工等生态性十分突出。

在现代造园材料中，生态材料越来越丰富，主要包括以下五大类。

（1）水泥、混凝土及制品。生态水泥、绿色混凝土、绿化混凝土（见图2-8和图2-9）、透水混凝土（见图2-10和图2-11）、再生混凝土等。

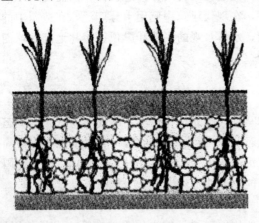
图2-8 绿化混凝土构造图

图2-9 绿化混凝土护坡

图2-10 透水混凝土广场（1）

图2-11 透水混凝土广场（2）

（2）墙体材料。蒸压加气混凝土砌块与条板、硅酸钙板、GRC板、各种石膏板材等。

（3）保温隔热材料。保温砂浆、EPS保温板等。

（4）玻璃及制品。夹层玻璃、中空玻璃、镀膜玻璃等。

（5）化学建材。塑料门窗、塑料管材、建筑涂料、防水密封材料等。

2.5 材料的耐久性

耐久性是指材料在长期使用环境中，在多种破坏因素作用下保持原有性能不被破坏的能力。

材料的耐久性是一项综合的技术性质，包括抗渗性、抗冻性、抗风化性、耐热性、耐腐蚀性、抗老化性以及耐磨性等各方面的内容。

2.5.1 影响材料耐久性的因素

1. 物理因素

物理因素包括环境温度、湿度的交替变化，即冷热、干湿、冻融等循环作用。材料经受这些作用后，将发生膨胀、收缩或产生应力，长期的反复作用，将使材料逐渐被破坏。

2. 化学因素

化学因素包括受酸、碱、盐类等物质的水溶液及有害气体作用，发生化学反应及氧化作用，受紫外线照射等使材料变质或遭损。

3. 生物因素

生物因素包括菌类、昆虫等的侵害作用，导致材料发生腐朽、虫蛀等破坏。如木材及植物纤维材料的腐烂等。

4. 机械因素

机械因素包括荷载的持续作用，交变荷载对材料引起的疲劳、冲击、磨损等。

2.5.2 提高材料耐久性的方法

（1）提高材料本身对外界破坏作用的抵抗力，如提高材料的密度，改善孔隙特征，合理选定原材料的组成等。

（2）减轻环境条件对材料的破坏作用，如对材料进行特殊处理或采取必要的构造措施。

（3）在主体材料表面加保护层，如覆盖贴面、喷涂料等，使主体材料与大气、阳光、雨、雪等隔绝，以免受到直接侵害。

小　　结

造园材料种类繁多，所处工程部位和使用环境又各不相同，为了能够在造园设计和施工中合理地选材用料，就必须了解和掌握造园材料的基本性质。造园材料的基本性质是指，材料处于不同的使用条件和使用环境时，通常必须考虑的最基本、共有的性质。

造园材料的基本性质，除了要研究决定材料耐久性和结构性能的物理和力学性质之外，还要研究材料的艺术性和生态性，这是造园材料研究内容的突出特点。"以艺使技，以技创艺，技艺结合"的造园思想，始终是学习造园材料的重要指导原则。

思　考　题

1. 材料的密度、表观密度、堆积密度有何区别？如何测定？材料含水后对三者有什么影响？

2. 哪些参数或因素会影响散粒状材料的堆积密度？如何提高其堆积密度？

3. 试简述孔隙特征对材料的性能有哪些影响。

4. 何谓材料的强度？影响材料强度的因素有哪些？

5. 亲水材料与憎水材料是如何区分的？举例说明怎样改变材料的亲水性和憎水性。

6. 材料的耐久性包括哪些内容？材料的耐水性、抗渗性、抗冻性的含义是什么？各用什么指标来表示？

7. 有一块烧结普通砖，在吸水饱和状态下重 2900g，其绝干质量为 2550g。砖的尺寸为 240mm×115mm×53mm，经干燥并磨成细粉后取 50g，用排水法测得绝对密实体积为 18.62cm³。试计算该砖的质量吸水率、密度、孔隙率。

8. 已知碎石的表观密度为 2.65g/cm³，堆积密度为 1.50g/cm³，求 2.5cm³ 松散状态的碎石，需要多少松散体积的砂子填充碎石的空隙？若已知砂子的堆积密度为 1.55g/cm³，求砂子的重量为多少？

第3章 石　　材

在我国造园历史上，向来就有"无石不成园"之说，石材在园林中的重要地位由此可见一斑。石材以其首屈一指的耐久性、得天独厚的力学性、绚丽多姿的艺术性、意味深远的文化性，在园林中得到了十分广泛的应用。根据石材在造园中应用的工种不同，可将其分为三大类：应用于叠砌假山、置石成景（包括特置、对置、散置、群置等手法）、山石器设等处的假山石材；应用于建筑墙面、梁柱表面、广场园路铺装等处的饰面石材；应用于建筑基础、园路路基、驳岸护坡、挡土墙体等处的砌筑石材。

石材种类繁多，其造岩矿物又各不相同，故其物理、力学、化学等性能差异很大。掌握常用造园石材的基本物理力学性能和艺术特征，是针对景观要素所在环境特征，精准选材、用料的重要知识基础。

3.1　岩石的基本知识

天然岩石是指由一种或通常由两种以上矿物所组成的固结或不固结的集合体。

3.1.1　造岩矿物

矿物是具有一定化学成分和一定结构特征的天然化合物和单质的总称。岩石是矿物的集合体，组成岩石的矿物称为造岩矿物。由单矿物组成的岩石叫单矿岩，如白色大理石，它是由方解石或白云石组成。由两种或两种以上的矿物组成的岩石叫多矿岩（又称复矿岩），如花岗岩，它是由长石、石英、云母及某些暗色矿物组成。自然界中的岩石大多以多矿岩形式存在。不同岩石具有不同的矿物成分、结构和构造。因此，不同岩石具有不同的特征与性能。同种岩石，产地不同，其矿物组成、结构均有差异，因而其颜色、强度、硬度、抗冻性等物理力学性能都不相同。

3.1.2　岩石的种类

1. 按岩石的成因分

按岩石的成因分为火成岩、沉积岩、变质岩。

火成岩。火成岩是由地壳内部熔融岩浆上升冷却而成，又称岩浆岩。根据冷却条件不同，又分为深成岩、喷出岩及火山岩三类。

沉积岩。沉积岩是由原来的母岩风化后，经过搬运、沉积和再造岩作业而形成的岩石，又称水成岩。根据沉积方式，可分为机械沉积岩、化学沉积岩及生物沉积岩三类。

变质岩。变质岩是原生的火成岩或沉积岩经过地质上的变质作用而形成的岩石。

2. 按岩石的强度分

根据日本 JIS 标准（即日本工业标准，是日本国家标准中最重要、最权威的标准），按岩石抗压强度分为硬石（如花岗岩、安山岩、大理岩）、次硬石（如软质安山岩、硬质砂岩）、软石（如凝灰岩）三类，见表 3-1。

表 3 - 1　　　　　　　　　　　　　岩石按抗压强度分类 （JIS）

种　类	抗压强度/MPa	参　考　值	
		吸水率/%	表观密度/(g·cm^{-3})
硬石	>50	<5	2.7～2.5
次硬石	30～50	5～15	2.5～2
软石	<10	>15	<2

3. 按岩石的形状分

按岩石的形状分为砌筑和装饰两类。

砌筑用石材分为毛石和料石；装饰用石材主要为板材。

3.1.3　岩石的性质

1. 物理性质

(1) 表观密度。各类岩石的密度都很近似，大多在 2.50～2.70g/cm³ 之间，但岩石的表观密度却相差很远。岩石形成时压力大、凝聚紧密，孔隙率小，表观密度接近其密度。这类岩石孔隙率小，吸水率低，硬度、强度高，耐久性好，但加工困难。反之，表观密度小的岩石，孔隙率和吸水率大，硬度、强度低，耐久性差，但加工较容易。

(2) 吸水性。天然石材的吸水性主要与其孔隙率及空隙特征有关。孔隙率大、孔隙多为毛细管，则吸水性大；反之，孔隙率小、空隙很细小或很粗大，则吸水性均较低。石材的吸水性对其强度、耐水性、抗冻性、导热性均有较大的影响。当岩石的吸水率大，且含有较多的黏土、石膏等易溶物质时，岩石的软化系数低。软化系数小于 0.80 的岩石，不可用于重要建筑物及水工构筑物中。

(3) 硬度。石材的硬度是指石材抵抗其他物体机械侵入的能力，它与石材的矿物成分、构造、结构有关。石材的硬度与石材的抗压强度有很好的正相关性，同时硬度大的石材耐磨性好，但加工难度较大。

(4) 抗冻性。岩石抗冻融破坏的能力是衡量石材耐久性的重要指标。其值用石材在饱和水状态下按规范要求所能经受的冻融循环次数表示，先将吸水饱和状态下的石材在 －15℃ 的温度下冻结后，再在 20℃ 的水中融化，这个过程为一次冻融循环。石材能经受的冻融循环次数越多，抗冻性越好。一般室外工程饰面石材的抗冻融循环应大于 25 次。石材抗冻性与吸水性有密切关系，吸水率大的石材抗冻性差。根据经验，吸水率小于 0.5% 的石材，可以认为是抗冻的，可不进行抗冻试验。

(5) 耐火性。石材的抗火性与其所含矿物成分及结构、构造关系较大，含石膏矿的岩石在 1100℃ 以上分解破坏；石英在 573℃ 晶体发生转化，体积膨胀，致岩石破坏；含碳酸镁、碳酸钙的岩石在 700℃ 或 800℃ 分解破坏；层片状岩石遇高温易剥落。

2. 力学性质

(1) 强度。石材抗压强度最高，抗拉强度最低，其抗拉强度只有抗压强度的 1/20～1/50。因此，石材主要用于承受压力。

(2) 岩石受力后的变形。应力—应变曲线为非直线，属于非弹性变形。

(3) 岩石的硬度、耐磨性均随抗压强度增强而提高。

3.2　石材的分类与命名

石材是指从天然岩石中开采而得的毛料，或经加工制成块状、柱状、板状或各种特殊造型材料的总称。

3.2.1 石材的分类

3.2.1.1 按行业常用石材品种分类

在建材行业中，石材的种类繁多，性能差异较大，使用环境各不相同，通常将石材分为5种：大理石、花岗石、板石、砂岩和碎石，见表3-2。

表 3-2　　　　　　　　　　　　　　　　　　石 材 的 分 类

石材种类	岩石大类	成因类型		岩 石 亚 类				
				主要代表岩石				
				超基性岩	基性岩	中性岩	酸性岩	碱性岩
花岗石	火成岩	侵入岩	深成	辉石岩	辉长岩、斜长岩	斜长岩、正长岩	花岗岩、花岗闪长岩	霞石正长岩
			中成	无	细粒辉长岩、辉绿岩	细粒闪长岩、正长岩	细粒花岗	细粒霞石岩
			浅成	无	辉长玢岩、辉绿玢岩	闪长玢岩、正长斑岩	花岗斑岩	霞石正长斑岩
		喷出岩		无	玄武岩	安山岩、粗面岩	流纹岩	响岩
	沉积岩	碎屑岩		砂砾岩、砾岩、熔结凝灰岩、玻屑凝灰岩、晶屑凝灰岩、集块岩、角砾				
		化学沉积		硅质岩				
	变质岩	区域变质		片岩、片麻岩、变粒岩、混合岩、混合花岗岩				
大理石	火成岩	深成岩		纯橄岩、橄榄岩				
	沉积岩	碎屑岩		竹叶状灰岩、球状灰岩、瘤状灰岩、鲕状灰岩				
		生物沉积		藻礁灰岩、生物灰岩、生物泥灰岩，生物泥晶灰岩				
		化学沉积		灰岩、白云岩、白云质灰岩、灰质白云岩，碎裂灰岩				
	变质岩	区域变质		方解石大理岩、白云石大理岩、透辉石大理岩、大理岩				
		接触变质		大理岩、硅灰石大理岩、白云大理岩、蛇纹石化大理岩、角岩				
		动力变质		角砾状大理岩、微裂隙大理岩、碎裂灰岩				
板石	沉积岩	碎屑岩		页岩				
	变质岩	区域变质		板岩、板状石灰岩、扳状微晶灰岩、板状砂岩、扳状硅质岩、千枚状板岩、千枚岩、片岩				
砂岩	沉积岩	碎屑岩		砂岩、粉砂岩				
	变质岩	区域变质		板状砂岩				
碎石	海成、河成砂			海、河砂				
	冲积风化砾石			砾石、鹅卵石				
	冲积风化碎石			碎石、角石				
	米石			大、中、小米石				

凡具有装饰性、成块性及可加工性的各类碳酸盐岩或镁质碳酸盐岩以及有关的变质岩，统称为大理石。常见的岩石有大理岩、石灰岩、白云岩、矽卡岩等。

凡具有装饰性、成块性及可加工性的各类岩浆岩和以硅酸盐矿物为主的变质岩，统称为花岗石。常见的岩石有花岗岩、闪长岩、辉长岩、玄武岩、片麻岩、混合岩等。

凡具有板状构造，沿板理面可剥成片，可作装饰材料用的，经过轻微变质作用形成的浅变质岩统称为板石。常见的岩石有硅质板岩，黏土质板岩、云母质板岩、粉砂质板岩、凝灰质板岩等。

大理石、花岗石、板石主要用于加工成饰面板材，主要用作建筑物的墙面、地面、柱面、台面等部位的饰面材料，也可用作家具（茶几、桌面）、实验操作台及精密机床平台的台面材料。大理石、花岗石还常用作纪念性建筑物（如碑、塔）的材料。大理石也可雕刻成工艺美术品，以及用作电气方面的绝缘材料。有些大理石（如石灰岩、白云岩、大理岩等）可作耐碱材料；有些花岗石（如花岗岩、石英岩、辉绿岩、辉长岩、玄武岩、安山岩等）可作耐酸材料，二者共同用作建筑物和设备的防腐材料。板石俗称瓦板岩，除可作内墙饰面外，还可作层面材料，砚台及黑板等。碎石常作为混凝土的骨料使用。

3.2.1.2 按市场惯用分类方式分类

目前，国内石材市场尚无统一的石材分类方案，一般采用下列 6 种分类方法。

（1）依用途将石材划分为：装饰用石材、工程用石材、电器用石材、耐酸耐碱用石材、雕刻用石材、精密仪器用石材等。

（2）依成因类型划分为：沉积岩型石材、岩浆岩型石材、变质岩型石材。

（3）依化学成分划分为：碳酸盐岩类石材、硅酸盐岩类石材。

（4）按石材的工艺商业分类为：大理石类、花岗石类、板石类。

（5）依石材的硬度分类：摩氏硬度 6～7 为硬石材，例如石英岩、花岗岩、闪长岩，辉长岩、玄武岩等。摩氏硬度 3～5 为中硬石材，例如大理石类的大理岩、大理石化的石灰岩、白云岩、致密的凝灰岩等。摩氏硬度 1～2 为软石材，例如多孔石灰岩和多孔白云岩、非致密的凝灰岩等。

（6）依石材的基本形状划分为规格石材和碎石材料。例如块状石材、板状石材、异形石材等视为规格石材。卵石、石米、石粉等视为碎石材料。

3.2.1.3 按在造园中的使用分类

石材在造园中的使用十分广泛，同一处应用，从不同的角度，隶属于不同的使用类型。

（1）按形成来源分为天然石材、人造石材。

天然石材取材于天然岩石，其应用历史悠久。人造石材是用无机或有机胶结材料、矿物质原料及各种外加剂配制加工而成。例如以大理石碎料、花岗石碎料、石英砂、石渣等为骨料，树脂或水泥等为胶结材料，经拌和、成型、聚合或养护以后，研磨抛光、切割而成的人造大理石、花岗石和水磨石等。它们具有天然石材的花纹、质感和装饰效果，而且花色、品种、形状等多样化，兼具质量轻、强度高、耐腐蚀、污染小、施工方便等优点。现代园林中的塑山、塑石材料，也属于人造石材的一类。

（2）按功能作用分为工程石材，景观石材，工程景观石材。

这是根据造园艺术的特点，特有的石材分类方式。就是将应用在各种景观建筑的梁、柱、基础等部位，起到结构承重作用的石材，如大青石、黄石等，统称为工程石材；将应用于叠砌假山、置石成景、山石器设等处，主要展现山石轮廓、皴纹、颜色、质地之美，起到形成园林景观要素作用的石材，如太湖石、钟乳石等，统称为景观石材；将应用于驳岸、护坡、挡土墙、园路铺装、外墙装饰等部位，既具有结构承重功能，又展现石材的艺术之美，兼具双重功能的石材，如青条石，大理石等，统称为工程景观石材。

（3）按工种类别分为假山石材、饰面石材、砌筑石材。

按照石材在园林工程中的应用工种不同，可将其分为上述三类。这种分类有诸多优点：一是能够体现园林特点；二是造园用材概括全面；三是石材种类界限分明。

3.2.2 石材的命名

目前，我国对石材的命名方法并没有统一的规定，通常有两种方式，即按岩石命名和按工艺命名。

3.2.2.1 石材的岩石命名方法

石材是用适当的天然岩石加工而成的，故岩石是石材之母。石材的色泽、质地、纹理等外在的艺术性，与岩石的构造、结构等内在属性通常有着非常准确的对应关系，例如石材的色调对应岩石的颜色，石材的质地对应岩石的结构，石材的花纹对应岩石的构造。因此，按岩石的成因（即沉积岩、岩浆岩、变质岩三大类）不同，对石材加以命名，十分常见。

3.2.2.2 石材的工艺命名方法

石材的工艺命名方法有以下几种。

（1）采用地名加颜色的命名方法。例如济南青、丰镇黑、福鼎黑、岑溪红、石岛红、秦安绿、丹东绿、杭灰、厦门白等。

（2）采用花纹加颜色的命名方法。例如雪花白、芝麻黄、艾叶青、浪花白等。

（3）采用地名加花纹的命名方法。例如五莲花、长清花等。

（4）单以花纹形象命名的方法。例如晚霞、腾龙玉、百鹤玉、菊花青、夜里雪等。

目前，在石材市场及园林工程中，采用花纹加颜色和地名加花纹的命名方法居多，常见的有芝麻灰、芝麻白、芝麻黑、五莲红、黄锈石等。

3.3 常用造园石材

按照石材在园林工程中应用工种的不同，将其分为假山石材、饰面石材、砌筑石材三类。

3.3.1 假山石材

3.3.1.1 天然假山石材

天然假山石材在我国古典园林和现代园林中均有广泛的应用。我国幅员广阔，地质变化多端，石材种类丰富，宋代杜绾撰《云林石谱》所收录的石种就多达116种，这为掇山提供了十分优越的物质条件。实际上，并非所有的石材都适合用作园林的掇山和置石，常用的有湖石类石材、黄石、青石、石笋及其他石品。

1. 湖石类石材

湖石有狭义和广义两种概念。

狭义的湖石专指太湖区域多孔、玲珑剔透的石灰岩，常称太湖石。

广义的湖石泛指可溶性岩石经长期的风化作用和地表水或地下水的溶蚀作用，形成的千疮百孔、千姿百态、千奇百怪的，具有观赏、装饰作用的各种奇岩怪石。从石质上分有石灰岩、白云岩和大理岩等，其中以喀斯特地区的石灰岩居多，如广西的桂林、云南的路南、贵州的安顺、江西的彭泽等地。也就是说，广义的湖石是以盛产地太湖命名的一种观赏、装饰性石材，并不局限于太湖石。本书所讲湖石类石材，即指广义的湖石，在我国分布很广，不同地区的湖石在色泽、纹理和形态方面有些差别，可分为以下几种。

（1）太湖石。太湖石即指狭义上的湖石，因产于我国南方太湖一带，又称南太湖石。

太湖石的形成，首先要有石灰岩。苏州太湖地区广泛分布着2亿～3亿年前的石碳，以及二叠、三叠纪时代形成的石灰岩，这为太湖石的形成提供了丰富的物质基础。其中，以3亿年前石炭纪时，深海中沉积形成的层厚、质纯的石灰岩最佳，往往能形成质量上乘的太湖石。然后，丰富的地表水和地下水，沿着纵横交错的石灰岩节理裂隙，无孔不入地溶蚀、精雕细凿，或经太湖水的浪击波涤，天长日久使石灰岩表面及内部形成许多漏洞、皱纹、隆鼻、凹槽。不同形状和大小的洞纹鼻槽有机、巧妙地组合，就形成了漏、透、皱、瘦、奇巧玲珑的太湖石。清代戏曲作家李斗在《扬州画舫录》中说："太湖石乃太湖中石骨，浪激波涤，年久孔穴自生"。寥寥数语，既给太湖石下了定义，又将太湖石的形成过程说得清清楚楚。

太湖石的质量，必须具备瘦、皱、漏、透、清、顽、丑、拙的特点。瘦，就是太湖石体态苗条、迎风玉立；皱，就是太湖石凹凸褶皱，千奇百怪；漏，就是太湖石孔穴贯穿，四面玲珑；透，就是太湖石纹理纵横；清，就是太湖石要阴柔；顽，就是太湖石要阳刚；丑，就是太湖石要奇突；

拙,就是太湖石要浑朴。瘦、皱、漏、透是对太湖石自身形式美的评价,清、顽、丑、拙是对太湖石装饰的气势意境的评价。

太湖石的应用,悠久而广泛。唐代著名诗人白居易在《太湖石记》中有"石有聚族,太湖为甲,罗浮之次焉"的说法,说明至少在唐代太湖石已经被广泛地开采和利用。在园林中,太湖石既可独立成景,又可与它景相配。独立成景时,或亭亭玉立(见图3-1),或气势磅礴(见图3-2),形态各不同,面面皆可观。与它景相配时,或以植物伴衬(见图3-3),或置清水岸边(见图3-4),相映生辉,相得益彰。

图3-1　留园冠云峰

图3-2　御花园堆秀山

图3-3　怡园散置湖石与植物配置成景

图3-4　狮子林临水湖石假山

(2)房山石。房山石是石灰岩,石质坚固、耐风化,因产于北京房山而得名。

房山石多为白中透青,青中含白,犹如雪花落在树叶上一般。因其被红色山土所渍满,故新采者其部分表面呈土红色、橘红色或更淡一些的土黄色,日久会变成灰黑色。由于房山石也具有太湖石的涡、沟、环、洞等变化,因此也有人称其为"北太湖石"。除了在颜色上与太湖石有明显区别外,容重也比太湖石大,扣之无共鸣声,多有密集的小孔穴,少有大洞,外观沉实、浑厚、雄壮,这与太湖石外观轻巧、清秀、玲珑形成鲜明的对比。

房山石的艺术特点与北方皇家园林富丽堂皇、豪迈雄浑的园林特色十分契合,加上产地优势,故在皇家园林中有大量应用。例如故宫博物院御花园里的多处假山(见图3-5)和置石,颐和园乐寿堂前的特置景石"青芝岫"(见图3-6),均是房山石中的精品。房山石好像天生就是北方皇家园林中那金碧辉煌的建筑、繁茂耐寒的植物、庄重对称的布局、浩渺恢宏的水体中的一员,与环境相辅相成、高度融合,并逐渐形成了北方园林特有的山石景观的艺术风格。

(3)灵璧石。灵璧石是石灰岩,石质较硬,磨氏硬度在4~7度,因产于安徽省灵璧县而得名。

灵璧石其色分黑、白、红、灰4大类,100多个品种,其中以黑色最具特色,观之如墨;其形

图 3-5 房山石假山

图 3-6 青芝岫

或似仙山名岳，或似珍禽异兽，或似名媛诗仙；其面有坳坎变化，但石眼少有宛转回折之势，须藉人工以全其美；其肌肤圆润细腻，滑如凝脂，并有着特殊的白灰色石纹，纹理自然、清晰流畅；其质地亦脆，用手弹亦有共鸣之声。在宋人杜绾《云林石谱》所汇载的116种石品中，灵璧石位居首位。"灵璧一石天下奇，声如青铜色如玉"，这是宋代诗人方岩对灵璧石发出的由衷赞叹。

由于灵璧石质脆，叩之有声，早在春秋时期，人们就用片状结构的灵璧石制成编磬，用于宫廷雅乐或盛大祭典。灵璧石逐渐被人们尊为神圣之石，在造景的同时又平添了许多人文内涵。如图3-7所示是河南巩义康百万庄园的一块灵璧石，从外观来看，犹如一笔写成的"寿"字，堪为灵璧石中的精品。由于灵璧石一般块形较小，可掇山石小品，更多情况下作为盆景石玩。

（4）英石。英石属沉积岩中的石灰岩，主要产于广东英德市北江中游的英德山间，且以盲仔峡所产最为著名，是岭南园林掇山的主要用石。

图 3-7 康百万庄园特置灵璧石

英石小而奇特，常用作几案作品。其石质坚且特脆，用手指弹扣有较响的共鸣声，多淡青灰色，有的间有白脉纹络。这种山石多为中、小形体，鲜见大块的。英石又可分白英、灰英和黑英三种，一般所见以灰英居多，白英和黑英甚为罕见，故多用做特置或散点布置。

（5）宣石。宣石在地质学上称石英岩，内含大量白色显晶质石英，因产于安徽省宁国市而得名。

《园冶》中有对宣石性状言简意赅的描述："宣石产于宁国县所属，其色洁白，多于赤土积渍，须用刷洗，才见其质。或梅雨天瓦沟下水，冲尽土色。惟斯石应旧，愈旧愈白，俨如雪山也。"由于宣石有积雪般的外貌，扬州个园的冬山、深圳锦绣中华的雪山均以其作为掇山用石，效果甚佳。游者伫立山下，有一种寒风凛冽，积雪未消的感觉。由此，宣石成为中国古典园林中叠石作品的优质材料。

2. 青石

青石是一种青灰色的细砂岩，分布较广，南京钟山、北京西郊、浙江千里岗、山东莱州、四川等地均有青石。

青石横向纹理显著，也有交叉互织的斜纹，形体呈片状。抗压强度较高，耐久性好，多用于基础、墙身、栏杆、台阶、磴道、园路及装饰石料。在北京园林的假山和驳岸中应用较多，如北京圆明园武陵春色之桃花洞、北海的壕濮涧和颐和园后湖某些局部均采用了青石。青石也可作盆景用石，如图 3-8 所示，就是使用青石所做旱盆山石盆景。

图 3-8　青石假山盆景

图 3-9　黄石假山

3. 黄石

黄石是一种带橙黄色的细砂岩，产地很多，以常熟虞山的自然景观最为著名。苏州、常州、镇江等地皆有所产。其石形顽劣，节理面近乎垂直、雄浑沉实，与湖石相比又有一番景象，平整大方，立体感强，块钝而棱锐，具有强烈的光影效果，如图 3-9 所示。明代所建上海豫园的大假山、苏州耦园的假山和扬州个园的秋山均为黄石掇成的佳品。

4. 石笋

石笋为外形修长如竹笋的一类山石的总称。其产地颇广，石皆卧于山土中，采出后直立地上，园林中常作为独立小景布置，多与竹类配置，如扬州个园的春山、北京紫竹院公园的江南竹韵等。常见石笋又可分为以下 4 种。

（1）白果笋是因青灰色的细砂岩中沉积了一些卵石，犹如银杏所产的白果嵌在石中而得名（见图 3-10）。北方则称白果笋为"子母石"或"子母剑"。"剑"喻其形，"子"即卵石，"母"是细砂母岩。白果笋在我国园林中运用广泛，有些假山师傅把头大而圆的称为"虎头笋"，头小而尖的称为"凤头笋"。

图 3-10　网师园白果笋特置

图 3-11　御花园钟乳石笋特置

（2）乌炭笋顾名思义，这是一种乌黑色的石笋，比煤炭的颜色稍浅，无甚光泽。如用浅色景物作背景，这种石笋的轮廓就更清新。

（3）慧剑是北京假山师傅的沿称。所指是一种净面青灰色或灰青色的石笋。北京颐和园前山东腰数丈高的大石笋就是这种慧剑。

（4）钟乳石笋即将石灰岩经熔融形成的钟乳石倒置，或将石笋正放用以点缀园景，如北京故宫御花园就是用这种石笋做特置小品的，如图 3-11 所示。

（5）斧劈石。斧劈石属岩页，经过长期沉淀形成，含量主要是石灰质及碳质。产于我国较多地区，尤以江苏武进、丹阳的斧劈石在盆景界最为有名。四川川康地区也有大量此类石材，但因石质较软，可开凿分层，又称"云母石片"。

图3-12 斧劈石假山盆景

斧劈石属硬质石材，其表面皴纹与中国画中"斧劈皴"相似。石色以深灰、黑色为主，但也有灰中带红锈或浅灰等变化，这是因石中含铁量及其他金属成分的含量变化所致。斧劈石因其形状修长、刚劲，造景时做剑峰绝壁景观尤其雄秀，且色泽自然。但因其本身皴纹凹凸变化反差不大，因此技术难度较高，而且吸水性能较差，难于生苔，盆景成型后维护、管理也有一定的难度。如图3-12所示是使用红色斧劈石所做旱盆山石盆景。

5. 其他石品

园林假山石料除上述4类之外，还有诸如木化石、松皮石、黄蜡石和梅花石等其他石品。

木化石是几百万年或更早以前的树木被迅速埋葬地下后，木质部分被地下水中的 SiO_2 交换而成的树木化石。它保留了树木的木质结构和纹理。颜色有土黄、淡黄、黄褐、红褐、灰白、灰黑等，抛光面可具玻璃光泽，不透明或微透明，因部分木化石的质地呈现玉石质感，又称树化玉或硅化木。木化石古老朴质，在园林中常作特置或对置用石。

松皮石因其石肤多呈古松鳞片状而得名。松皮石常见黑、黄两色，表面有很多小孔，形态多有变异，尤以形似树桩、皮似古松、能展现松柏的苍劲浑雄者最具韵味。松皮石主要作园林景观用石，也是水族箱造景的良好石材。

黄蜡石色黄，表面若有蜡质感，质地如卵石，多块料而少有长条形，主要成分为石英，油状蜡质的表层为低温熔物，韧性强，硬度6.5～7.5。黄蜡石在岭南园林中应用广泛，如深圳市人民公园、广西南宁市盆景园都大量采用了黄蜡石。

牡丹石是一种带有五瓣花状花纹的玩石，属于花岗岩石种，表面呈黑灰色，或白或粉绿的花朵随意分散其上，显得分外夺目（见图3-13）。牡丹石产于我国河南洛阳，是一种不可再生的稀有资源，储量稀少，富有观赏性和收藏价值，被列为世界珍稀品种。

图3-13 牡丹石特置景石

图3-14 人工塑山

3.3.1.2 人造假山石材

人工塑山是指在传统灰塑山石和假山的基础上，采用混凝土、玻璃钢、有机树脂等现代材料和石灰、砖、水泥等非石材料，经人工塑造的假山，如图3-14所示。塑山包括塑山和塑石两类。塑山与塑石可节省采石、运石的工作，造型不受石材限制，体量可大可小。塑山具有施工期短和见效快的优点；缺点在于混凝土硬化后表面有细小的裂纹，表面皱纹的变化不如自然山石丰富以及不如石材使用期长等。园林塑山在岭南园林中出现较早，如岭南四大名园（佛山梁园、顺德清晖园、番禺的余荫山房、东莞的可园）中都不乏灰塑假山的身影。近几年，经过不断地发展与创新，塑山已作为一种专门的假山工艺在园林中得到广泛的运用，常用的材料有 FRP（玻璃纤维强化树脂）和GRC（玻璃纤维强化水泥）。

3.3.2　饰面石材

饰面石材是指在园林工程中，铺设或粘贴在地面、墙面、柱面、水池、花池、树池等构筑物的表面，起到装饰和防护作用的石材，常分为天然石材和人造石材两大类。常见的天然饰面石材主要有大理石、花岗石、青石、岩板等；人造石材以其强度大、装饰性好、耐腐蚀、耐污染、便于施工、价格低等优点得到了广泛的应用。

3.3.2.1　天然饰面石材

1. 天然饰面石材的特性

（1）石材的耐久性。

石材的耐久性是指石材长期抵抗各种内外破坏因素或腐蚀介质的作用，保持原有性质的能力。石材的耐久性是材料的一项综合性质，一般包括抗渗性、抗冻性、耐腐蚀性、抗老化性、抗碳化性、耐热性、耐溶蚀性、耐磨性、耐光性等多项性能。石材的用途不同，对其耐久性的要求也不同，如结构石材主要要求强度不显著降低，装饰石材则主要要求颜色、光泽等不发生显著的变化等。工程上应根据工程的重要性、所处的环境及石材的特性，正确选择合理的耐久性寿命。

（2）影响石材耐久性的主要因素。

内部因素是造成石材耐久性下降的根本原因。内部因素主要包括石材的组成、结构与性质。当石材的组成易溶于水或其他液体，或易与其他物质产生化学反应时，则材料的耐水性、耐化学腐蚀性较差；当材料的孔隙率较大时，石材的耐久性较差。

外部因素也是影响耐久性的主要因素。外部因素主要包括各种酸、碱、盐及其水溶液，以及各种腐蚀性气体，对石材产生的化学腐蚀作用及氧化作用；光、热、电、温度差、湿度差、干湿循环、冻融循环、溶解等对石材的物理作用；冲击、疲劳荷载，各种气体、液体及固体引起的磨损与磨耗等的机械作用。

实际工程中，石材往往受到两种以上破坏因素的同时作用，其破坏因素比较复杂，这给石材耐久性的判断增加了一定难度。对石材耐久性最可靠的判断是在使用条件下进行长期观测，但这需要很长的时间。因此，通常是根据使用条件与要求，在实验室进行快速试验，据此对石材的耐久性做出判断。

（3）石材的装饰性。

石材的装饰性能（装饰效果）是确定石材矿床是否具有工业价值、衡量石材珍贵程度的重要标准。石材装饰性能的优劣主要取决于石材的颜色、光泽、花纹图案、形状、尺寸、质感等多个方面，同时不应有影响美观的氧化杂质、色斑、色线、空洞、坑窝和包裹体等。

颜色是石材对光的反射效果，不同的颜色给人以不同的感觉。如红色、橘红色给人以温暖、热烈的感觉，绿色、蓝色给人以宁静、清凉、寂静的感觉。光泽是石材表面方向性反射光线的性质。石材表面愈光滑，光泽度愈高。不同的光泽度，可改变材料表面的明暗程度，并可扩大视野，造成不同的虚实对比。

质感是石材表面的组织结构、花纹图案、颜色、光泽、透明性等给人的一种综合感觉，如石材在人们感官中的软硬、轻重、粗犷、细腻、冷暖等感觉。材质相同的石材可以有不同的质感，如镜面花岗岩板材与剁斧石二者质感就有很大差异。相同的表面处理形式往往具有相同或类似的质感，但有时并不完全相同，如人造花岗岩一般没有天然花岗岩亲切、真实，而略显单调、呆板。

在石材的生产和加工过程中，可利用不同的工艺将石材制作成不同的表面组织，如粗糙、平整、光滑、镜面、凹凸、麻点等；或将石材表面制作成各种花纹图案；或改变石材的形状和尺寸，并配合花纹、颜色、光泽等拼镶出各种线型和图案，从而获得不同的装饰效果，最大限度地发挥石材的装饰性。

2. 常用天然饰面石材

（1）天然大理石。

天然大理石是由石灰岩或白云岩经过地壳内部高温高压作用形成的变质岩，常是层状结构，有显著的结晶或斑纹条纹，主要成分有方解石、石灰石、白云石等。

大理石因产于我国云南大理而得名，并闻名于世。大理石最早是由大理岩加工而成，故大理石即大理岩，这是大理石的原始概念。但随着大理石加工的发展，大理石产品也在不断地延伸，不仅变质的大理岩可以加工成美观的大理石板材，而且未变质的石灰岩、白云岩也可以加工成美观的大理石板材，还有岩浆成因的碳酸岩，以及超基性岩和镁质碳酸盐岩变质而成的蛇纹岩加工成的大理石板材更为美观。

1）天然大理石的特点。

天然大理石属于中硬石材，其花色多样，色泽鲜艳，材料致密，抗压性强，吸水率小。这种石材做成的地面耐磨、耐酸碱、耐腐蚀、不变形、易清洁，并能产生微弱的镜面效果，给人富丽豪华的感受。

大理石按纹理、花纹走向排序安装，可以达到理想的艺术装饰效果。它既可用于室内装修，如窗台面、地面、墙面等，也可用作艺术品的制造，像各种雕塑、花瓶，还有高档灯饰等。大理石除了以上优点外，也有一定的缺陷，如天然大理石纹理明显、花纹、色差较大、易碎等，在园林工程建设中，天然大理石只做饰面石材，几乎不作为铺地石材使用，只有室内装饰才将其铺设于建筑室内地面。

我国《天然大理石建筑板材》（GB/T 19766—2005）国家标准分别规定了大理石板材的外观质量、物理力学性能和化学性能等技术要求。详见表 3-3。

表 3-3 　　　　　　　　　　大理石石材物理性能国家建材标准

项　　　目		指　　　标
体积密度/（g·cm^{-3}）	≥	2.30
吸水率/%	≤	0.50
干燥压缩强度/MPa	≥	50.0
干燥 　　　弯曲强度/MPa 水饱和	≥	7.0
耐磨度[a]/cm^{-3}	≥	10

[a] 为了颜色和设计效果，以两块或多块大理石组合拼接时，耐磨度差异应不大于5，建议适用于经受严重踩踏的阶梯、地面和月台使用的石材耐磨度最小为12。

2）天然大理石的颜色。

颜色是反映天然大理石特性与装饰效果的一个重要方面。大理石的颜色取决于它们的矿物成分和集合体组成形式、杂质掺合程度，往往因为掺合少量矿物可能引起天然大理石颜色的显著变化。大理石的颜色可分为七种。

•白色：以白云岩大理岩为主，所含矿物着色元素低，呈白色含少量灰白色。品种有汉白玉、小雪花白、大雪花白、雪浪、珍珠白等。

•黄色：以蛇纹石大理岩为主，含少量泥质白云质的大理石，由于含黄色蛇纹石和少量泥质，呈深浅不同的黄色。品种有松香黄、芝麻黄、木纹黄、旧米黄、通山米黄等。

· 灰色：以灰岩、大理岩为主，少量白云岩，含少量有机质和分散硫化铁，呈深浅不同的灰色。品种有虎皮、杭灰，云花、艾叶青等。

· 红色：以大理岩和灰岩为主，含氧化铁和氧化锰较高。品种有红皖螺、映心红、木纹红、紫罗红、火山红等。

· 绿色：以蛇纹石化大理岩和蛇纹石化橄榄石砂岩为主，含绿色蛇纹石和橄榄石，呈深浅不同颜色。品种有翡翠玉、鲁山绿、大花绿、荷花绿、丹东绿等。

· 黑色：以灰岩为主，大理岩次之，含有较高有机质、沥青质、分散硫化铁，呈深浅不同的黑色。品种有随州墨玉、大连黑、桂林黑、苏州黑等。

· 褐色：以灰岩与大理岩为主，含较高氧化铁，呈红褐色或褐色花纹。品种有紫豆瓣、咖啡、晚霞、咖啡珍珠、皇室咖啡等。

3）天然大理石的规格。

大理石一般多用在室内地面、墙面装饰，也会用到园林建筑、构筑物的立面装饰中，由于其硬度相对较低，不在园林道路、广场等地面装饰中使用。大理石可加工成各种尺寸的饰面板材（如300mm×300mm，400mm×400mm，600mm×600mm等），常用厚度为20mm（实际厚度一般为18mm）。也有大块大理石加工成型使用，例如白色大理石俗称汉白玉，在很多园林古建及现代建筑中常用作装饰栏杆，如图3-15所示。

（2）天然花岗岩。

天然花岗岩是一种岩浆在地表以下凝却形成的火成岩，主要矿物成分是石英、长石和少量云母。花岗岩的语源是拉丁文的 granum，意思是谷粒或颗粒。因为花岗岩是深成岩，常能形成发育良好、肉眼可辨的矿物颗粒，因而得名。天然花岗岩是目前国内园林工程建设中应用范围、应用数量最为广泛的天然石材，现代公园、街头游园、居住区绿地等园林中都可以见到花岗岩石材，如图3-16所示。

图3-15 汉白玉装饰栏杆

图3-16 花岗岩石板铺地施工现场

1）天然花岗岩的特点。

花岗岩的构造致密，呈整体的均粒状结构，质地坚硬，属于硬石材，具有耐酸碱、耐腐蚀、耐高温、耐日晒、耐冰雪、耐久性好的特点，一般的耐用年限是70～200年。花岗岩表面耐擦、耐磨，经磨光处理后光亮如镜、质感丰富，有华丽高贵的装饰效果，是园林铺地、水池装饰、建筑外墙面装饰以及高级室内装饰工程中常用的材料。

2）天然花岗岩的颜色。

花岗岩的颜色丰富多变，有白、红、黑、灰、绿、蓝等多种色调。石材的颜色是由组成岩石的矿物的颜色决定的，通过颜色能大致判断出组成它的矿物成分；反过来，知道了石材的矿物成分，也能合理地推测出其应有的颜色。按照表面颜色及成分的不同，可将花岗石划分为 7 大系列花色品种，见表 3-4。

表 3-4　　　　　　　　　　　　　　　　花岗石花色品种分类表

花色品种	岩 石 类 型	主 要 矿 物	硬度	主 要 品 种
深红系列	红色花岗岩	钾长石、钠长石及石英	硬度大	中国红、岑溪红、古山红
黑色系列	辉长闪长岩、辉绿岩、辉石岩、辉长岩、橄榄辉长岩	橄榄石、辉石、角闪石、黑云母	硬度中等	丰镇黑、福鼎黑、济南青
蓝绿系列	橄榄岩、绿泥石、化基性岩、绿帘石化的二长花岗岩及碱性的霓石石英正长岩	蚀变矿物绿泥石、绿帘石及深蓝色矿物	硬度中等	中华绿、攀西蓝、新疆天山蓝
纯白系列	白岗岩类	石英、钠长石	硬度大	宜春白
浅红系列	浅红色花岗岩类	石英、钠长石、白云母	硬度大	桂林红、西丽红
麻花系列	灰白色花岗岩及闪长岩类	长石、石英、黑云母	硬度中等	各种芝麻灰、芝麻白
杂品系列	片麻花赢岩类	长石和石英	硬度中等	海浪花

在以上七大系列花色品种中，浅红系列、麻花系列、杂品系列花岗岩石材由于货源广、价位相对较低，故应用广泛，也是目前国内大多数城市园林建设中经常用到的。

3) 天然花岗岩的规格。

我国国标《天然花岗石建筑板材》(GB/T 18601—2009) 规定，天然花岗岩规格板的尺寸系列见表 3-5，圆弧板、异型板和特殊要求的普型板规格尺寸由供需双方协商确定。

表 3-5　　　　　　　　　　　　　　　天然花岗岩规格板尺寸系列　　　　　　　　　　单位：mm

边长系列	300ⓐ、305、400、500、600ⓐ、800、900、1000、1200、1500、1800
厚度系列	10ⓐ、12、15、18、20ⓐ、25、30、35、40、50

ⓐ　常用规格。

在实际应用中，花岗岩石材用于建筑表面装饰时厚度一般为 20mm，用于铺装人行场地时厚度一般为 30mm，用于铺装通行机动车辆场地时厚度一般为 50mm，这是根据不同承载需要加以区别的。花岗岩质地密实，抗压力较强，还可作为排水篦子使用，替代传统的铸铁排水篦子，广泛应用于铺装广场、园路及广场边沟的排水。

(3) 天然板石。

板岩是一种由黏土质、粉砂质沉积岩或中酸性凝灰质岩石、沉凝灰岩经轻微变质作用形成的浅变质岩，可以作为建筑材料和装饰材料。

天然板石是指各种板岩经人工用简单的刃具和手锤劈分而成并符合天然板石产品技术标准的板材，简称板石。由于板岩主要供山区村民盖房当瓦片使用，地质工作者便将其称为"瓦板岩"。

1) 天然板石的特点。

板石具有可分剥成薄片的主要特征，自然分层好，单层厚薄均匀，硬度适中，具有防腐、耐酸碱、耐高低温、抗压、抗折、抗风化、隔音、散热等特点，无物理变化，对人体无害，是一种高雅的环保产品。板石是天然饰面石材的重要成员，与天然花岗石、大理石板材相比，具有古色古香、朴实典雅、质感细腻，纹理自然、易加工、造价低廉的特点。它既可以跻身繁华闹市，又可以避俗山乡僻野，不畏烈日酷寒，室内室外随处而安，适应多种环境。天然板石可以用于建材饰面，作为瓦板、饰面板（包括墙体饰面板、地面板）；可以用于工艺加工，作为碑石用板、家具用板、雕刻用板、天然风景画墙体装潢用板（天然画工艺品）。

天然板石按切割或雕刻难易程度可分为硬质板和软质板两类。

硬质板硬度适中，易于机械切割，摩氏硬度 3.5～4.5 级，用于加工各种瓦板、饰面板、碑石、工艺板，制作家具用板等，园林建设中多种景墙、立柱、挡土墙的饰面、景观铺地也都用到板石，硬质板是我国板石产品的主要类型。

软质板硬度稍低，韧性较大，摩氏硬度 3～3.5 级，易于机切和雕刻，用途与硬质板相同，但大多用于加工各种异型板、雕刻用板等。园林建设中一些立面雕刻装饰板、地面雕刻板、不规则石板多用软质板。

2）天然板石的颜色。天然板石按颜色分为 6 类。

黑板石：深灰—黑色，各产区产品色调基本一致。

灰板石：灰—浅灰色，有的产区带自生条纹。

青板石：青—浅蓝色，各地产品色调基本一致，少数产区带自生条纹。

绿板石：草绿、黄绿、灰绿色，常带深、浅色相间的平行自生条纹。

黄板石：板面呈黄、黄褐色为主的天然山水或流云晕彩，十分美观。

红板石：砖红—棕红色，有带条纹者。

3）天然板石的规格。

天然板石抛光后光泽适度，给人以古雅美观、朴素之感。板石色调均匀柔和，花纹自然，花色品种较多，有的还带有天然晕彩，有些具有条带和条纹状图案，可拼接性好，容易加工成各种规格的石板。

天然板石按产品厚度可分为超薄板 2～4mm（一般 2～3mm）、薄板 4～8mm（一般 4～7mm）、厚板 8～15mm、超厚板大于 15mm。天然板石按板面形状可以分为普型板和异型板两种。普型板包括不同种类、不同规格的方形板、长形板、条形板（长/宽不小于 4cm，如 90cm×90cm，60cm×60cm）；异型板是除上述 3 种之外的各种形状板，包括圆形板、椭圆形板、三角形板、弧形板。

（4）砂岩板材。

砂岩又称砂粒岩，是由于地球的地壳运动，砂粒与胶结物（硅质物、碳酸钙、黏土、氧化铁、硫酸钙等）经长期巨大压力压缩粘结而形成的一种沉积岩，其主要成分是 Si_2O_2 和 Al_2O_3。

由于沉积环境的差别，使得各种砂岩有不同的节理、粒径、颜色和性质，主要有陆相沉积砂岩和海相沉积砂岩两大类。陆相沉积砂岩包括湖砂岩、河砂岩，泛称磨菇石或壁石，其表面具有起伏的纹理；海相沉积砂岩包括印度砂岩、澳洲砂岩、昆明黄砂岩，均源于海岸、出自海天，是百分之百海砂沉积岩，经地壳变动及大气压力自然形成的。

1）砂岩的特点。

砂岩是一种亚光型石材，不会产生因反射而引起的光污染，又是一种天然的防滑材料。砂岩是零放射性石材，对人体毫无伤害，适合于大面积应用。从装饰风格上来说，砂岩可以创造一种暖色调的风格，显得素雅、温馨又不失华贵大气。在耐用性上，它不会风化，不会变色。许多在 100～200 年前用砂岩建成的建筑至今风采依旧，风韵犹存。

砂岩因其内部构造空隙率大的特性，具有隔音、吸声、吸潮、抗破损、不长青苔的优良特性，同时易清理和有重量感。因此，可广泛用于具有吸声要求的影剧院、体育馆、饭店、高级商务会所、别墅、度假村的幕墙装饰和园林景观、大型浮雕壁画、雕刻艺术等。

2）砂岩的颜色。

砂岩有黄砂岩、紫砂岩、红砂岩、绿砂岩、白砂岩、黑砂岩六大色系，可以给建筑装饰、园林景观和室内装饰带来丰富多变的艺术效果。

从装饰性方面来讲，砂岩颗粒细腻、底色清纯、图案清晰、颜色淡雅、条纹流畅，或似木纹、或似山水纹，如同自然界里的树木年轮、木材花纹、山水画。砂岩的外表十分素雅、温馨，又不失华贵大气，能给人以返璞归真、接近山野的感觉。

3）砂岩的规格。

陆相沉积砂岩材质坚硬，色泽鲜明，还有类似塑料的塑变性，适合雕刻和切割出 10mm 厚的薄板。海相沉积砂岩的石材成分结构颗粒比较粗，硬度要比泥砂岩硬，孔隙率比较大、较脆硬，作为石材工程板材就不能很薄，装饰装修用板的厚度规格一般是 15～25mm。

（5）卵石。

在自然界中，卵石是经过风吹、雨打、水运等外力作用而自然形成的，是粒径为 60～200mm 无棱角的天然颗粒，一般产于江河的河床或山沟下游。符合园林装饰用的卵石必须具备某些条件，如外形奇特、质地坚韧、化学稳定性强、不经加工即具有观赏和装饰价值。

天然卵石装饰园林时，一般置于水池和小溪边或草坪中央，作为一种陪衬，增加回归大自然的真实感，同时遮挡了池底的结构部分，如图 3-17 所示。卵石在园林边角处理中有所应用，有时也与其他园林用石混合使用，各取所长。在园路铺装中卵石使用较多，黑白色卵石构成对比色调或者单色卵石铺成鸟兽、几何图形、数字、花瓣等图案，以增加园林路面的装饰效果，增添园林趣味，如图 3-18 所示。

图 3-17 水池中散置的卵石

图 3-18 卵石铺装路面

3. 天然饰面石材的选择

在上述 5 种常用天然饰面石材中，天然大理石和花岗岩在园林工程中的应用最为广泛，且使用要求较为严格，以下就以天然大理石和花岗岩为例，介绍选择购买天然饰面石材时的注意事项和检测方法。

（1）观察外观。

选择石材时，应观察外观是否存有裂纹、缺棱缺角、色线色斑、凹陷、砂眼、翘曲、污点等装饰缺陷。为了确保有一个良好的装饰效果，消费者购买前可以将石材放置于自然光下，距离约1.5m 观察石材产品的颜色、花纹是否一致。

（2）观察表面。

选择石材时，还应观察石材表面的层理结构，一般来说，质量好的花岗石呈现均匀的晶粒结构，具有细腻的质感；质量差的花岗石的晶粒粗细不均。质量好的大理石外观细腻，光泽均匀，花纹色调一致，无修补痕迹；质量差的大理石表面有修补痕迹，光泽度差，花纹色调不一致。

（3）墨水检测。

在选购石材时，可以在石材的背面滴入一滴墨水，如果墨水很快四处分散浸润，则表明石材的孔隙率较大、材质较疏松、吸水率较大、抗压强度较低；反之，说明石材结构致密、孔隙率较小、抗压强度较高。

（4）查看检测报告。

在选择石材时，应注意石材的放射性核素，一部分石材放射性核素较高，不适用于人们长时间、近距离接触的场所。不同产地、不同矿场的石材其放射性核素也不相同，因此在选购时，应向经销商索要产品的放射性核素检验报告，进行查看。查看时应注意石材的产地、放射性核素的类别、使用范围的限制等。

（5）观察颜色。

选择花岗岩时，应多观察颜色，一般应谨慎选择红色系、棕色系、绿色系或带有红色大斑点的花岗石材，这类花岗岩的放射性核素可能会高于其他颜色的花岗岩，若需要使用这类花岗岩，建议查看这类产品放射性核素检验报告，必要时，可以将产品送至专业的第三方检测机构进行检测。

4．天然饰面石材的表面处理

天然饰面石材的成材过程一般是由开采的荒料经锯切、表面加工和再锯切 3 个过程后，成为一定规格或由用户要求的成品，加工过程目前全部采用机械化。天然饰面石材由于运用场合不同，需要担负不同的造景功能和使用功能，因此表面处理工艺也有所不同，天然饰面石常见的表面处理方式有以下几种。

抛光：表面非常的平滑，高度磨光，有镜面效果，有高光泽。花岗岩、大理石和石灰石通常做抛光处理，并且需要不同的维护以保持其光泽。

亚光：表面平滑，低度磨光，产生漫反射，无光泽，不产生镜面效果，无光污染。

粗磨：表面简单磨光，把毛板切割过程中形成的机切纹打磨掉，视觉上看是很粗糙的亚光加工。

机切：直接由圆盘锯、砂锯或桥切机等设备切割成型，表面较粗糙，带有明显的、较整齐的、统一机切纹路。

酸洗：用强酸腐蚀石材表面，使其有小的腐蚀痕迹，外观比磨光面更为质朴。大部分石材都可以酸洗，但最常见的是大理石和石灰石。酸洗也是软化花岗岩光泽的一种方法。

荔枝：表面粗糙，凹凸不平，是用凿子在石材表面凿出密密麻麻的小洞，有意模仿水滴常年累月地滴在石头上的一种效果。

菠萝：表面比荔枝加工更加的凹凸不平，就像菠萝的表皮一般。

剁斧：也叫龙眼面，是用斧头剁敲在石材表面上，形成非常密集的条状纹理，有些像龙眼表皮的效果。

翻滚：是将大理石、石灰石、花岗岩等的碎片放入容器内翻滚，变成古旧的样子，经常需要使用石材增色剂使颜色更鲜明。

火烧：高温加热之后快速冷却就形成了火烧面，可以使石材表面粗糙，劳动力成本较高。这种表面主要用于室内如地板或商业大厦的饰面。火烧面一般是花岗岩。

开裂：是指通过手工切割来模仿石头自然开裂面，能够处理略轻于经火烧处理的表面粗糙的石材。这种方法多用在板岩面的处理。

拉沟：在石材表面上开一定的深度和宽度的沟槽。

3.3.2.2　人造石材

人造石材，顾名思义即并非百分之百由天然石材原料加工而成的石材，主要以不饱和聚酯树脂为黏结剂，配以天然大理石或方解石、白云石、硅砂、玻璃粉等无机物粉料，以及适量的阻燃剂、颜色等，经配料混合、瓷铸、振动压缩、挤压等方法成型固化制成。

1．人造石材的基本特征

人造石材按其制作方式的不同可分为两种：一种是将原料磨成石粉后，再加入化学药剂、胶着剂等，以高压制成板材，并于外观色泽上添加人工色素与仿原石纹路，提高多变性及选择性。另一种是将原石打碎后，加入胶质与石料真空搅拌，并采用高压震动方式使之成形，制成一块块的岩块，再经过切割成为建材石板。

人造石材除保留了添加料的天然色彩和纹理外，还可预先挑选统一花色，加入喜爱的色彩，或嵌入玻璃、亚克力等，丰富其色彩。人造石材加工成型比天然石材成型更方便，除了常规使用的板材保持与传统天然石材规格一致外，大部分人造石材可根据实际造型需要加工成各种形状。与天然石材相比，人造石具有色彩艳丽、光洁度高、颜色均匀一致、韧性好、结构致密、坚固耐用、比重轻、不吸水、耐侵蚀风化、色差小、不褪色、放射性低等优点。人造石材具有资源综合利用的优势，在环保节能方面具有不可低估的作用，是名副其实的绿色环保建材产品。

人造石材的另一个优势是价格大大低于天然石材，其运用日益普遍，尤其是含天然原石比例较高的人造石材，纹理容易控制，体现了天然石材的原味，在室内装饰、厨卫台面、室外家具中已得到广泛的应用。

2. 常见人造石材

人造石材按照其材料成分和生产技术，主要有 Cast Stone，GFRC，GFRS，GFRP 等多个品种。国内造园材料中常用的人造石材有如下几种。

(1) 卡斯特石，英文名 Cast Stone，意为浇铸而成的石头，因此也称为铸石。

它是一种人造仿真石材，主要成分包括水泥、碾碎石料、各种添加剂以及矿物原料，加水后调制成混合物，然后浇铸入预制模具中，经过高压蒸汽养护成型，脱模后经酸洗和喷砂处理，在外观上与天然石材几乎没有区别。在园林工程中，卡斯特石可以逼真地模仿自然界多种天然石材的外观，制作石材栏杆、栏板、石凳、古典柱式、花盆（见图 3-19）、喷泉、雕塑等。

图 3-19　卡斯特瓶饰（引自：印象石网）　　　图 3-20　仿真石坐凳（引自：新达信网）

(2) GFRC 仿真石，GFRC 是英文名 Glass Fiber Reinfored Concrete 的缩写，中文名称为玻璃纤维增强混凝土仿真石。

它的主要成分包括水泥、砂石、抗碱玻璃纤维（不少于 4%）、减水剂、促凝剂、缓凝剂、加气剂等助剂以及矿物颜料等，通过特殊的工艺喷射到模具上，经过一定时间的养护、脱模和表面处理而成。GFRC 石材强度高，产品寿命长，密实性好、抗冻融能力和耐火持久性俱佳。与卡斯特石相比，它重量要轻得多，因为内部是空的，这有利于减小结构承重构件和基础的外加荷载。中空结构还为电线管、接线盒、水管等提供了安装空间。GFRC 石材除了石材栏杆、栏板、喷泉、雕塑等构件和装饰外，还可建造园林小品（见图 3-20）以及尺寸较大的园林建筑。

(3) 压模艺术地坪，也叫压模地坪、压花地坪，是采用特殊耐磨矿物骨料、高标号水泥、无机颜料及聚合物添加剂合成的彩色地坪硬化剂，通过压模、整理、密封处理等施工工艺，使混凝土表面产生石质纹理和丰富的色彩。由于压模艺术地坪代替了传统天然石材铺地，因此，从实用功能角度将它归纳到人造石材的范畴。

压模艺术地坪是具有较强的艺术性和特殊装饰要求的地面材料。它是一种即时可用的含特殊矿物骨料、无机颜料及添加剂的高强度耐磨地坪材料。其优点是易施工、一次成型、使用期长、施工快捷、修复方便、不易褪色等，同时又弥补了普通彩色道板砖的整体性差、高低不平、易松动、使用周期短等不足。

压模艺术地坪运用于各类城市园林中的道路、场地铺装，具有较好的装饰艺术效果，远看与天然石材铺地效果很接近。在洛阳市新区街头绿地仿天然石材铺地的压模艺术地坪，几乎达到了以假乱真的效果，如图 3-21 所示。压模艺术地坪也可以做成规则图案，如图 3-22 所示。

图 3-21　仿石材图案的压模艺术地坪

图 3-22　规则图案的压模艺术地坪

人造石材具有天然矿物体的某些基本特点，每一种人造石材都有各自不同的成分，正是这些不同的成分，使得人造石材在使用中表现出了各种不同的效果，且抵御自然破坏的能力也各不相同。科学地使用和选择是保证和提高人造石材应用效果的基本前提，只有把握其特点，了解其品性，才能根据相应的应用环境选择不同的人造石材，实现预期的效果。

3.3.3　砌筑石材

砌筑石材是指主要用于建筑工程以及园林构筑物工程中砌筑的天然石材，在某些场合可以代替砖，而且比砖砌筑体具有更好的强度和耐久度。砌筑石材一般就地取材，以减少石材的成本，没有明显的装饰要求，色泽因石而异，用于建筑质量和外观要求不是很高的建筑物或砌筑物中。砌筑石材分为毛石和料石两大类。

3.3.3.1　毛石

（1）概念。毛石是采石场爆破后直接得到的形状不规则的石块，是不成形的石料，处于开采以后的自然状态。

（2）分类。依毛石平整程度分为乱毛石和平毛石两类。形状不规则的毛石称为乱毛石，有两个大致平行面的毛石称为平毛石。

1）乱毛石。一般要求石块中部厚度不小于 150mm，长度为 300～400mm，每块的质量约为 20～30kg 为宜。

2）平毛石。平毛石由乱毛石略经加工而成，其形状基本上有六个面，但表面粗糙，中部厚度不小于 200mm。

（3）用途。毛石常用作园林建筑的基础、勒脚、墙体、水体驳岸、挡土墙等，也可配制毛石混凝土。

3.3.3.2　料石

（1）概念。人工或机械开采出较规则的六面体石块，经人工略加凿琢而成的称为料石。

（2）分类。依料石表面加工的平整程度分为：毛料石、粗料石、半细料石和细料石。

1）毛料石。外观大致方正，一般不加工或者稍加调整。料石的宽度和厚度不宜小于 200mm，长度不宜大于厚度的 4 倍。叠砌面和接砌面的表面凹入深度不大于 25mm。

2）粗料石。规格尺寸同毛料石，叠砌面和接砌面的表面凹入深度不大于 20mm；外露面及相接周边的表面凹入深度不大于 20mm。

3）半细料石。规格介于粗料石和细料石之间。

4）细料石。通过细加工，规格尺寸同毛料石，叠砌面和接砌面的表面凹入深度不大于10mm，外露面及相接周边的表面凹入深度不大于2mm。

（3）用途。料石一般由致密、均匀的砂岩、石灰岩、花岗岩开凿而成，用于建筑物基础、勒脚等部位。小块料石几何尺寸较小，砌筑时灰缝较大，多用于较大圆角、道路的曲线部分或小场地的铺装。大块料石除了砌筑，也可用于公园或风景名胜区的道路、广场铺地。

小 结

石材在我国古今造园材料中均占有重要地位。石材种类繁多，应用广泛，且其应用的环境、目的及技法又各不相同。本章旨在从园林建设者的专业角度，将石材分为假山石材、饰面石材和砌筑石材三大类，并通过对各类石材的材质特点、用途、规格、用量、用法等多个方面的介绍，使学生对石材的基础知识和造园应用有较为系统和直观的认知。通俗地讲，即让学生知道哪些石材叫什么名字，质地如何，有什么样的色彩，可以怎样加工，能用在哪些地方等。

本章的学习重点是要掌握石材的形成；岩石的种类和性质，各种质地岩石的适用范围；石材在园林工程建设中的分类；各种石材的属性、园林用途；石材在景观建筑、景石假山、硬质铺装等工程中常用的规格尺寸；常见造园石材的表面处理方法；人造石材的认知等。

思 考 题

1. 造园用石材可以分为几大类？

2. 大理石和花岗岩在外观上有什么差异？

3. 常用于铺设园路、广场的石材有哪些表面处理工艺？

4. 常用于各种建筑、构筑物立面装饰的石材有哪些表面处理工艺？

5. 天然石材哪些可以铺地？哪些可以做建筑立面的饰面？哪些两者皆可？

6. 请列举毛石和料石在造园中的主要作用。

7. 试列举身边园林中常见的人造石材，并总结其表面特征。

8. 课外调查：在学习本章知识的基础上，调查当地建筑市场中常用造园石材的种类及价格。

9. 课外调查：对照本章所学知识，整理出身边常见的造园石材统计表，并用A4纸装订成册，统计表可参考表3-6。

表3-6 造园石材统计表

石 材 名 称	用 途	规 格	色 彩	表 面 处 理

10. 手绘施工图练习：手工绘制收集的常见造园石材的剖面图，并用A4纸装订成册（可参照国家建筑标准设计图集03J012—1环境景观室外工程细部构造）。

11. 绘图练习：试用图表的形式列出造园石材的分类图。

第4章 木材和竹材

无论是在我国古典园林还是现代园林中，木材和竹材一直被作为重要的造园材料，广泛地应用于景观建筑、园林小品、园路铺装、装饰装修等各个方面。与西方造园者钟爱于石材（尤其作为结构材料）不同，我们的祖先对竹木似乎有一种特殊的偏爱。究其原因，无论说是受"多木少石"的就地取材原则的制约，还是受"道"性至柔的文化哲学思想的影响，均是外因，木材与竹材的美质和美感才是根本的决定因素。

木材和竹材的美质，突出地体现在其完美的环境友好性上。首先，在生长阶段，木材和竹材是借太阳光的能量，以自然界中的二氧化碳和水为原料，通过叶片的光合作用形成的天然高分子化合物，最为节能环保、最具有可持续性。其次，在使用阶段，木材和竹材能够吸能减震、调温调湿、隔热保温，具有很好的环境友好性。最后，在消亡阶段，木材和竹材可以被环境微生物分解或燃烧热解，这使得其废弃制品的处理非常容易，并且不会对环境造成不良影响。由此可见，木材和竹材从生成到消亡的全过程都具有很好的环境友好性。木材和竹材的美感，主要体现在它们的质地、纹理和丰富多彩的花纹图案上，这些会给人们带来气味清香、经久不息的嗅觉；冬暖夏凉，手感温润的触觉；赏心悦目，妙趣无穷的视觉效果。

木材和竹材具有良好的生态性和较好的工程力学性质（如轻质高强、良好的弹性和韧性）等优点，同时也存在着诸如易燃、易腐、易变形以及各向异性等缺点。特别是木材生长缓慢，我国木材资源相对贫乏，因此，作为风景园林的从业人员，正确掌握木材和竹材的性质、合理并节约使用显得尤为重要。

4.1 木 材

树木是一个有生命的活体，由树冠、树干、树根三部分组成。树木利用的主体是树干，加工后成为木材。木材具有多孔性，是三维结构各向异性的有机生物复合材料。

4.1.1 木材的分类与构造

4.1.1.1 木材的分类

1. 按树种分类

（1）针叶树材。针叶树树干通直高大，枝杈小且较密，树叶细长如针，多为常绿树。其纹理顺直，材质均匀，易得大材。大多数针叶树材的木质较轻软且易于加工，故又称软材。针叶树材胀缩变形较小，耐腐蚀性强，广泛用于园林景观建筑的承重构件和装饰材料，山石驳岸以及临水假山的基础桩木。我国常用针叶树树种有红松、落叶松、云杉、冷杉、杉木和柏木等。

（2）阔叶树材。阔叶树树干通直部分一般较短，树杈大且较少，树叶宽大，叶脉呈网状，多为落叶树。相当数量阔叶树的材质坚硬且较难加工，故又称硬材。阔叶树材强度高，胀缩变形大，易翘曲开裂。阔叶树板材木纹和颜色美观，具有很好的装饰作用，适用于做家具、室内装修及胶合板等。我国常用阔叶树树种有樟木、水曲柳、黄菠萝、榆木、核桃木、酸枣木等，也有少数数种质地较软，如桦木、椴木、山杨、青杨等。

2. 按材种分类

按材种分类，可将木材分为原条、原木、锯材和枕木等4种类型，见表4-1及图4-1～图4-4。

表4-1

木材的种类及用途

分类名称	说　　明	主　要　用　途
原条	系指已经去枝、去皮、去根、去梢的木料，但尚未按一定尺寸加工成规定的材类	建筑工程的脚手架、小型用材、家具等
原木	系指已经去枝、去皮、去根、去梢的木料，并已按一定尺寸加工成规定的直径和长度的材料	1. 直接使用原木：景观建筑物的梁、柱、檩条等结构构件；桩木、地梁等基础构件 2. 加工原木：用于胶合板等
锯材	系指将原条或原木按一定的规格要求加工锯解成材的木料	景观建筑的檩条、椽子、望板、楣檐、门窗等；室外栏杆、扶手及坐凳座椅、木栈道等
枕木	系指按枕木断面和长度加工而成的成材	铁道工程、工厂专用线等

图4-1　原条

图4-2　原木

图4-3　锯材

图4-4　枕木

4.1.1.2 木材的宏观构造

木材的宏观构造指用肉眼和放大镜能观察到的木材组织特征，如图4-5所示。

木材是非均质材料，其构造通常从树干的3个主要切面来剖析，即从横切面（垂直于树轴的切面）、径切面（通过树轴的纵切面）和弦切面（平行于树轴的切面）了解木材的特性和应用。树木是由树皮、木质部和髓心3个部分组成。

1. 年轮、早材和晚材

树木生长呈周期性，在一个生长周期内所产生的一层木材环轮称为一个生长轮，即年轮。从横切面上看，年轮是围绕髓心、深浅相间的同心环。

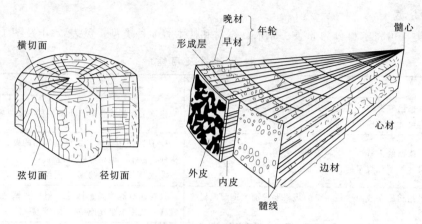

图 4-5 木材的构造

在同一生长年中，春天细胞分裂速度快，细胞腔大壁薄，所以构成的木质较疏松，颜色较浅，称为早材或春材；夏秋两季细胞分裂速度慢，细胞腔小壁厚，构成的木质较致密，颜色较深，称为晚材或夏材。

一年中形成的早、晚材合称为一个年轮。相同的树种，径向单位长度的年轮数越多，分布越均匀，则材质越好。同样，径向单位长度的年轮内晚材含量（称晚材率）越高，则木材的强度越大，耐久性越好。

2. 树皮

树皮可分为内皮和外皮。内皮的组织细胞是活的，是运输养分的通道。外皮的组织细胞已经死亡，但它的外部形态、颜色、气味、质地和厚薄等是识别木材的重要依据。一般树种的树皮在工程中没有使用价值，但有些树种（如栓皮栎、黄菠萝）的软木组织较发达，可制成软木地板、软木砖等绝缘材料和装饰材料。

3. 边材和心材

有些树种在横切面上，木质部的材色可分为内、外两大部分。颜色较浅，靠近树皮部分的木材称为边材。颜色较深，靠近髓心部分的木材称为心材。在立木期，边材具有生理活性，能运输和储藏水分、矿物质和营养物等，边材逐渐老化转成心材。边材含水量较大，易翘曲变形，抗腐蚀性较差；心材含水量较少，不易翘曲变形，抗腐蚀性较强。

4. 髓心和髓线

髓心位于原木的中心，为木质部所包围，是一种柔软的薄壁细胞组织，常呈褐色或浅褐色。髓心不属于木质部，组织松软，强度低，易腐朽、开裂，在木材利用上没有什么价值。但是各种髓心的形状和大小不一样，有助于对木材的识别。

在横切面上，从髓心向外的辐射线称为髓线，又称木射线。髓线与周围连接较差，木材干燥时易沿髓线开裂，但髓线与年轮组成了木材美丽的天然花纹。

5. 树脂道和导管

树脂道是大部分针叶树所特有的构造。它是由泌脂细胞围绕而成的孔道，富含树脂。当树木受伤时，树脂包覆在受伤表面，以免腐蚀。在横切面上树脂道呈棕色或浅棕色的小点，在纵切面上呈深色的沟槽或浅线条。

导管是一串纵行细胞复合生成的管状构造，起输送养料的作用。导管仅存在于阔叶树中，所以阔叶树材也叫有孔材；针叶树材没有导管，因而又称为无孔材。

4.1.1.3　木材的微观构造

木材的微观构造是指在显微镜下观察的木材构造特征。不同的木材具有不同的构造特征，但其基本构成具有相似的形式。在微观状态下，木材是由无数管状细胞紧密结合而成的，其中，绝大部分细胞纵向排列，少数细胞横向排列（如髓线）。每一个细胞均由细胞壁和细胞腔构成。

细胞壁由纤维素（约占 50%）、半纤维素（约占 24%）和木质素（约占 25%）组成。纤维素的化学结构为 $(C_6H_{10}O_5)_n$，为长链分子，$n=8000\sim10000$，大多数纤维素沿细胞长轴呈小角度螺旋状成束排列。半纤维素的化学结构类似纤维素，但链较短，n 大约为 150。木质素是一种无定形物质，其作用是将纤维素和半纤维素黏结在一起，构成坚韧的细胞壁，使木材具有强度和刚度。木材的细胞壁越厚，腔越小，木材越密实，强度越大，但胀缩也大。

细胞因功能不同，可分为管胞、导管、木纤维、髓线等多种。树种不同，其构成细胞也不同。针叶树的微观结构简单、规则，主要由管胞和髓线构成。管胞占木材总体积的 90% 以上，其髓线细小，且不很明显，某些树种（如松树）在管胞间还有树脂道（见图 4-6）。阔叶树的微观结构较复杂，它主要由导管、木纤维、纵行和横行薄壁细胞构成（见图 4-7）。木纤维是一种壁厚腔小的细胞，起支撑作用，其体积占木材体积的 50% 以上；导管是由壁薄而腔大的细胞所构成的大管孔，导管体积约占木材体积的 20%。因此，有无导管和髓线的粗细是鉴别阔叶树和针叶树的重要依据。

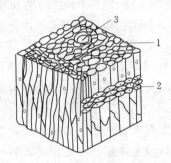

图 4-6 针叶树（马尾松）微观构造

1—管胞；2—髓线；3—树脂道

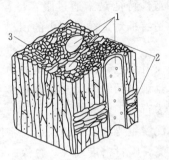

图 4-7 阔叶树（柞木）微观构造

1—导管；2—髓线；3—木纤维

4.1.1.4 木材的缺陷

木材在生长、采伐、储运、加工和使用过程中会产生一些缺陷（疵病），如节子、裂纹、夹皮、斜纹、弯曲、伤疤、腐朽、变色和虫害等。这些缺陷不仅降低木材的力学性能，而且影响木材的外观质量。其中节子、裂纹和腐朽对材质的影响最大。

1. 节子

埋藏在树干中的枝条称为节子（见图 4-8）。活节由活枝条形成，与周围木质紧密连生在一

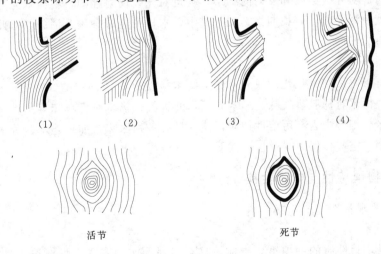

（1）　　　　（2）　　　　　（3）　　　　（4）

活节　　　　　　　　　　死节

图 4-8 节子

（1）和（2）—活节；（3）和（4）—死节；（2）和（4）—隐生节

起，质地坚硬，构造正常。死节由枯死枝条形成，与周围木质大部分或全部脱离，质地坚硬或松软，在板材中有时脱落而形成空洞。材质完好的节子称为健全节，腐朽的节子称为腐朽节，漏节不但节子本身已经腐朽，而且深入树干内部，引起木材内部腐朽。木节对木材质量的影响随木节的种类、分布位置、大小、密集程度及木材用途的不同而不同。健全活节对木材力学性能无不利影响，死节、腐朽节和漏节对木材力学性能和外观质量影响最大。

2. 裂纹

木材纤维与纤维之间分离所形成的缝隙称为裂纹。在木材内部，从髓心沿半径方向开裂的裂纹称为径裂，沿年轮方向开裂的裂纹称为轮裂，沿材身顺着纹理方向、由表及里的径向裂纹称为纵裂。木材裂纹主要是在立木生长期因环境或生长应力等因素或伐倒木因不合理干燥而引起的。裂纹破坏了木材的完整性，影响木材的利用率和装饰价值，降低了木材的强度，也是真菌侵入木材内部的通道。

4.1.1.5　木材的非构造性特征

木材的非构造性特征是指通过眼、鼻、耳、舌、手等人体器官对木材的感知特征。很多情况下，木材的非构造特征对造园过程中的识材、选材、用材乃至艺术效果都起着决定性的作用。

1. 材色

木材本身并没有颜色，但由于木材的内含物，使木材呈现不同颜色，如云杉为白色、白桦为灰白色等。在园林景观设计时，尤其意在凸显木材的天然纹理及色彩特征时，对各种木材材色的掌握和识别就显得更为重要了。

木材颜色的深浅主要与木材的组织、密度、干湿程度有关。通常，边材色浅，心材色深；早材密度较小，色浅亮，晚材密度较大，色深暗；湿透的木材较干燥的木材色深暗。另外，木材还具有氧化或真菌感染后退色和变色的性能。因此，我们须知木材颜色变化很大，各人感觉不同，对材色的描述很难准确、一致。

2. 纹理

木材纹理是指木材各种细胞的排列情况。根据年轮的宽窄和变化的缓急可分为粗纹理和细纹理。粗纹理如杉木和年轮较宽的环孔材，细纹理如红松和年轮较均匀的散孔材。另外，根据木材的纹理方向可分为直纹理、斜纹理、乱纹理。直纹理强度大，易于加工；斜纹理和乱纹理强度低，不易加工，刨切面不光滑，容易起毛刺等。

3. 光泽

木材光泽是材面对光线吸收和反射的结果。凡是对光线反射强的，材面就光亮；反之，对光线吸收强的，材面就暗淡无光。若长期暴露在空气中，木材的光泽会逐渐消失，因此需在木材新的刨切面上观察木材有无光泽。

4. 气味与滋味

由于木材含有芳香油和其他化学成分，使某些木材发出一种特殊的气味。如松木有松香气味、檀木有檀香气味、樟木有樟脑香气味、杉木有杉木的香气、杨木有青草味等。

另外，由于木材细胞中含有可溶性物质，使其具有各种滋味，如黄连木、苦木有苦味，糖槭有甜味等。木材长期与空气接触，味道也会减弱。

4.1.2　木材的物理特性与力学性能

4.1.2.1　木材的物理特性

1. 木材的密度

木材的密度是木材性质的一项重要指标，具有很强的实用意义，据此可以估计木材的实际重量，推断木材的工艺性质和木材的干缩、膨胀、硬度、强度等物理力学性质。

木材的密度包括实质密度、气干材密度、绝干材密度、生材密度和基本密度等。

木材的实质密度是指构成木材细胞壁物质的密度。由于木材都是同一物质（纤维素）组成的，密度在 $1.49\sim1.57g/cm^3$ 之间，波动不大，平均约为 $1.54g/cm^3$。

气干材密度是气干材重量与气干材体积之比，通常以含水率在 $8\%\sim20\%$ 时的木材密度为气干密度。我国和其他国家一样，规定含水率 12% 为我国的气干密度。木材的气干密度是进行木材性质比较和生产使用的基本依据。通常将密度小于 $0.4g/cm^3$ 的木材称为轻材，如泡桐、杨木、红松、云杉等；将密度在 $0.4\sim0.8g/cm^3$ 之间的木材称为中等材，如水曲柳、香樟、落叶松、重阳木等；将密度大于 $0.8g/cm^3$ 的木材称为重材，如紫檀、色木、麻栎、梧桐等。

绝干材密度是绝干材重量与绝干材体积之比；生材密度，是生材重量与生材体积之比；基本密度，是绝干材重量与生材体积之比。这3种密度在造园中应用较少。

2. 含水率

木材的含水率是指木材中所含水的质量与木材干燥后质量的百分比值。新伐倒的树木称为生材，其含水率一般在 $70\%\sim140\%$。木材气干含水率因地而异，南方约为 $15\%\sim20\%$，北方约为 $10\%\sim15\%$。窑干木材的含水率约为 $4\%\sim12\%$。

（1）木材中的水分。

木材中的水分可分为3种，即自由水、吸附水和化合水。自由水存在于组成木材的细胞间隙中，它的变化只影响木材的体积密度、燃烧性、干燥性、保存性等。吸附水是指被吸附在细胞壁内细纤维之间的水分，它以薄的水膜形式包覆在组成细胞壁的细纤维表面上，它的变化是影响木材强度和胀缩变形的主要因素。化合水是组成细胞化合成分的水分，是构成木质的组分，在常温下不变化，故其对木材性质无影响。

（2）纤维饱和点。

湿木材在空气中干燥，当自由水蒸发完毕且吸附水尚处于饱和时的状态，称为纤维饱和点。此时的木材含水率称为纤维饱和点含水率，其大小随树种而异，通常介于 $23\%\sim35\%$，平均为 30%。纤维饱和点含水率的重要意义不在其数值的大小，而在于它是木材许多性质在含水率影响下开始发生变化的起点。在纤维饱和点之上，含水率变化是自由水含量的变化，它对木材强度和体积影响甚微；在纤维饱和点之下，含水率变化即吸附水含量的变化，会对木材强度和体积等产生较大的影响。

（3）平衡含水率。

潮湿的木材会向较干燥的空气中蒸发水分，干燥的木材也会从湿空气中吸收水分。木材长时间处于一定温度和湿度的空气中，当水分的蒸发和吸收达到动态平衡时，其含水率相对稳定，这时木材的含水率称

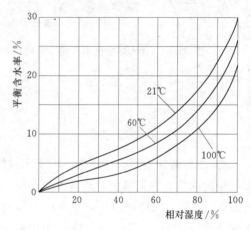

图 4-9 木材的平衡含水率

为平衡含水率。木材平衡含水率是木材进行干燥的重要指标，并随周围空气湿度的变化而变化（见图 4-9）。各地区、各季节木材的平衡含水率不同（见表 4-2）。事实上，不同树种木材的平衡含水率也有差异。

表 4-2 我国部分城市木材平衡含水率 %

城市	月份												
	1	2	3	4	5	6	7	8	9	10	11	12	平均
广州	13.3	16.0	17.3	17.6	17.6	17.5	16.6	16.1	14.7	13.0	12.4	12.9	15.1
上海	15.8	16.8	16.5	15.5	16.3	17.9	17.5	16.6	15.8	14.7	15.2	15.9	16.0

续表

城市	月　份												
	1	2	3	4	5	6	7	8	9	10	11	12	平均
北京	10.3	10.7	10.6	8.5	9.8	11.1	14.7	15.6	12.8	12.2	12.2	10.8	11.4
拉萨	7.2	7.2	7.6	7.7	7.6	10.2	12.2	12.7	11.9	9.0	7.2	7.8	8.6
徐州	15.7	14.7	13.3	11.8	12.4	11.6	16.2	16.7	14.0	13.0	13.4	14.4	13.9

（4）干湿变形。

木材具有很显著的湿胀干缩性，且具有两个明显特点。

1）纤维饱和点是木材湿胀干缩的转折点。当木材的含水率在纤维饱和点以下时，随着含水率增大，木材体积膨胀，随着含水率减小，木材体积收缩；当木材含水率在纤维饱和点以上，只是自由水增减变化时，木材的体积不发生变化。含水率对松木胀缩变形的影响如图 4-10 所示。

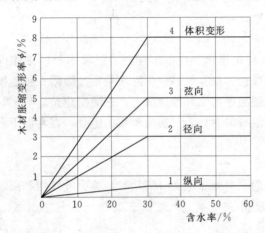

图 4-10　含水率对松木胀缩变形的影响

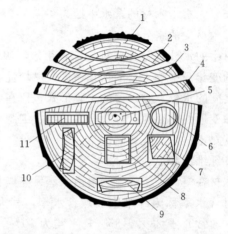

图 4-11　木材干燥后截面形状的改变

1—弓形成橄榄核状；2、3、4—成反翘；5—通过髓心径锯板两头缩小成纺锤形；6—圆形成椭圆形；7—与年轮成对角线的正方形变菱形；8—两边与年轮平行的正方形变长方形；9、10—长方形板的翘曲；11—边材径向锯板较均匀

2）木材各向变形大小不同。由于木材构造不均匀，各方向、各部位胀缩也不同，其中弦向最大，径向次之，纵向最小，边材大于心材。一般新伐木材完全干燥时，弦向收缩 6%～12%，径向收缩 3%～6%，纵向收缩 0.1%～0.3%，体积收缩 9%～14%。木材弦向收缩变形最大，与径向收缩比率通常为 2∶1。图 4-11 展示出木材干燥时在横切面上由于各方向收缩不同而造成的变形。不均匀干缩会使板材发生翘曲（包括顺弯、横弯、翘弯）和扭弯（见图 4-12）。

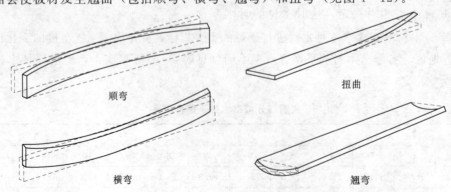

顺弯

扭曲

横弯

翘弯

图 4-12　木材变形示意图

木材湿胀干缩性将影响到其实际使用。干缩会使木材翘曲开裂、接榫松弛、拼缝不严，湿胀则会造成凸起。为了避免这种情况，在木材加工制作前必须预先进行干燥处理，使木材的含水率比使用地区平衡含水率低 2%～3%。

4.1.2.2　木材的力学性能

1. 木材的强度

根据木材受力状态的不同，木材的强度主要有抗拉、抗压、抗弯和抗剪强度，抗拉、抗压、抗剪强度又有顺纹和横纹之分。顺纹是指作用力方向与纤维方向平行；横纹是指作用力方向与纤维方向垂直。

（1）抗拉强度。

顺纹抗拉强度是木材各种力学强度中最大的。顺纹抗拉强度指拉力方向与木材纤维方向一致时的抗拉强度。这种受拉破坏，往往木纤维未被拉断，纤维间先被撕裂。因为木纤维间横向联结薄弱，横纹抗拉强度很低，为顺纹抗拉强度的 2.5%～10%。

木材的疵病如木节、斜纹、裂纹等都会使顺纹抗拉强度显著降低。同时，木材受拉构件连接处应力复杂，致使顺纹抗拉强度难以被充分利用。因此，木材在造园工程中很少用作受拉构件。

（2）抗压强度。

顺纹抗压强度为作用力方向与木纤维方向平行的抗压强度，它次于顺纹抗拉强度和抗弯强度。顺纹受压破坏是木材细胞壁失去稳定而非纤维的断裂。横纹受压，起初变形与应力成正比关系，超过比例极限后，细胞壁失稳，细胞腔被压扁。因此木材的横纹抗压强度以使用中所限定的变形量决定，通常取其比例极限作为横纹抗压强度极限指标。

木材的横纹抗压强度比木材的顺纹抗压强度低得多，其比值随木纤维构造和树种而异，针叶树横纹抗压强度约为顺纹抗压强度的 10%，阔叶树为 10%～20%。

木材的顺纹抗压强度较高，且木材的疵点对其影响较小，因此这种强度在造园工程中利用最广，常用作景观建筑的柱、桩、斜撑等承重构件。顺纹抗压强度是确定木材强度等级的依据。

（3）抗弯强度。

木材受弯时，其受弯区域内应力十分复杂，在试件上部产生顺纹压力，下部为顺纹拉力，在水平面和垂直面上则有剪切力，当达到强度极限时，则因纤维本身及纤维间连接的断裂而最后破坏。木材受弯破坏时，通常在受压区首先达到强度极限，开始形成微小的不明显的皱纹，但不立即破坏。随着外力增大，皱纹慢慢地在受压区扩展，产生大量塑性变形；最后在试件下部受拉区因纤维断裂或撕开而破坏。木材的抗弯强度仅次于顺纹抗拉强度，为顺纹抗压强度的 1.5～2.0 倍，在造园工程中常用于地板、梁、桁等结构中。

（4）抗剪强度。

木材受剪力作用时，由于作用力对木材纤维方向的不同，可分为顺纹剪切、横纹剪切和横纹切断 3 种。顺纹剪切破坏是由于纤维间联结撕裂产生纵向位移和受横纹拉力作用所致；横纹剪切破坏是因剪切面中纤维的横向联结被撕裂的结果；横纹切断破坏则是木材纤维被切断，这时强度较大，一般为顺纹剪切的 4～5 倍。

木材强度呈现出明显的各向异性，表 4-3 列举了木材各强度的特征及应用。根据《木结构设计规范》（GB 50005—2003）木材的强度等级可根据其弦向静曲强度来评定（见表 4-4）。木材强度等级代号中的数值为木结构设计时的强度设计值，它要比试件实际强度低数倍，这是因为木材实际强度会受到各种因素的影响。

2. 影响木材强度的主要因素

（1）木材的纤维组织。

表 4-3　　　　　　　　　　　　　　　　　木材各强度的特征及应用

强度类型	受力破坏原因	无缺陷标准试件强度相对值	我国主要树种强度范围/MPa	缺陷影响程度	应　用
顺纹抗压	纤维受压失稳甚至折断	1	25~85	较小	木材使用的主要形式有柱、桩
横纹抗压	细胞腔被压扁，所测为比例极限强度	$\frac{1}{10}:\frac{1}{3}$		较小	应用形式有枕木和垫木等
顺纹抗拉	纤维间纵向联系受拉破坏，纤维被拉断	2~3	50~170	很大	抗拉构件连接处首先因横纹受压或顺纹受剪破坏，难以利用
横纹抗拉	纤维间横向联系脆弱，极易被拉开	$\frac{1}{20}:\frac{1}{3}$		很大	不允许使用
顺纹抗剪	剪切面上纤维纵向连接破坏	$\frac{1}{7}:\frac{1}{3}$	4~23	大	木构件的榫、销连接处
横纹抗剪	剪切面平行于木纹，剪切面上纤维横向连结破坏	$\frac{1}{14}:\frac{1}{6}$			不宜使用
横纹切断	剪切面垂直于木纹，纤维被切断	$\frac{1}{2}:1$			构件先被横纹受压破坏，难以利用
抗弯	在试件上部受压区首先达到强度极限，产生皱褶；最后在试件下部受拉区因纤维断裂或撕开而破坏	$\frac{3}{2}:2$	50~170	很大	应用广泛，如梁、桁条、地板等

表 4-4　　　　　　　　　　　　　木材强度等级评定标准

木材种类	针　叶　材				阔　叶　材				
强度等级	TC11	TC13	TC15	TC17	TB11	TB13	TB15	TB17	TB20
静曲强度最低值/MPa	44	51	58	72	58	68	78	88	98

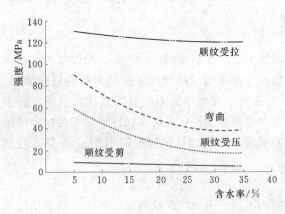

图 4-13　含水率对木材强度的影响

木材受力时，主要靠细胞壁承受外力，细胞纤维组织越均匀密实，强度就越高。例如，夏材比春材的结构密实、坚硬，当夏材的含量较高时，木材的强度也较高。

（2）含水率。

木材的含水率是影响强度的重要因素。在纤维饱和点以下，水分减少，则木材多种强度增加，其中抗弯和顺纹抗压强度提高较明显，对顺纹抗拉强度影响最小。在纤维饱和点以上，强度基本为一恒定值，如图 4-13 所示。

为了便于比较，国家标准规定，木材强度以含水率为 12% 时的强度为标准值，木材含水率在 9%~15% 时的强度，可按式（4-1）换算。

$$\sigma_{12} = \sigma_W[1 + \alpha(W - 12)] \qquad (4-1)$$

式中　σ_{12}——含水率为 12% 时的木材强度，MPa；

σ_W——含水率为 W 时的木材强度，MPa；

W——试验时的木材含水率，%；

α——含水率校正系数，当木材含水率在 9%~15% 时，按表 4-5 取值。

表 4-5   α 取 值 表

强度类型	抗 压 强 度		顺纹抗拉强度		抗弯强度	顺纹抗剪强度
	顺纹	横纹	阔叶材	针叶材		
α 值	0.05	0.045	0.015	0	0.04	0.03

（3）环境温度。

木材的强度随环境温度升高而降低。试验表明，当温度从 25℃升高至 50℃时，木材的顺纹抗压强度会降低 20％～40％。当温度在 100℃以上时，木材中部分组成会分解、挥发，木材颜色变黑，强度明显下降。因此如果环境温度长期超过 60℃时，不宜使用木结构。

（4）负荷时间。

木材极限强度表示抵抗短时间外力破坏的能力，木材在长期荷载作用下所能承受的最大应力称为持久强度。由于木材受力后将产生塑性流变，使木材强度随荷载时间的增长而降低，木材的持久强度仅为极限强度的 50％～60％（见图 4-14）。

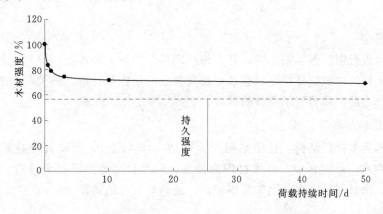

图 4-14　木材的持久强度

一切木结构都处于某一种荷载的长期作用下，因此在设计木结构时，应考虑负荷时间对木材强度的影响，以持久强度为设计依据。

（5）疵病。

木材在生长、采伐、保存及加工过程中，所产生的内部和外部缺陷，统称为疵病。一般木材或多或少都存在一些疵病，使木材的物理力学性质受到影响。

4.1.3　木材及其制品的应用

4.1.3.1　木材的等级

我国各种商品材均按国家材质标准要求，根据木材缺陷情况进行分等分级，通常分为一、二、三、四等，结构和装饰用材一般选用等级较高者。但对于承重结构用的木材，根据《木结构设计规范》（GB 50005—2003）的规定，又要按承重结构的受力要求进行分级，即分为Ⅰ、Ⅱ、Ⅲ三个等级，设计时应根据构件的受力种类选用适当等级的木材。普通木结构构件的材质等级见表 4-6。

表 4-6   普通木结构构件的材质等级

项次	主 要 用 途	材质等级
1	受拉或受压构件	Ⅰ a
2	受弯或压弯构件	Ⅱ a
3	受压构件及次要受弯构件（如吊顶小龙骨等）	Ⅲ a

4.1.3.2　木材的设计特性

目前，木材及其加工产品几乎在所有的园林造景要素中都得到过良好的应用。这些木质造景要素主要通过"表达木结构的建构之美"、"表现木材的自然质感和色泽"、"关注节点的连接和精致细部"这 3 个方面来诠释木材的外部艺术语言，欲使木材的物理特性和力学性能"趋利避害"地成为其艺术性的内部技术支撑，需要我们掌握木材的设计特性。

1. 轻质高强

木材的表观密度较低，通常为 $400\sim600\text{kg/m}^3$，其抗弯强度可达 100MPa，比强度可达到 0.2，比普通钢材（比强度为 0.054）高数倍。因此，自古以来木材就是各种造园工程中优良的结构材料。

2. 较高的弹性与韧性

木材良好的韧性使其可以承受各种动荷载的作用而不会产生脆性破坏。当木材用作木栈道、亲水平台地面铺装、室内地板和墙面装饰等处时，这种良好的弹性会使人们获得自然、舒适与安全的感觉。

3. 良好的加工性

因为木材可以进行锯、刨、钻、凿、钉、榫接或黏结等加工和连接，可制成各种形状，并容易进行各种组合。木材的这种优良特性，在景观建筑复杂的结构与构造、精美的隔断、多样的漏窗以及木雕艺术、园林小品中都得到了充分的展现。

4. 较好的绝热性与热稳定性

由于木材内部为多微孔结构，孔隙率很大（可达 50％以上），所以其导热系数很低，一般为 0.3W/(m·K) 左右。在园林中，将木材作为园桌、园凳、园椅的面材会具有良好的舒适性。在环境温度变化时，木材不易产生急剧的胀缩变形，还具有较好的体积稳定性。

5. 优良的装饰性

木材具有变化多端的切面外观，尤其是弦切面的花纹最为丰富。在造园工程中，通常采用拼花、贴面、清漆涂饰等手法以展现木材优良的装饰性。

6. 较可靠的耐久性

在适当的环境条件下，木材也会表现出良好的耐久性，例如，在长期干燥或浸水环境中可保持上百年，其性能并无显著恶化。在古典园林中，常将松木、杉木等作为临水或水中假山的桩基，便是应用木材的这种特性。

木材在具有诸多优良设计特性的同时，也存在着一些明显的缺点，集中体现在 3 个方面：一是易燃烧、腐蚀及虫蛀；二是吸湿性大，易干缩湿胀，尺寸不稳定；三是各向异性。

4.1.3.3　木材的防护

为了提高木材的耐久性，扩大木材的使用范围，针对木材的特性做到扬长避短，就必须在木材使用前及使用过程中，有针对性地采取一些防护措施。目前，对木材的防护措施主要包括干燥、防腐、防虫和防火处理等。

1. 干燥

木材在加工和使用之前进行干燥处理，可以提高强度、防止收缩、开裂和变形、减轻质量以及防腐防虫，从而改善木材的使用性能和寿命。

木材的干燥方法有自然干燥法和人工干燥法两种。自然干燥法是将木材架空堆放于棚内，利用空气对流作用，使木材的水分自然蒸发，达到风干的目的。这种方法简便易行，成本低，但耗时长，过程不易控制，容易发生虫蛀、腐朽等现象。人工干燥法是将木材置于密闭的干燥室内，使木材中的水分逐渐扩散，从而达到干燥的目的。这种方法速度快，效率高，但应适当控制干燥温度和湿度，如果控制不当，会因收缩不均匀而导致木材开裂和变形。

　　通常，景观建筑室内及门窗用料干燥至含水率6％～10％，室外景观及小品用料干燥至含水率8％～15％。

　　2.防腐防虫

　　（1）腐朽。

　　木材的腐朽是由真菌在木材中寄生而引起的。侵蚀木材的真菌有3种，即霉菌、变色菌和木腐菌。霉菌一般只寄生在木材表面，并不破坏细胞壁，对木材强度几乎没有影响。变色菌多寄生于边材，是以细胞腔内物质（如淀粉、糖类）为养料，对木材力学性质影响不大。但变色菌侵入木材较深，难以除去，损害木材外观质量。

　　木腐菌侵入木材，分泌一种酶素把木材细胞壁物质分解成可以吸收的简单养料，供自身生长繁殖。腐朽初期，木材仅颜色改变；以后逐渐深入内部，木材强度开始下降；至腐朽后期，木材呈海绵状、蜂窝状或龟裂状等，颜色大变，材质松软，甚至可用手捏碎。

　　（2）虫害。

　　各种昆虫危害造成的木材缺陷称为木材虫害。往往木材内部已被蛀蚀一空，而外表依然完整，几乎看不出破坏的痕迹，因此危害极大。白蚁喜温湿，在我国南方地区种类多、数量大，常对建筑物造成毁灭性的破坏。甲壳虫（如天牛、蠹虫等）则在气候干燥时猖獗，它们主要在幼虫阶段危害木材。

　　木材中被昆虫蛀蚀的孔道称为虫眼或虫孔。虫眼对材质的影响与其大小、深度和密集程度有关。深的大虫眼或深而密集的小虫眼能破坏木材的完整性，降低其力学性质，也成为真菌侵入木材内部的通道。

　　（3）防腐防虫的措施。

　　真菌在木材中生存必须同时具备以下3个条件：水分、氧气和温度。木材含水率为35％～50％，温度为24～30℃，并含有一定量空气时最适宜真菌的生长。当木材含水率在20％以下时，真菌生命活动受到抑制。浸没水中或深埋地下的木材因缺氧而不易腐朽，俗语有"水浸千年松"之说。可从破坏菌虫生存条件和改变木材的养料属性着手，进行防腐防虫处理，延长木材的使用年限。

　　1）干燥。

　　采用自然干燥法和人工干燥法将木材干燥至较低的含水率，并在设计和施工中采取各种防潮和通风措施，如为墙内木柱设置通风洞（见图4-15和图4-16）、利用柱础防止木柱根部受潮（见图4-17和图4-18）、木屋顶采用山墙通风等，使木材处于通风干燥状态。

图4-15　墙体下部设置通风洞（侧面）　　　　　图4-16　墙体下部设置通风洞（正面）

图 4-17　木柱下置柱础（1）　　　　　图 4-18　木柱下置柱础（2）

2）涂料覆盖。

涂料种类很多，作为木材防腐应采用耐水性好的涂料。涂料本身无杀菌杀虫能力，但涂刷涂料可在木材表面形成完整而坚韧的保护膜，隔绝空气和水分，阻止真菌和昆虫侵入。

3）化学处理。

化学防腐是将对真菌和昆虫有毒害作用的化学防腐剂注入木材中，使真菌、昆虫无法寄生。防腐剂主要有水溶性、油溶性和油质防腐剂三大类。室外应采用耐水性好的防腐剂。防腐剂注入方法主要有表面涂刷、常温浸渍、冷热槽浸透和压力渗透法等。其中表面涂刷简单易行，但防腐剂不能深入木材内部，故防腐效果差。常压浸渍法是将木材浸入防腐剂中一定时间后取出使用，使防腐剂渗入木材有一定深度，以提高木材的防腐能力。冷热槽浸透法是先将木材浸入热防腐剂中（大于90℃）数小时，再迅速移入冷防腐剂中，以获得更好的防腐效果。压力渗透法是将木材放入密闭罐中，经一定时间后防腐剂充满木材内部，防腐效果更好，但所需设备较多。

3. 防火

易燃是木材最大的缺点。在热作用下，木材会分解出可燃气体，并放出热量；当温度达到260℃时，即使在无热源的情况下，木材也会自行发焰燃烧。木材在火的作用下，外层炭化，结构疏松，内部温度升高，强度降低，当强度低于承载力时，木结构即被破坏。因而木质结构必须注重防火。

所谓木材的防火处理是指，为了提高木材的阻燃性，使其达到遇到小火能自熄，遇大火能延缓或阻滞燃烧蔓延的目的，而对木材进行的化学或物理加工的过程。木材防火处理的方法有以下两种：一是用防火浸剂对木材进行浸渍处理，为了达到要求的防火性能，应保证一定的吸药量和透入深度；二是将防火涂料涂刷或喷洒于木材表面，待涂料固结后即构成防火保护层，其防火效果与涂层厚度或每平方米涂料用量有密切关系。

防火处理能推迟或消除木材的引燃过程，降低火焰在木材上蔓延的速度，延缓火焰破坏木材的速度，从而给灭火或逃生提供时间。应当注意防火涂料或防火浸剂中的防火组分随着时间的延长和环境因素的作用会逐渐减少或变质，从而导致其防火性能不断减弱。

4.1.3.4　木材的联结方式

木材因天然尺寸有限，或结构构造的需要，常用拼合、接长和节点连接等方法，将木料连接成结构和构件。连接是木结构的关键部位，设计与施工的要求应严格，传力应明确，韧性和紧密性良好，构造简单，检查和制作方便。木材连接的常见方法有榫卯连接、齿连接、螺栓连接和钉连接等。

（1）榫卯连接。

榫卯连接是中国古代匠师创造的一种连接方式，其特点是利用木材承压传力，以简化梁柱连接的构造。利用榫卯嵌合作用，使结构在承受水平外力时，能有一定的适应能力。因此，这种连接在中国木结构建筑中一直被广泛应用。如图4-19所示是浙江宁波北宋前期所建保国寺大殿拼柱横截面示意图，其中图（a）是由8根木料拼成的八瓣形柱子，图（b）是由9根木料拼成的八瓣形柱子。图4-20展示了榫卯连接在四段合、三段合拼柱法中的应用。

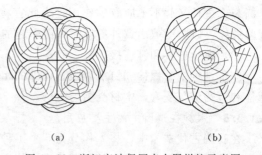

图4-19 浙江宁波保国寺大殿拼柱示意图

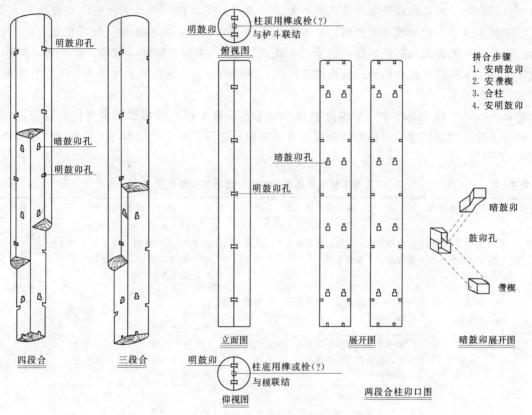

图4-20 利用榫卯连接拼柱法

使用榫卯连接时还应注意，榫头和榫孔对木料的受力面积削弱较大，不利于连接处抵抗弯、剪、扭等力的作用，用料不太经济。

（2）齿连接。

用于桁架节点的连接方式。将压杆的端头做成齿形，直接抵承于另一杆件的齿槽中，通过木材承压和受剪传力，如图4-21所示。为了提高其可靠性，要求压杆的轴线必须垂直于齿槽的承压面（$a-b$）并通过其中心。这样使压杆的垂直分力对齿槽的受剪面（$b-c$）有压紧作用，提高木材的抗剪强度。为了防止刻槽过深，削弱杆件截面，影响杆件承载能力，对于桁架中间节点，应要求齿深（h_c）不大于杆件截面高度的1/4；对于桁架支座节点应不大于1/3。受剪面过短容

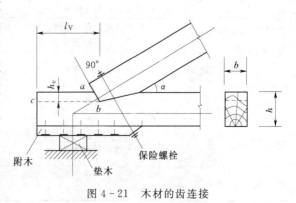

图4-21 木材的齿连接

55

易撕裂，过长又起不了应有的作用，为此宜将受剪面长度（l_v）控制在 4～10h 范围内。并应设置保险螺栓，以防受剪面意外剪坏时可能引起的屋盖结构倒塌。

（3）螺栓连接和钉连接。

在木结构中，螺栓和钉能够阻止构件的相对位移，并受到其孔壁木材的挤压，这种挤压可以使螺栓和钉受剪与受弯，木材受剪与受劈。

4.1.3.5　木材在造园中的主要应用

在我国古代造园中，将木作分为 5 个工种，即：锯作、大木作、小木作、雕作、旋作，分工细致，管理严格。锯作负责分解割截原木，使之成为枋料、板料，为其他 4 种木作提供坯材，是木料加工的第一个环节。大木作主要负责制作梁、柱、檩、桁等结构构件，这些构件既是构成景观建筑结构体系的骨架，也是构成景观建筑艺术效果的骨架，需实现技术性和艺术性的高度统一，因此，构建技术要求高，防护措施要求严格。小木作负责木装修制作，名目繁杂，较为费工，如门、窗、隔断、栏杆、外檐装饰及防护构件、地板、天花（顶棚）、楼梯、龛橱、篱墙、井亭等。雕作又称雕凿作，即用木材雕凿各种精巧的纹样图案，须有娴熟的技艺。旋作就是车木工，专门从事圆形构件和装饰件的加工。

时至今日，木材在园林中的使用范围和加工工艺都有了很大的拓展和提高，并且与玻璃、钢材、混凝土等多种现代造园材料的结合应用更加密切。造园工程中常用木材的树种选用和材质要求见表 4-7。

表 4-7　　　　　　　　　造园工程中常用木材的树种选用和材质要求

使用项目	使用部位或名称	材 质 要 求	建议选用的树种	备注
景观建筑	梁、柱、檩、桁等大木作用材	纹理要直，有较高的强度，耐久性好、钉着力强、干缩小	云杉、水杉、杉木、落叶松、白皮松、马尾松、樟子松、侧柏、柏木、青杨、小叶杨、樟木、楠木等	现代景观建筑（仿古）的结构体系多用混凝土材料，围护和装饰部位多用木材（见图 4-22）
	墙板、镶板、天花板等	具有一定的强度，材质较轻，有装饰价值花纹	除大木作用树种外，还有野核桃、悬铃木、麻栎、皂角、香椿、水曲柳等	
	门、窗等	容易干燥、干燥后不变形，材质较轻，易加工、油漆及胶粘性质良好，并具有一定的花纹和材色	红松、白松、樟子松、柏木、杉木、柞木、核桃楸、水曲柳、枫桦等	
	装饰材、家具等	材色悦目，具有美丽的花纹，加工性质良好、切面光滑，油漆和胶粘性质均好，不劈裂	银杏、红豆杉、云杉、红松、柏木、大叶杨、楠木、皂角、水曲柳等	
园林小品	园凳、园桌、花箱、花架、栏杆、果皮箱等	耐腐蚀、耐磨、耐久性好，具有适当的强度	油杉、油松、柏木、枫桦、刺槐等	见图 4-23
	室外木雕等	质地细密、坚韧，具有一定花纹和材色，不易变形，耐久性好	树种如楠木、樟木、柏木、银杏等	见图 4-24 和图 4-25
驳岸护坡	亲水平台	抗腐蚀能力强，耐磨、耐久性好，具有一定的强度，不易变形	云杉、杉木、柏木、春榆等	见图 4-26
	生态护岸	具有天然的抗腐蚀、抗水浸能力	云杉、皂角、落叶松、金丝李等	见图 4-27 和图 4-28
园林铺装	园路、园桥、广场等	耐腐蚀、耐磨、不易变形	柏木、杉木、红松、水曲柳等	见图 4-29
假山基础	桩木	抗剪、抗劈、抗压、抗冲击能力好，抗腐蚀能力强，耐久性好	云杉、杉木、柏木、春榆等	常用作水中假山或山石驳岸的基础桩木
游乐设施	木质游乐设施	抗冲击能力强，耐磨，具有一定的强度，耐腐蚀性好	黄杉、杉木、柏木、小叶杨、山杨等	见图 4-30

图 4-22 某景区在建景观建筑

图 4-23 木质坐凳与花箱

图 4-24 木雕小品景观（1）

图 4-25 木雕小品景观（2）

图 4-26 湿地木质栈道

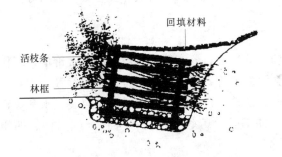

图 4-27 木框格间塞以活枝条护岸示意图

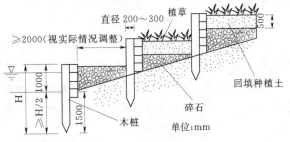

图 4-28 木排桩护岸示意图

图 4-29　木质园路

图 4-30　木质游乐设施

4.2　竹　　材

竹材是竹子砍伐后除去枝条的主干，又称竹秆。

4.2.1　竹材的基本知识

4.2.1.1　我国的竹子资源

竹子被人们称为"第二森林"，是位居木材之后的第二大森林资源。竹子是速生丰产植物，人们形容竹子生长速度的诗句有"昨秀一夜萧萧雨，新竹青枝与屋齐"。我国是世界竹类植物的起源地和分布中心，是竹类资源最丰富的国家，被誉为"竹子王国"。我国有竹类植物 34 属 534 种，约占世界木本竹种类的 1/3。

我国竹子分布北自辽宁，南迄海南，东起台湾，西达西藏，主要分布在北纬 40°以南地区，除新疆、内蒙古、黑龙江外，其他各地多多少少均有竹子的生长，其中北京、辽宁、西藏、青海、宁夏、甘肃、河北等北部和西部地区有少量竹子分布或引种。竹子集中生长区是安徽、浙江、福建、台湾、江西、湖北、湖南、重庆、四川、广东、广西、贵州、云南等地。

虽然我国竹类资源丰富，但作为以用材为主的经济竹种被广泛开发、利用的并不多，大多数竹种尚处于野生状态，目前人工栽培最多的用材竹为毛竹。毛竹易于繁殖，生长迅速，高大挺拔，竹筒壁厚，材质均匀，我国福建、江西、浙江、湖南 4 省的人工竹林面积占全国人工竹林面积的 1/2，其中毛竹就占 80%以上。

4.2.1.2　竹子的种类

1. 按科属系统分类

由于竹类归多数种类，开花周期长，繁殖器官材料不易获得，因此竹类分类是被子植物分类中困难的类群。

2. 按用途分类

（1）观赏竹。观赏竹是指秆形、秆色、叶形、株（丛）形、姿态等具有较高的观赏价值，多作为观赏和园林用的竹类植物。如罗汉竹、斑竹、黄金间碧玉竹、紫竹、菲白竹、孝顺竹等。

（2）经济竹。经济竹是指适合加工制造，在农业、建筑、食品、造纸、轻工、包装、水利等行业得到广泛应用，具有较高经济价值的竹类植物。如毛竹、苦竹（刚竹）、甜竹（麻竹）、四季竹等。

3. 按秆型高矮分类

（1）巨型竹类，竹株高度在 30m 以上的竹种。如巨龙竹、马拉加西巨竹（泰国）等。多用于开阔的园地、风景区等处。

（2）大型竹类，竹株高度在10m以上的竹种。如散生与混生竹中的毛竹、刚竹、橄榄竹等；丛生竹中的麻竹、花竹、牛耳竹、吊丝单竹等。适于在广阔的庭院、公园栽植及配植竹林景观。

（3）中型竹类，竹株高度在3～9m的竹种。如散生与混生竹中的黄皮毛竹、绿槽毛竹、台湾桂竹、淡竹、早竹等；丛生竹中的青皮竹、紫秆竹、孝顺竹等。适于稍宽阔的庭院、林荫道、高楼大厦四周及与其他树木混栽配植。

（4）小型竹类，竹株高度在1.5～3m的竹种。如赤竹、箬竹、江南竹、陵水紫竹、黄筋金刚竹等。常用于小型庭院的栽植、作园林小品、假山涧的缀景。也可用于我国北方寒冷地区的大盆（桶）栽植。

（5）矮型竹类，竹株高度在0.6～1.5m的竹种。如倭竹、爬地竹、凤尾竹、阔叶箬竹等。常用于庭园配置、小品缀景、低矮植物间的配植。

（6）地被竹类，竹株高度在0.5m以下的竹种。常见的有菲白竹、矮箬竹、鹅毛竹、狭叶矮竹等。多作庭园中的地被植物、花坛的铺地植物和树木下层的配植。

4.2.1.3 竹子的形态

竹子属单子叶植物纲，禾本科、竹亚科，具有特殊的形态特征。戴凯之说："植类之中，有物曰竹，不刚不柔，非草非木。"竹类植物的形态特征是其分类的主要依据，竹子由地下茎、竹秆、竹枝、叶和箨、花和果等部分组成，如图4-31所示。竹秆是竹材的主要应用部分。

竹子的地上茎同其他禾本植物一样，几乎都是圆形、中空，由一系列的节和节间构成，称为秆。秆是竹类植物中最重要的部分，自下而上可分为秆柄、秆基、秆茎3个部分。

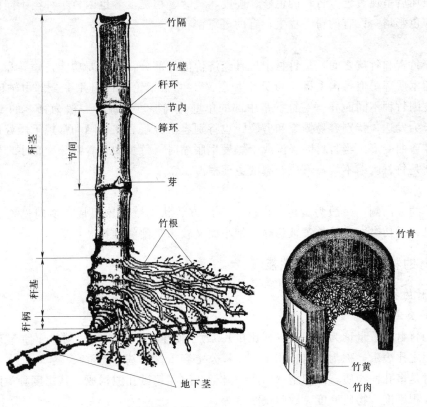

图4-31　竹秆的外部形态　　　　图4-32　竹材的内部结构

1. 秆柄

秆柄位于竹秆的最下端，是竹秆与竹鞭或母竹的秆基相连接的部分。秆柄细小，但极强韧，不生根、由十数节组成，俗称"螺丝钉"。它是竹子地下与地上系统相互连接、输送物质的纽带。

2. 秆基

秆基是由数节至十数节短缩且粗大的节间组成，是竹秆在土中生根的部分。秆基各节密集生根，称为竹根，形成一个独立的体系。秆基、秆柄和竹根合称竹兜。

3. 秆茎

秆茎为竹秆的地上部分，多端正通直，一般呈圆形中空且有节，上部分生竹枝。竹茎的每一个节上有两个环，上环为秆环，是分生组织停止生长后留下的环迹；下环为箨环，是竹箨脱落后留下的环迹。两环之间称为节内，两节之间称为节间。相邻的两个节间之间有一个木质横隔，称为节隔，着生在节内。竹秆的节间形状、节数和节间长度因竹种而异。

4.2.1.4　竹材的构造

把竹材纵向劈开，可以明显地看到竹材的 3 个组成部分：竹壁、竹节、节隔（见图 4 - 32）。

竹材的圆筒外壳称为竹壁，它是用材的主要部分。竹壁上有两个相邻的环状突起称为竹节，由于竹节的存在给竹制构件增添了特殊的风味，但也给竹工劈篾带来一定的困难。在竹秆空腔的内部处于竹节的位置上，有一个坚硬的板状横隔称为节隔。节内与节隔连成一体，对整根竹材来说，它起着增强竹秆强度的作用。

把竹材横向据开，用显微镜放大观察，可以看到竹壁自外向内由竹青、竹肉、竹黄 3 部分组成。

1. 竹青

竹青是竹壁最外围的部分，在最外面的表层细胞内，细胞呈长柱状紧密排列，其组织紧密、质地坚韧，表面光滑并附有蜡质。竹青常含叶绿体，所以幼年竹秆的表皮呈绿色，老年或干燥的竹秆表皮叶绿体破坏后呈黄色。竹青的色彩、硬度、气味、粗糙度等也因竹子种类不同而异，有的竹青光滑圆整，色彩均一；有的粉毛浅生；有的斑点密布。

2. 竹肉

竹肉位于竹青和竹黄之间，是竹材中最具经济价值的部分，其主要功能是输导和支持。竹肉可相当于木材的木质部，但竹肉上既不可见生长层又不可见年轮。竹肉几乎全部由轴向管状细胞组成，单壁厚度因竹种不同而异。毛竹秆茎中部的单壁竹肉厚度较厚，一般为秆茎的 $1/5 \sim 1/7$。竹肉轴向细胞极为发达，特别容易撕裂和劈裂，也特别容易分层。在日晒和常规干燥处理时，须预防其轴向开裂和弯曲变形。当竹材因吸湿或干燥发生胀缩时，竹黄和竹青部分变化小，竹肉部分变化大，所以竹肉是竹材胀缩不均，形成开裂的主要根源。

3. 竹黄

位于竹壁的最内侧，一般为黄色，由 8～15 层方砖状厚壁细胞组成，横向排列紧密，又硬又脆，对竹材进行横切时，常见竹黄被粉碎成细小而又较为坚硬的颗粒。

4.2.2　竹材的物理特性与力学性能

4.2.2.1　竹材的物理特性

1. 竹材的公定容积重

单位体积竹材的重量称为容积重（即比重）。为了便于比较，常用竹材烘干重量与其充分吸水时的最大体积之比表示，称为公定容积重，简称公定容重（或基本比重）。

由于竹材是多孔性物质，由细胞壁物质、显微孔隙和超微孔隙构成，其密度种类除竹材公定容重外，还有容积密度、物质密度、细胞壁密度等。

竹材的容积重与其力学性质关系密切。容积重大，力学强度就大；容积重小，力学强度就小。因此，竹材的容积重是反映竹材力学性质的重要指标。竹材的容积重与竹秆部位、生长年龄、立地条件和竹子种类有密切关系。

（1）竹秆部位。

竹秆不同部位容积重的分布规律是：基部容重小，稍部容重大；节间容重小，节部容重大；竹壁内部（竹黄）容重小，竹壁外侧（竹青）容重大。这主要是由于维管束分布不均的缘故。

（2）竹子年龄。

竹子不同年龄容积重的变化规律是：幼竹容重最小，1~5年生逐步提高；6~8年生稳定在较高的水平上；8年生以后有所下降。这主要是因为竹材细胞壁及内含物是随年龄的增长而逐渐充实和变化的。竹材容重随年龄变化的规律是确定竹子合理采伐年龄的理论根据之一，一般6~8年生的竹材质量较高，最适宜采伐。

（3）立地条件。

一般来说，生长在温暖多湿、土壤肥沃的地区，竹材容重较小；生长在低温、干燥、土壤瘠薄的地区，竹材容重较大。

2. 竹材的含水率

竹材中水分重量占绝干物重的百分率，称为竹材的含水率。按竹材中水分的存在状态不同可分为：①吸着水，存在于竹材细胞壁中的结合水；②化合水，存在于竹材细胞壁成分中的水分；③自由水，存在于竹材细胞腔中的水分。

湿竹材放置在空气中干燥时，首先蒸发自由水，当自由水蒸发完毕，而吸着水尚处于饱和状态时称为纤维饱和点，此时的含水率称为纤维饱和点含水率。竹材纤维饱和点含水率对竹材物理力学性质影响很大，其值通常为35%~40%。

一般的，竹材的力学强度随其含水率的增高而下降，随其含水率的减少而增高。但是达到绝对干燥时，材质变脆，强度下降。新鲜竹材的含水率在80%~100%，竹龄愈老，含水率愈低；且竹壁外侧（竹青）的含水率比中部（竹肉）和内部（竹黄）低。

3. 竹材的干缩性

新鲜竹材经过天然或人工干燥后，逐渐失去水分，竹材的径、弦、高向的尺寸和体积等产生收缩的现象称为干缩性。竹材干缩性可用干缩率（S）和干缩系数（K）表示。

$$S = \frac{A-B}{A} \qquad (4-2)$$

$$K = \frac{S}{W} \qquad (4-3)$$

式中　S——干缩率；

A——新鲜竹材的径、弦、高向和体积的尺寸；

B——绝干竹材的径、弦、高向和体积的尺寸；

K——干缩系数；

W——竹材纤维饱和点含水率。

一般竹材的收缩率比木材要小，但是，竹材的不同方向收缩率有显著不同。它的收缩规律是：围度的收缩率大，长度的收缩率小；对劈开的竹片来说，竹壁外侧的弦向收缩率大，内部小，中间中等；幼竹失水后收缩率大，壮龄竹特别是老竹失水后收缩率小。另外，竹种不同竹材的收缩率也是不同的，见表4-8。

表4-8　　　　　　　　不同竹种竹材的收缩率　　　　　　　　%

部位 竹种	高　向	径　向	弦　向
毛竹	0.0438	0.6125	0.5351
刚竹	0.0401	1.4752	0.9347
淡竹	0.0312	2.0065	0.8504

4.2.2.2 竹材的力学性能

1. 竹材力学性能的优势

竹材力学强度大，劈裂性好，容易加工，在造园工程中得到了广泛使用。竹材的抗拉强度约为木材的 2 倍，抗压强度比木材高 10% 左右。钢材的抗拉强度虽为竹材的 2.5～3 倍，但一般竹材的容积重（比重）约为 0.6～0.8，钢材的比重则为 6～8。若按单位重量计算强度，则竹材的抗拉强度约为钢材的 3～4 倍（见表 4-9）。

表 4-9　　　　　　　　　　　　竹材、木材、钢材的强度比较

项　目	竹　材				木　材				钢　材			
	毛竹	刚竹	淡竹	麻竹	杉木	红松	麻栎	檫树	软钢	半软钢	半硬钢	硬钢
抗拉/MPa	197	286	184	197	78	99	145	111	382	444	520	>730
抗压/MPa	65	55	86	42	40	33	58	47	430	500	600	

2. 整竹强度

在造园工程中，对竹材的整根或整段使用十分常见，因此，需要了解整竹的强度。有关资料表明，整竹强度具有以下 4 个特征。

（1）整竹抗压强度，小径竹比大径竹强度大。但是，大径竹断面大，故承受的总压力要比小径竹大些。

（2）有节整竹比无节竹段抗压强度提高 5%～6%，抗弯强度提高 9%～20%。

（3）整竹劈开后的弯曲承载能力比整竹降低 50% 以上。

（4）整竹的抗弯强度虽高，但其刚性小，挠度变形大。

3. 竹材力学性能的影响因素

竹材的力学性能随着竹子的部位、含水率、竹龄和生长条件的变化有明显的不同。

（1）竹秆部位与力学性质。

竹秆的不同部位力学强度差异较大。同一根竹秆，上部竹材比下部竹材的力学强度大；竹青比竹黄的力学强度大。有关研究表明，毛竹竹材的各项强度均随着竹秆高度的增加而增大，1～3m 较为明显，3～7m 变化不大。高向部位对竹材力学性能的影响一般在 15%～30%。

竹节对其力学强度影响也很大。由表 4-10 所示可以看出：毛竹竹材外侧节部的抗拉强度（152.2MPa）约比节间（191.1MPa）低 25%，内侧节部的抗拉强度（96.9MPa）约比节间（114.7MPa）低 18.4%。竹材节部抗拉强度比节间低，其主要原因是：节部维管束分布弯曲不齐，受拉时容易被破坏。节部的顺压、顺剪、顺拉等强度都略比节间（无节）高。

表 4-10　　　　　　　　　　　竹材抗拉强度与节部的关系　　　　　　　　　　单位：MPa

节　部	毛　竹		刚　竹		桂　竹	箭　竹
	外侧	内侧	外侧	内侧		
有节	152.2	96.9	198.1	143.7	236.2	171
无节	191.1	114.7	318.7～334.4	224.8	261.9	258.1

（2）竹材含水率对力学性质的影响。

竹材的力学强度，随含水率的增高而降低。但是，当竹材处于绝干状态时，质地变脆，强度反而下降。由于竹材含水率对强度影响较大，所以，在进行力学试验时，应将竹材含水率调整到一定范围，以便于研究、比较。

（3）竹龄与力学性质。

研究竹子年龄对竹材力学性质的影响，不仅对竹材利用有现实意义，对竹材的培育，特别是确定竹材采伐年龄也是十分重要的。有关研究表明：毛竹 1～5 年生竹材的强度逐步提高，6～8 年生

稳定在较高水平，9～10 年生以后略有所降低。新生的幼竹组织幼嫩，抗压、抗拉强度都很低。随着竹龄增加，组织充实，抗压和抗拉强度不断提高；竹龄继续增大，组织老化变脆，抗压和抗拉强度又有所下降。所以，竹龄与强度的关系呈二次抛物线状。

(4) 立地条件与力学性质。

立地条件对竹材力学强度的影响和对竹材的维管束密度、容积重的影响规律是一致的，即立地条件越好，竹子生长粗大，竹材的维管束密度越小，容积重越低，所以力学强度较低；在较差的立地条件上，竹子虽然生长差，但竹材组织致密，力学强度较高。

4.2.3 竹材的加工与应用

4.2.3.1 竹材的缺陷及加工

竹材虽然具有很多优良特性，但也存在一些缺陷。为了提高竹材的使用价值或艺术效果，就必须对其缺陷进行加工处理。

1. 竹材的缺陷

(1) 虫蛀和病腐。

竹材中含有糖类、脂肪、蛋白质、纤维素和木质素等有机物质。这些有机物质是一些昆虫和微生物（主要是真菌）的营养物质。所以，竹材容易引起虫蛀和病腐。蛀蚀竹材的害虫有竹蠹虫、白蚁、竹蜂等，其中以竹蠹虫最为严重。

(2) 吸水和干裂。

竹材既易吸水，又易干燥。竹材吸水后，不仅引起变形，而且强度降低，易遭病腐。

竹材的各向收缩不均匀，干燥时容易开裂。竹材开裂后，强度显著下降，裂口处易受虫蛀和病腐。

(3) 弯曲、畸形、虫孔和伤痕。

竹材和木材一样，在其生长过程中常受各种气象因素（主要是风、雪）的影响和病虫兽类的危害，以及采运过程中的机械损伤等。竹秆常有弯曲、畸形、虫孔等，竹壁表面常带有伤痕。

此外，竹材的耐火性能差，容易燃烧。

2. 竹材的防护处理

(1) 防蛀、防腐、防水和防火处理。

用各种涂料或药剂处理竹材，以达到防蛀、防腐、防水和防火的目的。处理方法有：涂布法、浸渍法、蒸煮法等。

1) 涂布法：就是将各种涂料均匀涂布于竹材表面，使竹材与空气隔绝，以达到防蛀、防腐、防水和防火的目的。其常用涂料的用料配比及使用方法见表 4-11。

表 4-11　　　　　　　　竹材防蛀、防腐、防水、防火涂料的用料配比及使用方法

编号	用途	浸渍剂及组成比例	使用方法
1	防蛀	30 乙石油沥青	加热涂刷表面
2	防蛀	煤焦油	加热涂刷表面
3	防蛀	生桐油	涂刷表面
4	防蛀	虫胶油	涂刷表面
5	防蛀	清漆	涂刷表面
6	防腐	氟硅酸钠（12 份）、氨水（19 份）、水（500 份）混合剂	①每隔 1h 涂刷一次，共 3 次；②浸渍法
7	防腐	黏土（100 份）、氟化钠（100 份）、水（200 份）混合剂	①每隔 1h 涂刷一次，共 3 次；②浸渍法

续表

编号	用途	浸渍剂及组成比例	使用方法
8	防腐	1%～2%五氯苯酚酸钠	涂刷表面
9	防水	生漆	涂刷表面
10	防水	铝质厚漆	涂刷表面
11	防水	永明漆	涂刷表面
12	防水	熟桐油	涂刷表面
13	防水	克鲁素油	涂刷表面
14	防水	松香、赛璐珞丙酮溶液	涂刷表面
15	防火	乳化石油沥青	涂刷表面
16	防火	松脂酯-铅白清漆（铅白8%）	涂刷表面
17	防火	水玻璃（50份）、碳酸钙（5份）、甘油（5份）、氧化铁（5份）、水（40份）混合剂	涂刷表面
18	防火、防腐、防水	水玻璃（400份）、食盐（100份）、水柏油（10份）、水（200份）、乳化剂（35份）混合剂	涂刷表面

涂布时力求被覆均匀，若一次被覆不够，隔1～2h再涂布1～2次即可。

涂布法简单易行，价廉省工。但是，仅涂及竹材表面，只能防止外来的虫菌侵蚀和水分渗入，而且有些涂料在竹材表面，有损美观。

2）浸渍法：就是用各种浸渍剂浸渍竹材，使药液渗入竹材组织内部，以提高防蛀、防腐、防水和防火性能。其常用浸渍剂的用料配比及使用方法见表4-12。

表4-12　　　　　　　　竹材防蛀、防腐、防水、防火浸渍剂的用料配比及使用方法

编号	用　途	浸渍剂及组成比例	使用方法
1	防蛀	重铬酸钾（或重铬酸钠）（5%）、硫酸铜（3%）、氧化砷（1%）、水（91%）	浸渍竹材
2	防蛀	硫酸铜（13.5%）、二氧化铬（2.9%）、氧化砷（1%）、水（82.6%）	浸渍竹材
3	防蛀	0.8%～1.25%硫酸铅液	浸渍竹材
4	防蛀	1%～2%的醋酸铅液	浸渍竹材
5	防蛀	1%～2%的石碳酸液	浸渍竹材
6	防腐	0.4%～0.8%氟化钠水溶液	浸渍竹材
7	防腐	氧化锌（3%）、重铬酸钠（3%）、水（96%）	浸渍竹材
8	防腐	①0.5%～1%五氯苯酚酸钠液（热），②0.5%～1%食盐液（冷）	先用①浸0.5h，再用②浸2h
9	防腐	①5%明矾水溶液，②20%水玻璃液	先用①浸2d，再涂②
10	防腐	硫酸铜：重铬酸钠：醋酸=5.6：5.6：0.25混合，取4%浓度	浸渍竹材
11	防腐	硼酸：硫酸铜：重铬酸钠=1.5：3：4混合，取6%浓度	浸渍竹材
12	防腐	硼酸（2.5%）、硼砂（2.5%）、水（95%）	浸渍竹材
13	防水	煤焦油与松根油的混合液	浸渍竹材
14	防水	①2%明矾液，②2%醋酸	先浸入①，后浸入②
15	防火	磷酸铵（18%）、氟化钠（5%）、硫酸铵（5%）、水（72%）	浸渍5d
16	防腐、防火	①氟化钠（5%），②30乙石油沥青：汽油=1：（1～3）	先用浸①，再涂②
17	防腐、防火	硼酸：硫酸铜：氧化锌：重铬酸钠=3：1：5：6混合，取8%～25%浓度	浸渍竹材

浸渍法的效果比涂布法好，相比之下其价格较高，施工较困难，处理大构件时，运用较少。

3）蒸煮法：就是将竹材置于水或溶液中加热蒸煮，以提高防蛀、防腐、防裂性能。具体做法有：①用沸水蒸煮 3～4h；②用 5% 的明矾水溶液蒸煮 0.5h；③用食盐水或石碳酸水溶液蒸煮。此外，为了防止竹材干裂，可将竹材置于高压釜内，在 2 个大气压下蒸 2h。蒸煮法一般适用于小件竹器。

除以上几种方法外，将采伐后的竹材置于流水中浸泡 3～4 个月，再取出使用，对防蛀、防腐、防裂也都有一定效果。

（2）竹材的脱油、漂白和着色处理。

1）竹材的脱油：竹材经脱油后，可使表皮光滑坚硬，并能防蛀和防腐。脱油有干法和湿法两种。干法是将竹材用炭火烤后，把渗出的油脂擦掉，再晒干即可。湿法是将竹材用热水煮沸 1～2h 后，取出擦掉油脂，若在水中放入少量烧碱效果更好。

2）竹材的漂白：竹材经漂白后，可使表皮颜色均匀、统一，外观品质提高，并能防虫防霉。其方法主要有：①按清水：双氧水：焦硫酸钠=100：（5～10）：（0.5～1）的比例，将三者混合并倒入漂白池内，再将竹材放入，用蒸汽加热至 72～76℃，自然冷却至常温后，用水洗涤，干燥。②将竹材放在 1% 漂白粉水溶液中，浸泡 1h，然后在 5% 的醋酸溶液中浸泡，煮沸 0.5h 后，用水洗涤，干燥。③将竹材放入密封的容器中，从下面向上放入二氧化硫气体，经 24h 后，洗涤，干燥。

3）竹材的染色：竹材可用碱性染料、药品、涂料等着色。选表皮无损伤的竹材，先放在 2% 的烧碱或碳酸钠溶液中，煮沸 3～5min，再放在碱性染料溶液中，煮沸 0.5h。

此外，竹材表皮擦净后，再涂上稀硫酸（成黑色）或稀硝酸（成赤褐色），立刻用火烤，即可着色。若将涂上稀硫酸的竹秆上，撒上一些不规则的稀泥浆，再用火烤到没有泥浆的地方变色后，用水洗去泥浆，就能在竹秆上出现不规则的"花斑"（附着泥浆处不变色）。

（3）竹材的弯曲处理。

根据竹材受高温后会失去弹性，变得柔软的特性。可用人工的方法使弯曲竹材变直或使通直竹材变弯。其方法是：取半干的竹材先涂一层豚油（不涂亦可）于待处理部分，然后置于火上慢慢烘软，至竹材表面泌出竹油时，即可用力矫形，达到所需的形状后，立即用湿布抹上清水，或直接浸入水中，使其骤然冷却，这样便可完全定型，不再恢复原状。

（4）竹材的翻黄、胶合和改性处理。

1）翻黄。在竹制品的手工艺生产中，有把竹材内皮（竹黄）展开成竹板的做法，称翻黄。其方法是截取竹材的节间部分，将其周围竹青劈去，再将竹黄衬在圆柱体上，用刨刨薄，然后纵向切开，放入沸水中蒸煮，待竹黄变柔韧时，取出趁热展开并在刨面上涂胶液，使两片竹黄相背胶合，或用一片竹黄与薄板胶合，再夹在两块平板之间加压，经一昼夜，即可胶合平板。常在其上雕刻人物、山水、花鸟、虫鱼等景物，制成工艺品。

2）胶合。胶合就是将许多小块的竹板、竹片或竹丝，用胶合剂黏合，使其集零为整，组成一个整体。这种处理后，可以扩大竹材的使用范围和效能。

3）改性。改性就是将竹材劈成竹条或竹丝，放在碱液或酸液中浸渍，加热蒸煮，此时竹纤维虽没有变化，但木质素已变成木璜素，本身具备了可塑性。然后再把它们放在模型里，通过一定的温度和压力，可以塑合成各种形状的变性竹材，目前，已制成各种类型的竹材胶合板。变形竹材，基本上改变了竹材原有的性能和形状，具有更高的抗拉、抗压、抗扭、抗弯等强度和弹性模量，增加了抗碱性，降低了吸水性等。因此，对变性竹材进行研究，为合理利用竹材，开辟了更广阔的途径。

4.2.3.2 竹材景观独特的艺术语言

竹材景观以"竹结构的轻盈"、"竹文化的意蕴"、"竹材料的色泽、韧性和质感"无时无处不在表达着其独特的艺术语言：形态上的平凡与殊异，空间上的界定与穿越，意念中的瞬间与永恒。

1. 平凡与殊异

竹材无论是其随处可见的普遍性，还是其古朴原始的自然性，都无不体现着其平凡的一面。竹材并不因其平凡而失去造园的景观价值，竹桥的弹性、竹篱的韧性、竹结构景观建筑的独特形态都在表达着竹材的殊异。

2. 界定与穿越

竹材的材料特性是界定的，但其构建的竹质景观是千变万化的，其所表达的艺术语言实现了穿越；竹材的界定与穿越极强地增加了园林给予人们的新鲜感和新奇度。

3. 瞬间与永恒

材料和园林是瞬间的，意境和文化是永恒的。造园艺术强调的是园林与游览者建立起的一种生动、感人而永恒的交流。竹材，富含文化和诗意，是造园者匠心独运的良好素材。

4.2.3.3　竹材在造园中的主要应用

1. 景观建筑

竹材在我国古典园林景观建筑中的应用历史悠久。随着科技的进步与发展，以现代力学、材料学、结构设计及实验学等学科为支撑的竹结构，更是将竹材在现代园林景观建筑中的广泛应用推向极致，如图 4－33 和图 4－34 所示。

图 4－33　临水竹亭　　　　　　　　　　　图 4－34　竹质园门

目前，以竹为梁、柱、椽、壁等建造的园林设施在南方的应用已较为普遍，而在北方园林中的应用还相对较少。如云南昆明市春漫公园中错落有致的竹楼；浙江杭州市西湖阮公墩处具有竹派田园风光的竹亭、竹阁、竹楼；浙江省德清县湿地公园中的竹建筑群；江西九江浔阳公园的翠竹园中古色古香的仿古竹亭、竹厅、竹轩、竹廊等。这些富有乡土气息的竹质景观，把竹子大小、全圆、半圆的竹秆、竹节、竹篾巧妙地组合在一起，运用镶、嵌、斗、拼等工艺处理，制成雅俗共赏的造型图案，给人以清丽和谐的乐趣。

2. 园林小品

竹材的漂白、染色、改性及弯曲处理等技术，使竹质的园林小品更加丰富。竹篱笆（见图4－35）亲切自然；竹墙（见图 4－36）古朴整洁；竹屏风（见图 4－37）清新典雅；竹花瓶（见图4－38）个性十足。

在园林中常见的竹质园林小品还有竹栏杆、竹花箱、竹花架、竹质果皮箱及各种竹质艺术造型等。

图4-35 竹篱笆

图4-36 竹质园墙

图4-37 竹屏风（引自：中国花卉网）

图4-38 竹编花瓶

3. 驳岸护坡

竹桩驳岸是以毛竹秆为桩，毛竹板材为板墙，构成的竹篱挡墙，如图4-39所示。竹桩驳岸多应用于盛产毛竹的南方，造价较低，经济、生态且具有一定的使用年限。

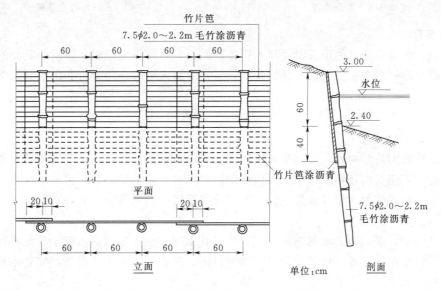

图4-39 竹桩驳岸

在生态护坡做法中，有一种竹钉草皮护坡（见图4-40），其做法很简单，首先在规整过的土坡上铺种耐湿性能强、根系较发达的草皮，然后用长竹钉固定即可。竹钉的耐久性很强，有相当长的使用年限。

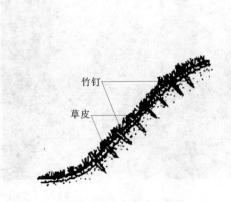

图 4-40　竹钉草皮护坡

图 4-41　竹质游乐设施

4. 游乐设施

相对于古典园林来说，现代园林的游乐设施更为丰富，这符合现代社会人们对游园的需求。竹材在其中也发挥着应有的作用，如图 4-41 和图 4-42 所示。

图 4-42　游乐竹筏

图 4-43　竹质座椅

5. 园林器设

在园林中，相对于常见的山石器设和木质器设而言，竹质器设较少。但恰如其分的点缀一两处竹质器设，能给园林带来一抹意想不到的景观效果，给游人增添一份新奇和乐趣（见图 4-43）。

小　结

竹木作为传统的造园材料，一直被人们所青睐，这不仅得益于其独特的物理特性和良好的力学性能，还得益于其完美的环境友好性。现代的防腐、防火、防虫蛀等防护措施，及漂白、脱油、改性等加工技术，更是使竹木制品焕然一新，不但种类繁多，而且性能优异，在造园工程中的应用更加广泛和深入。

在现代造园中，我们对竹木材料的应用，要以其基本属性为基础，以基于其基本属性的景观设计为手段，以满足不同环境下的景观效果要求为目的，匠心独运，推陈出新，使竹木材料在园林中再次绽放熠熠光彩。

思　考　题

1. 解释以下名词：①早材；②晚材；③边材；④心材；⑤节子；⑥纤维饱和点；⑦平衡含水

率；⑧公定容积重；⑨脱油；⑩翻黄；⑪改性。

2．木材含水率的变化对其强度有什么影响？

3．试说明木材腐朽的原因，防腐的措施有哪些？并说明其原理。

4．试述木材的设计特性，并总结木材在造园工程中的使用原则。

5．木材的几种强度中顺纹抗拉强度最高，但实际中主要用于抗弯和抗压构件，很少用于抗拉构件，为什么？

6．简述竹材的构造及各组成部分的特点。

7．影响竹材力学性能的因素有哪些？

8．造园中常用的竹材防腐、防火、防虫蛀措施及加工处理方法有哪些？

9．请列举几种竹材在园林中的应用实例，并分析其独特的艺术语言。

第5章 造园烧土材料

在漫长的进化过程中，人类很早就学会了使用烧土制成的陶器储存粮食和水，随着技术的不断发展和提高，出现了瓷器。瓷器最早由中国人发明，英文 china 一词最初的含义就是"瓷器"，足以证明我国生产的陶瓷器在世界历史上所具有的特殊地位。

我国传统建筑用的琉璃瓦、琉璃砖以及各种建筑装饰用的陶瓷制件所形成的独特风格，至今仍称颂于世。根据考古发现，我国生产和使用烧结砖瓦已有 3000 多年的历史，在西周时期（公元前 1046—前 771 年）已有烧制的瓦，在战国时期（公元前 475—前 221 年）已能烧制大尺寸空心砖，南北朝时砖的使用较为普遍，出现了砖塔。北魏（公元 386 年—534 年）孝文帝命人于河南登封建造的密檐式嵩岳寺塔是我国现存最古老的砖塔。在欧洲，自古罗马以后砖的使用也非常普遍，大多数教堂、住宅、教学楼都由砖砌建。

烧土制品是以黏土为主要原料，经成型、干燥、高温焙烧制成。

园林工程中常用的铺地材料、墙体材料、屋面材料、装饰材料、卫生洁具等都离不开烧土制品，如烧结黏土砖、黏土瓦、墙面砖、铺地砖、卫生陶瓷制品和耐火制品等。

当前，造园过程中使用量最大的烧土材料是用于铺筑地面、砌筑各种建筑物和构筑物墙体的烧结砖，以及主要用于铺筑屋顶，某些情况下也和砖石搭配用于铺设地面的小青瓦。陶瓷制品主要用来作为景观水池、建筑墙体的贴面材料，一些陶瓷制品也可用于铺地。

5.1 烧土制品的原料及生产工艺简介

5.1.1 烧土制品原料

5.1.1.1 黏土

1. 黏土的组成

黏土的主要组成矿物为黏土矿物——层状结晶结构的含水铝硅酸盐（$mSiO_2 \cdot nAl_2O_3 \cdot xH_2O$）。$SiO_2$ 和 Al_2O_3 的含量分别为 $55\% \sim 65\%$ 和 $10\% \sim 15\%$。常见的黏土矿物有高岭石、蒙脱石、水云母等。黏土中除黏土矿物外，还含有石英、长石、碳酸盐、铁质矿物及有机质等杂质。

2. 黏土的技术性能

（1）可塑性。黏土加入适量水调和后具有可塑性，能制成各种形状的坯体，而不发生裂纹。黏土可塑性的大小与其中的矿物成分、颗粒分散度、级配及用水量有关。当石英砂含量少，颗粒细、级配好、吸附水多，则可塑性就好。黏土的颗粒组成直接影响其可塑性。可塑性是黏土的重要特性，它决定了制品成型的性能。黏土中含有粗细不同的颗粒，其中极细（小于 0.005mm）的片状颗粒，使黏土获得极高的可塑性。这种颗粒称作黏土物质，含量愈多，可塑性愈高。

（2）收缩性。黏土在干燥和焙烧过程中，体积会发生收缩。干燥过程的收缩称"气缩"，是黏土中自由水分的蒸发，气缩值约为 $3\% \sim 12\%$。焙烧过程中，由于化合水的排除及易熔物质熔化并填充于颗粒空隙间，使黏土进一步收缩，称为"烧缩"，烧缩值约为 $1\% \sim 2\%$。黏土塑性越大，收缩也越大，会影响制品的几何尺寸。

（3）烧结性与可熔性。黏土坯体在焙烧过程中将发生一系列的物理、化学变化。加热至黏土中

70

的 Al_2O_3、SiO_2、CaO、MgO 等氧化物重新化合，形成硅线石（$Al_2O_3 \cdot SiO_2$）及易熔硅酸盐类，出现液相流入颗粒间的缝隙中，起黏结作用，增加了密实度，强度相应增大，这一过程称为烧结。

3. 黏土的种类

黏土的种类通常按其杂质含量、耐火度及用途不同来分类。

(1) 高岭土（瓷土）。杂质含量极少，为纯净黏土，不含氧化铁等染色杂质。焙烧后呈白色。耐火度高达 1730～1770℃，多用于制造瓷器。

(2) 耐火黏土（火泥）。杂质含量小于 10%，焙烧后呈淡黄至黄色。耐火度在 1580℃ 以上，是生产耐火材料、内墙面砖及耐火、耐酸陶瓷制品的原料。

(3) 难熔黏土（陶土）。杂质含量为 10%～15%，焙烧后呈淡灰、淡黄至红色，耐火度为 1350～1580℃，是生产地砖、外墙面砖及精陶制品的原料。

(4) 易熔黏土（砖土、砂质黏土）。杂质含量高达 25%。耐火度低于 1350℃，是生产黏土砖瓦及粗陶制品的原料。当其在氧化气氛中焙烧时，因高价氧化铁的存在而呈红色（如红砖）。在还原气氛中焙烧时，因低价氧化铁的存在而呈青色（如青砖）。

4. 黏土焙烧时的变化

黏土焙烧后能成为石质材料，这是其极为重要的特性。

(1) 黏土成为石质材料的过程。一般的物理化学变化大致如下：焙烧初期，黏土中自由水分逐渐蒸发；110℃时，自由水分完全排出，黏土失去可塑性；500～700℃时，有机物烧尽，黏土矿物及其他矿物的结晶水脱出，随后黏土矿物发生分解；1000℃以上时，已分解出的各种氧化物将重新结合生成硅酸盐矿物，与此同时，黏土中的易熔化合物开始形成熔融体（液相），一定数量的熔融体包裹未熔的颗粒，并填充颗粒之间的空隙，冷却后便转变为石质材料。随着熔融体数量的增加，焙烧黏土中的开口孔隙减少，吸水率降低，强度、耐水性及抗冻性等提高。

(2) 黏土的烧结性。黏土在熔烧过程中变得密实，转变为具有一定强度的石质材料的性质，称为黏土的烧结性。

5.1.1.2 工业废渣

1. 页岩

页岩是一种沉积岩，成分复杂，但都具有薄页状或薄片层状的节理，主要是由黏土沉积经压力和温度形成的岩石，但其中混杂有石英、长石的碎屑以及其他化学物质。由于页岩中含有大量黏土矿物，所以可用来代替黏土生产烧土制品。

2. 煤矸石

煤矸石是采煤、洗煤过程中排弃的固体废物，是在成煤过程中与煤层伴生的一种含碳量较低、比煤坚硬的黑灰色岩石。煤矸石的化学成分波动较大，适合作烧土制品的是热值相对较高的黏土质煤矸石。煤矸石中所含黄铁矿（FeS_2）为有害杂质，故其含硫量应限制在 10% 以下。

3. 粉煤灰

用火电厂排出的粉煤灰作烧土制品的原料，可部分代替黏土。通常为了改善粉煤灰的可塑性，需加入适量黏土。

5.1.2 烧土制品生产工艺简介

烧结普通砖或空心砖的基本工艺流程为：坯料调制——→成型——→干燥——→焙烧——→制品。

烧结饰面烧土制品（饰面陶瓷）的基本工艺流程为：坯料调制——→成型——→干燥——→上釉——→焙烧——→制品。

5.1.2.1 坯料调制

坯料调制的目的是破坏原料的原始结构，粉碎大块原料，剔除有害杂质，按适当组分调配原料再加入适量水分拌和，制成均匀的、适合成型的坯料。

5.1.2.2　制品成型

坯料经成型制成一定形状、尺寸后称为生坯。成型的方法有以下几种。

（1）塑性法。用于可塑性良好的坯料。含水率为 15%～25%。将坯料用挤泥机挤出一定断面尺寸的泥条，切割后获得制品的形状。适合成型烧结普通砖、多孔砖及空心砖。

（2）模压法（半干压或干压法）。用于可塑性差的坯料。半干压法坯料的含水率为 8%～12%、干压法坯料的含水率为 4%～6%。在压力机上将坯料压制成型。有时可不经干燥直接进行焙烧，黏土平瓦、外墙面砖及地砖多用模压法成型。

（3）注浆法。用于呈泥浆状的坯料。原料为黏土时，其含水率可高达 40%。将坯料注入模型中成型，模型吸收水分，坯料变干获得制品的形状。此法适合成型形状复杂或薄壁制品，如卫生陶瓷、内墙面砖等。

5.1.2.3　生坯干燥

生坯的含水率必须降至 8%～10% 才能入窑焙烧，因此要进行干燥。自然干燥，即在露天阴干，再在阳光下晒干；人工干燥，即利用焙烧窑余热，在室内进行。在此阶段要防止生坯脱水过快或不均匀脱水，制品裂缝大多是在此阶段形成的。

5.1.2.4　焙烧

焙烧是指固体物料在高温不发生熔融的条件下进行的反应过程。当生产多孔制品时，烧成温度宜控制在稍高于开始烧结温度（约为 900～950℃），能使其既具有相当的强度，又有足够的孔隙率。当生产密实制品时，烧成温度控制在略低于烧结极限（耐火度），使所得制品密实又不坍流、变形。

（1）欠火。因烧成温度过低或时间过短，坯料未能达到烧结状态。颜色较浅，呈黄皮或黑心，敲击声哑，孔隙率很大，强度低，耐久性差。

（2）过火。因烧成温度过高，使坯体坍流变形。颜色较深，外形有弯曲变形或压陷、粘底等质量问题。但过火制品敲击声脆（呈金属声），较密实、强度高、耐久性好。

（3）烧制的坯体按其致密程度（由高→低）可分为瓷器；炻器又称缸器，如地面砖、锦砖；陶器，如排水陶管；土器，如黏土砖、瓦。

（4）焙烧工艺。焙烧工艺分为连续式和间歇式。连续式即隧道窑或轮窑中，将装窑、预热、焙烧、冷却、出窑等过程同步进行，生产效率较高。农村中的立式土窑则属间歇式生产。有的制品在焙烧时要放在匣钵内，防止温度不均和窑内气流对制品外观的影响。

5.1.2.5　上釉

坯体表面作上釉处理，可以提高制品的强度和化学稳定性，并获得洁净美观的效果。釉料的熔融温度低、易形成玻璃态的材料，通过掺加颜料可形成各种艳丽的色彩。上釉方法有两种：一种是在干燥后的生坯上施以釉料，然后焙烧，如内墙面砖、琉璃瓦上的釉层；另一种是在制品焙烧的最后阶段，在窑的燃烧室内投入食盐，其蒸气被制品表面吸收，生成易熔物，形成釉层，如陶土排水管上的釉层。

5.2　砖

5.2.1　砖的分类

（1）按照砖体孔洞率（孔洞总面积占其所在砖面面积的百分率）的大小可分为普通砖、多孔砖、空心砖。普通砖没有孔洞或孔洞率<15%，多孔砖的孔洞率为 15%～35%，空心砖的孔洞率>35%。

（2）按照砖的生产工艺可分为烧结砖、蒸养（压）砖。烧结砖如黏土砖、页岩砖、煤矸石砖、粉煤灰砖、陶砖、瓷砖等；蒸养（压）砖如灰砂砖、粉煤灰砖等。

（3）按照透水性能不同可分为透水砖和不透水砖。

（4）按照用途不同可分为铺地砖、砌墙砖、墙面砖。

（5）按照颜色不同可分为青砖、红砖、黄砖、棕色砖等。

（6）按照规格大小不同可分为标准砖和配砖。

5.2.1.1 黏土砖

1. 烧结砖

烧结砖是以黏土、页岩、煤矸石、粉煤灰等为主要原料，成型为标准尺寸的坯体，然后在 900～1200℃下焙烧而成的制品。烧结砖按所用原料的不同，又分为烧结普通黏土砖（N）、烧结多孔砖和烧结空心砖、烧结页岩砖（Y）、烧结煤矸石砖（M）、烧结粉煤灰砖（F）。

2. 黏土砖

黏土砖是指用普通黏土为原料烧制成的砖，又称烧结普通砖。

为节约烧砖用煤，常将煤渣、粉煤灰等可燃性工业废料，掺入黏土原料中，用这种方法烧得的砖称内燃砖。内燃砖的表观密度小，导热系数小，且强度可提高20%，目前我国许多大、中型砖瓦厂普遍采用这种内燃烧砖法。

烧结砖依烧结程度分为正品砖、过火砖、欠火砖。焙烧是制砖的主要过程，焙烧时的火候适当，才能得到外形整齐、强度高、有一定吸水性的砖。如焙烧火候不当，会形成欠火砖或过火砖。欠火砖是指焙烧温度不够，火候不足的砖；过火砖是指焙烧温度过高的砖。

烧结普通砖的技术要求：

（1）尺寸偏差。砖的尺寸偏差波动大小，对砌体强度、建筑尺寸、建筑和抹面材料耗用量都有很大影响，如负偏差过大，将造成工程费用增高，因此，尺寸偏差应符合有关规定。

（2）外观质量。为了保证墙体的建筑质量和控制墙的外观缺陷，以免影响墙体的表观质量和砌体的力学强度，对烧结普通砖的颜色要求：优等品颜色应基本一致，一等品和合格品颜色不作要求。

（3）强度等级。烧结普通砖根据10块砖样的抗压强度实验结果分为MU30、MU25、MU20、MU15、MU10共5个强度等级。在建筑中MU是Masonry Unit的缩写，意思是砌块。用（MU+数字）来表示砖的强度等级。如MU15表示砖的抗压强度为15MPa。

（4）抗风化性能。砖受到干湿变化、温度变化、冻融变化等气候因素作用后，其耐久性将遭到破坏，这种现象称"风化"，砖抵抗这种破坏的性能称抗风化性能。为了保证砖的耐久性，用处于不同风化地区抵御周期性冻融能力的吸水率、饱和系数衡量该砖的抗风化性能。

（5）泛霜。泛霜也称起霜、盐析、盐霜。是指可溶性盐类在砖或砌块表面析出的现象，一般呈白色粉末、絮团或絮片状。一般发生在雨后和潮湿环境中。结晶的粉状物不仅有损于建筑物的外观，而且结晶膨胀也会引起砖表层酥松甚至剥落。墙面泛霜将引起砖粉化剥落，泛霜程度主要由原料中可溶性物质含量决定。国标《烧结普通砖》（GB/T 5101—2003）规定，优等品不允许出现泛霜；一等品不允许出现中等泛霜；合格品不允许出现严重泛霜，在潮湿部位不得使用中等泛霜砖。

（6）石灰爆裂。石灰爆裂是指烧结砖的砂质黏土原料中夹杂着石灰石，焙烧时被烧成生石灰块，在使用过程中会吸水熟化成熟石灰，体积膨胀，导致砖块裂缝、掉角，影响砌体的强度。石灰爆裂轻者影响砖的外观，重者使砖酥裂，而且对砖的抗压程度也有影响，石灰颗粒越大，含量越高，则强度下降越多。

（7）欠火砖、酥砖和螺旋纹砖。不允许有欠火砖，酥砖和螺旋纹砖。

（8）放射性物质。砖的放射性物质应符合《建筑材料放射性核素限量》（GB 6566—2010）的规定。

3. 陶土砖

陶土砖也称陶砖，是黏土砖的一种，是产品不断优化及传统技艺不断延伸的产物。陶土砖通常采用优质黏土甚至紫砂陶土高温烧制而成，较传统红砖（黏土砖）而言，陶土砖质感更细腻、色泽更均匀，线条流畅、能耐高温高寒、耐腐蚀，返璞归真，永不褪色，不仅具有自然美，更具有浓厚的文化气息和时代感。其个性、领域性、适用性极强，可根据需要添加矿物元素生产多种色彩的砖品。室外砖的常见规格有 230mm×115mm×50mm、200mm×100mm×50mm。

4. 烧结装饰砖

烧结装饰砖即经烧结用于清水墙或带有装饰面的砖，简称装饰砖。主要规格同烧结普通砖相同。为了增强装饰效果，装饰砖可制成本色、单色或多色，砖面可制成砂面、光面、压花及具有墙面装饰作用的图案等。

5.2.1.2　烧结多孔砖（砌块）和烧结空心砖（砌块）

烧结空心制品与普通砖的原料基本相同，但对原料的可塑性要求更高，成型时在挤泥机口设置成孔芯头使之在砖的大面上有很多小的孔洞，即成空心砖坯。

烧结空心制品分烧结多孔砖和烧结多孔砌块、烧结空心砖和空心砌块。

烧结多孔砖和多孔砌块的外型一般为直角六面体，在与砂浆的结合面上应设有增加结合力的粉砂槽和砌筑砂浆槽（见图 5-1）。

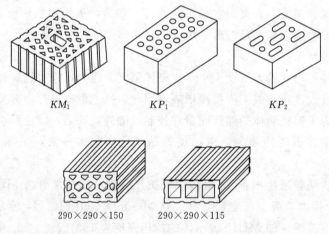

KM_1　　　KP_1　　　KP_2

290×290×150　　　290×290×115

图 5-1　多孔砖、空心砖的外形示意图

1. 烧结多孔砖与烧结多孔砌块

烧结多孔砖是一种常见的墙体材料，强度较高，主要用于承重部位。其孔洞率一般等于或大于25%，孔的尺寸小且数量多。

图 5-2　多孔砖砌墙时孔洞垂直于承压面

烧结多孔砌块是指经焙烧而成，孔洞率大于或等于 33%，孔的尺寸小且数量多的砌块。主要用于承重部位。

根据《烧结多孔砖和多孔砌块》（GB 13544—2011）规定，砖和砌块的长度、宽度、高度尺寸应符合下列要求：砖规格尺寸（mm）：290、240、190、180、140、115、90。砌块规格尺寸（mm）：490、440、390、340、290、240、190、180、140、115、90。常见的烧结多孔砖的规格有两种规格：M 型 190mm×190mm×90mm 和 P 型 240mm×115mm×90mm。需要注意的是，在使用时多孔砖的孔洞应垂直于承压面（见图 5-2）。

烧结多孔砖和空心砖根据抗压强度分为 MU30、MU25、MU20、MU15、MU10 共 5 个强度等级。

根据密度等级，烧结多孔砖的密度分为 1000kg/m³、1100kg/m³、1200kg/m³、1300kg/m³ 4 个等级。烧结多孔砌块的密度分为 900kg/m³、1000kg/m³、1100kg/m³、1200kg/m³ 4 个等级。

产品标记按产品名称、品种、规格、强度等级、密度等级和标准编号顺序编写。例如规格尺寸 290mm×140mm×90mm、强度等级 MU25、密度 1200 级的黏土烧结多孔砖，其标记为：烧结多孔砖 290×140×90 MU25 1200。

技术要求包括尺寸允许偏差、外观质量、密度等级、强度等级、孔型孔结构及孔洞率、泛霜、石灰爆裂、抗风化性能、产品中不允许有欠火砖（砌块）、酥砖（砌块）、放射性核素限量等 10 个方面。

2. 烧结空心砖和空心砌块

烧结空心砖是以黏土、页岩、煤矸石、粉煤灰为主要原料，经焙烧而成，孔洞率≥40％，孔洞有序排列或有序交错排列，主要用于建筑物的非承重部位。

空心砖是顶面有孔洞的砖，其孔形大，数量少。根据《烧结空心砖和空心砌块》（GB 13545—2003）规定，烧结空心砖的长度不大于 365mm，宽度不大于 240mm，高度不大于 115mm，大于该尺寸的砖称为空心砌块，其孔型应采用矩形孔或其他孔型。根据表观密度分为 800kg/m³、900kg/m³、1100kg/m³ 3 个级别，每个密度级根据孔洞率及其排数、尺寸偏差、外观质量、强度等级和物理性能分为优等品（A）、一等品（B）和合格品（C）3 个等级。

3. 多孔砖、空心砖的优点

与实心砖相比，多孔砖和空心砖可减轻结构自重，砖体尺寸大，可节约砌筑砂浆用量、缩短工时，并可减少黏土、电力及燃料消耗量，改善建筑物的隔热与隔声性能。

比普通烧结砖节省黏土用量 20％～30％、节省燃煤用量 10％～20％，减轻墙体自重 10％～35％、减少砌筑砂浆用量 20％～25％、提高砌筑工效 20％～40％、降低墙体总造价约 20％。干燥和焙烧的时间可以缩短，且易于焙烧均匀。

但防潮层以下及地下室内墙体不宜采用多孔砖。

5.2.1.3 其他黏土质砖

其他黏土质砖包括烧结粉煤灰砖，烧结煤矸石砖、烧结页岩砖等。粉煤灰、煤矸石、页岩的化学成分与黏土相近，利用这些原料制砖，不仅代替了黏土，少占或不占用农田，而且利用了工业废渣，既节约燃煤，又消除了废渣对环境的污染。煤矸石和页岩除原料需要经破碎、磨细、筛分外，其余工艺、质量标准、检验方法、应用范围均与烧结普通砖基本相同。在不致混淆的情况下，可省略烧结二字。

1. 烧结粉煤灰砖

烧结粉煤灰砖是以火力发电厂排出的粉煤灰作原料，掺入适量黏土烧制的砖。一般粉煤灰与黏土的体积比为 1∶1.00～1.25。粉煤灰的表观密度为 1300～1400kg/m³，吸水率 20％左右，砖颜色呈淡红色至深红色（见图 5-3）。

2. 烧结煤矸石砖

烧结煤矸石砖是以开采煤炭时剔除的废料煤矸石为主要原料制成的砖。根据煤矸石的含碳量和可塑性进行适当配料。表观密度为 1400～1650kg/m³，吸水率为 15.5％，煤矸石砖的颜色深红而均匀，敲击时声音清脆。

3. 烧结页岩砖

用页岩为主要原料磨细烧结而成的砖称烧结页岩砖。表观密度在 1600kg/m³ 以上，吸水率为 15.5％，颜色呈浅红色。由于页岩的磨细程度不及黏土，成型所需水分比黏土少，因此砖坯干燥速度快，制品收缩小。其表观密度比烧结普通砖大，在 1600kg/m³ 以上，为减轻自重，宜制成页岩空心砖，吸水率在20％左右。页岩砖的颜色比烧结普通砖稍深（见图5-4）。

图5-3　烧结煤灰砖

图5-4　烧结空心页岩砖

5.2.1.4　混凝土砖

混凝土砖（也称水泥砖）是利用粉煤灰、煤渣、煤矸石、尾矿渣、化工渣或者天然砂、海涂泥等（以上原料的一种或几种）作为主要原料，用水泥做凝固剂，不经高温煅烧而制造的一种新型材料（见图5-5）。

图5-5　混凝土砖

1. 水泥砖的特点

水泥砖强度高、耐久性好、尺寸标准、外形完整、色泽均一，具有古朴、自然的外观，可做清水墙也可以做外装饰。此类砖唯一的缺点就是与抹面砂浆结合不如红砖，容易在墙面产生裂缝，影响美观。施工时应充分喷水，要求较高的别墅类可考虑满墙挂钢丝网防止裂缝。

2. 常见水泥砖的原料及配方

（1）粉煤灰砖。煤灰30％，炉渣30％，石硝30％，水泥8％～10％，岩砂精0.2％。

（2）石硝砖。石粉60％，石硝30％，水泥8％～10％，生石灰0.3％，灰粉0.2％。

（3）河砂砖。河沙60％，石粉30％，水泥10％～15％，砂浆宝0.5％。

（4）页岩砖（粉碎后）。页岩90％，水泥8％～10％，岩砂0.2％，氯化钾0.2％。

（5）金铁矿粉砖。金铁矿粉60％，石粉30％，水泥10％～15％，岩砂精0.2％，氯化钾0.2％，早强剂0.2％。

（6）高掺量粉煤灰砖。粉煤灰60％，炉渣30％，水泥8％～10％，岩砂精0.2％，早强剂0.2％。

3. 水泥砖的颜色

水泥砖的颜色有本色的，也有各种彩色的，如红色、黄色、绿色、黑色等。

4. 水泥砖的尺寸

市政道路一般采用100mm×200mm×60mm，或150mm×300mm×60mm的规格；用于砌墙

的砖为 240mm×115mm×53mm 的标准砖（简称标砖），以及 240mm×115mm×90mm 的八孔砖，390mm×190mm×190mm 的空心砖等多种规格。

5.2.1.5 砖的缺陷

这里主要指砖在生产过程、施工过程、使用过程中出现的缺陷。

（1）黏土砖的生产需要占用农田，浪费土地资源。

（2）无论用于墙体材料还是路面材料，由于体积较小，导致施工速度较慢，不利于机械化作业。

（3）烧结砖在使用过程中，如果粘接不牢固，会出现松动情况；冰冻天气易发生碎裂，会风化；易受不均匀沉降的影响；用于路面时铺筑成本高，清洁困难。

5.2.1.6 砖的非构造性特征

烧结产品在有关健康和卫生方面有着非常优良的性能。

（1）在铺砌之后，烧结产品不会散发出任何可挥发性的有机化合物，并且没有气味。

（2）烧结产品不会散发出任何悬浮在空气中的、能够被人吸入的矿物纤维或植物纤维。

（3）烧结产品是由天然材料制造的，不含任何有毒的物质。

（4）从生物学的观点上讲，烧结产品是非常清洁的产品，因为是在高温下烧结而形成最终的状态。

（5）烧结产品不会增进有害微生物体的发展。烧结产品不是吸湿性材料，因此在铺砌之后仍能保持相当干燥的状态；并且只要没有被有机材料污染，即便将其暴露在潮湿环境下，也不会滋生霉菌。

（6）烧结产品的放射性大小与所用原材料一致。

5.2.2 砖的物理特性与力学性质

5.2.2.1 砖的物理特性

砖的物理性质，主要包括形状尺寸、表观密度、吸水率、颜色等。

1. 形状与尺寸

烧结普通砖的外形为直角六面体，按照国家标准制作的普通砖又称标准砖，其尺寸为240mm×115mm×53mm。512 块砖可以砌 1m³ 的砖砌体。常用配砖规格为 175mm×115mm×53mm。

2. 表观密度

砖的表观密度随所用原料及制造方法而异，一般为 1500～1800kg/m³。表观密度过大，会降低砌体的绝热性能。

3. 吸水率

砖的吸水率一般为 8%～27%。吸水率小，孔隙率低，导热性大，不利于保温、绝热。

4. 颜色

烧结普通砖的颜色主要取决于铁的氧化物的含量及火焰性质。含有氧化铁的黏土为黄色或褐色。如砖坯在氧化气氛中烧成后，关闭窑门及烟囱，再向窑内稍加水闷，使窑内形成还原气氛，铁的氧化物还原成低价氧化铁，砖呈青灰色；如砖坯在氧化气氛中焙烧，铁被氧化成三氧化二铁，砖呈黄色、红色。三氧化二铁含量不同，砖的颜色也不同。当铁与二氧化硅结合成硅酸铁时，砖为暗黄色或暗棕色。如黏土中含有大量的氧化钙和氧化镁，可使铁的染色作用减小。青砖和红砖的硬度差不多，但青砖在抗氧化、水化、大气侵蚀等方面性能明显优于红砖。

随着技术的不断进步，当前人们已经能够根据需要，生产出各种颜色的砖块。

5.2.2.2 砖的力学性能

1. 抗压强度

烧结材料属于脆性材料，显示出一种"易碎的"特性。在压力作用下，随着压应力的增加，初始出现有弹性的变形。因为压力不是各向同性的，所以也会产生剪切力。之后，在产品中的某些位置就会达到破裂的临界条件，此时材料以脆性方式破坏。

研究表明，砖的抗压强度与烧结时的孔隙率或密度、烧结产品的种类及烧成温度有关。砖的孔隙率越高，抗压强度越低。在相等的孔隙率情况下，抗压强度随石灰含量的增大而增加。表观密度为 1500kg/m³ 的砖的抗弯强度约为 20MPa。

烧结普通砖按抗压强度分 MU30、MU25、MU20、MU15、MU10 5 个强度等级，见表 5-1。

表 5-1　　　　　　　　　　烧结普通砖的强度等级（GB 5101—2003）　　　　　　　　单位：MPa

强度等级	抗压强度平均值 f	变异系数 $\delta \leqslant 0.21$	$\delta > 0.21$
		强度标准值 $f_k \geqslant$	单块最小抗压强度值 $f_{min} \geqslant$
MU30	30.0	22.0	25.0
MU25	25.0	18.0	22.0
MU20	20.0	14.0	16.0
MU15	15.0	10.0	12.0
MU10	10.0	6.5	7.5

2. 抗拉和抗弯强度

砖的抗拉强度比抗压强度低得多。抗弯强度随焙烧温度及孔隙率的降低而增加，随原料初始颗粒的减小而增加。表观密度为 1875kg/m³ 的砖其抗弯强度约为 8MPa。

3. 与砂浆的黏着力

砂浆与砖的黏着力是一个重要的技术性能，因为砌体的力学性能取决于砖和砂浆的黏结程度。黏着力是一个复杂的特性，它取决于砖的类型、砂浆的性能及铺砌方法；黏着力在拉力、剪力和压力下是不同的；无论哪种情况，初始黏结必须保持超过规定的时间。

4. 光滑性和摩擦系数

人在地上行走，对人的安全来说，光滑性是一个主要性能指标。砖的摩擦系数与制砖原料的颗粒大小、孔隙度、表面处理工艺有关。如果制砖材料的颗粒大、空隙大，摩擦系数就大。

烧结铺路砌块（加之混凝土铺路砌块以及天然铺路石材）所展示出的光滑性程度，能够使用摩擦摆锤装置对其进行测量。一般情况下，由于烧结产品相当粗糙，烧结铺路砌块的使用通常不会带来包括光滑性在内的诸多问题。

5. 耐磨性

铺地砖必须要有耐磨性，要经受得住反复使用。

6. 耐久性

有多种因素能够影响到烧结产品的耐久性。如抗冻性、抵抗腐蚀剂气体的能力、抵抗膨胀性盐类的能力以及抵抗砂浆中有害成分的能力等。

5.2.3　砖的应用

5.2.3.1　砖的等级

根据国标《烧结普通砖》（GB/T 5101—2003）规定，砖的质量等级按抗压程度和抗风化性能判定。抗风化性能和放射性物质合格的砖，根据尺寸偏差、外观质量、泛霜和石灰爆裂分为优等品（A）、一等品（B）、合格品（C）3 个质量等级。

优等品适用于清水墙和装饰墙；一等品、合格品可用于混水墙和内墙，也可用于砌柱、拱、地沟及基础等，还可与轻混凝土、绝热材料等复合使用砌成轻型墙体。在砌体中配入钢筋或钢丝网，即成为配筋砖砌体，可代替钢筋混凝土作为各种承重构件。

5.2.3.2 砖的设计特性

砖的设计特性主要针对视觉、实用、构图等几个方面。

1. 砖的尺寸

普通砖的外形尺寸以 240mm×115mm×53mm 为标准，由机器批量生产，具有固定的模数。也就是说砖是有固定形状和大小的制品，能在整个设计中重复出现，故砖最适合于直线和折线形状的铺地，显得规整统一、整洁大方。也可铺砌较大的圆弧图案和放射形图案，更能在体现规整、庄重气氛的同时，产生强烈的视觉冲击。

2. 砖的色调

现代制砖技术使得砖的颜色丰富多样，可以满足不同景观氛围的需要。如庄严大方的瓷白色、古朴自然的青灰色、温馨宜人的暖色调等。另外，在大面积铺装中，使用不同颜色的砖，还可以起到空间边界的作用。

3. 砖的组合（构图）

砖的尺寸和形状固定、规整，但组合成的图案却可以千变万化。立铺和卧铺就可以形成各种各样的图案，如图5-6所示。砖还常与石材、瓦材组合在一起，形成具有视觉魅力的二维空间。

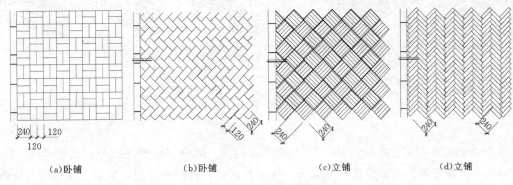

(a)卧铺　　　　(b)卧铺　　　　(c)立铺　　　　(d)立铺

图5-6　砖的铺贴样式

需要注意的是，在所有的铺设中，使用最广泛的是以直线形式进行铺砌，因为直线最适合砖的排列，铺好后形成的长线条具有较强的引导作用。但在以直线铺砌时，砖应该垂直于视线横铺，不应与视线平行，这样做的理由是横铺的观赏面比直铺大，如图5-7所示。

不合理:砖铺设的线形与视线方向平行　　　　合理的:砖铺设的线形与视线垂直

图5-7　砖铺设的线形与视线的方向

4. 砖的使用缺陷

砖作为铺地材料时，灰缝不易清扫是其最大的缺陷，特别是当灰缝过大或者不平整时更难清扫。因此，在铺砖时控制灰缝尺寸、保证地面平整尤为重要。

5.2.3.3 砖在造园中的主要应用

砖的历史非常悠久，自古以来就被作为重要的造园材料。随着砖的种类愈加丰富，它在园林中的使用更加广泛。

1. 建筑台基和墙体

砖块抗压强度高，具有良好的耐久性，用它砌筑建筑的台基和墙体等承重构件，是人们烧制砖块的初衷。在诸如亭、榭、廊、阁、轩、楼、台、舫、厅、堂等各式各样的园林景观建筑及挡土墙中，均能找到砖块的身影。

用青砖砌筑的清水墙是北方广大地区园林景观建筑的常见形式。清水墙古朴自然，最能展现砖块材质及其组砌方式的艺术美感（见图 5-8）。清水墙常用的组砌方式有全顺式（走砌式）、上下皮一顺一丁、每皮顺丁相间（梅花丁）以及多顺一丁等，如图 5-9 所示。

图 5-8　砖砌围墙

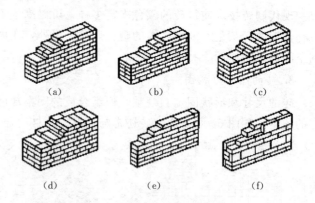

(a)　(b)　(c)

(d)　(e)　(f)

图 5-9　砖墙的组砌方式

(a) 24 墙一顺一丁砌法；(b) 24 墙三顺一丁砌法；(c) 24 墙梅花丁砌法；
(d) 37 墙砌法；(e) 12 墙全顺不丁砌法；(f) 18 墙砌法

砖雕是清水墙最为搭配的装饰构件，主要应用在门楼、影壁（见图 5-10）、墙壁（见图 5-11）、楼栏、屋脊、牌坊等处。砖雕将质朴与柔美、简洁与繁杂、神秘与直白、生活与文化等有机组合于方寸之间，深化了清水砖墙的艺术内涵，赋予了清水砖墙以灵动的生命。

图 5-10　河南巩义康百万庄园凤凰图砖雕

图 5-11　山西晋城皇城相府麒麟砖雕

江南私家园林的"粉壁"和北方皇家园林的"红墙"，则呈现的是砖材之外另一番的艺术效果。

2. 铺地

砖作为造园铺地材料十分常见，主要是因为砖具有较高的强度、合适的光滑度、良好的耐磨性等物理力学性能，以及具有色调多样、拼合图案丰富等艺术表现力。砖的环境协调性很强，既可以用在私家园林中小面积的铺装，也可以用在综合性园林大面积广场的铺装；用在小的面积上能以精致的图案取胜（见图 5-12），用在大面积上能凭借色彩的巧妙搭配而不显单调（见图 5-13）。砖铺路面种类多样，在实际应用中，砖材类型一定要符合使用环境的要求，见表 5-2。

图 5-12 瘦西湖某庭院青砖地面　　　　　图 5-13 砖块铺砌的广场

表 5-2　　　　　　　　　　砖路面类型及适用环境

砖路面类型	特　点	适　用　环　境						
		人行道	停车场	广场	园路	游乐场	露台	屋顶广场
釉面砖路面	表面光滑，铺筑成本较高，色彩鲜明。撞击易碎，只适用于温暖气候，不适用于寒冷气候	√				√		
陶瓷砖路面	有防滑性，有一定透水性，成本适中。撞击易碎，吸尘，不易清扫	√			√		√	
透水花砖路面	表面有微孔，形状多样，相互咬合，反光较弱	√	√					√
黏土砖路面	价格低廉，施工简单。分平砌和竖砌，接缝多可渗水。平整度差，不易清扫	√		√	√			

3. 其他方面

实际上，砖材在园林工程的各个方面均有应用，如湖体的驳岸、临水的台阶、土体的护坡、假山的砌筑和填肚等，甚至于园桌、园凳、种植池（见图 5-14）、排水沟（见图 5-15）等也可由砖砌筑。

图 5-14　砖砌地面与树池　　　　　图 5-15　杭州柳浪闻莺公园砖砌排水沟

5.3　瓦

在我国历史上，瓦的出现比砖早，西周时期（公元前 1046—前 771 年）就有了独立的制陶业，烧制黏土瓦。西汉时期制瓦的工艺取得了明显进步，瓦的质量有了较大提高，因此历史上有"秦砖汉瓦"的称谓。

目前，制瓦的工艺和原料都有了极大的发展和变化，瓦的种类空前繁多。除了传统的黏土瓦之外，还有混凝土瓦、石棉水泥瓦、木质纤维瓦、菱镁波形瓦、金属波形瓦以及各种工业废料制成的瓦等。本章只介绍黏土瓦。

黏土瓦是以黏土为原料，经成型、干燥，焙烧而制成。制瓦工艺与烧结普通砖基本相同，但制瓦对黏土的可塑性要求较高，杂质含量要更少，不含石灰等爆裂性物质，调制要均匀，焙烧温度较烧结普通砖稍高。

5.3.1　瓦的基本知识

5.3.1.1　瓦的分类

黏土瓦按形状分为平瓦、脊瓦、三曲瓦、双筒瓦、滴水瓦、沟头瓦、J形瓦、S形瓦和波形瓦等。按颜色分为红瓦、青瓦。按表面状态分有釉瓦、无釉瓦。按瓦的铺设部位分烧结屋面瓦和烧结配件瓦。

在造园中应用较多的黏土瓦有小青瓦、平瓦、脊瓦和琉璃瓦（见图 5-16）。

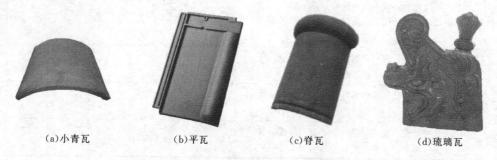

(a)小青瓦　　　(b)平瓦　　　(c)脊瓦　　　(d)琉璃瓦

图 5-16　黏土瓦

1. 小青瓦

小青瓦又名蝴蝶瓦、阴阳瓦，是一种弧形瓦。用手工成型，在间歇窑中还原性气氛下烧成，呈青灰色。尺寸为 175mm×175mm。广泛用于传统园林建筑的屋顶（皇家园林除外），如亭子、水榭、园门等。在江南园林中，也有用小青瓦、青砖、卵石做成铺地图案，极具美感和地方特色。

2. 平瓦

长方形平面带沟槽的片状瓦，用于覆盖屋面。按国家标准规定，平瓦的尺寸为 400mm×360mm～360mm×220mm。用 15 张平瓦可铺成 1m² 屋面，在屋脊处用截面成 120°角的脊瓦覆盖。平瓦单片抗折荷载不得小于 600N；覆盖 1m² 屋面的瓦其吸水后的重量不得超过 55kg；在 -15℃ 以下经冻融 15 次循环后，应无分层、开裂、脱边、掉角等现象，成品中不允许混有欠火瓦。平瓦的成型有湿压法、半干压法和挤出法 3 种，以湿压法为最普遍，可烧成红、青两色。

3. 脊瓦

覆盖屋脊的瓦。通常有人字形、马鞍形和圆弧形 3 种。一般长为 300～425mm，宽 180～230mm，抗折荷载不低于 700N。

4. 琉璃瓦

详见 5.4 陶瓷一节。

5.3.1.2　瓦的等级

我国国标《烧结瓦》（GB/T 21149—2007）规定，烧结瓦通常根据形状、表面状态及吸水率不同进行分类和产品具体命名。根据吸水率不同将瓦分为 Ⅰ 类瓦（≤6%）、Ⅱ 类瓦（6%～10%）、Ⅲ类瓦（10%～18%）、青瓦（≤21%）。其中，Ⅰ 类瓦可用于霜冻、轻微霜冻和无霜冻地区；Ⅱ 类及其以下的烧结瓦不可用于有霜冻地区。

5.3.1.3 瓦的缺陷

作为人类历史上使用了几千年的重要建筑材料，瓦虽然具有明显优点，比如原料来源充足、生产工艺简单、安装施工便利等。但在黏土瓦的生产和使用上也存在一些天然缺陷。

1. 生产缺陷

生产黏土瓦的主要原料是黏土，这与国家保护耕地的国策相冲突，与社会可持续发展的理念相违背。因此，各种新型屋面材料纷纷出现。如用页岩烧制的新型陶土瓦，不但环保，强度还更大。再如水泥彩瓦，与传统瓦材相比具有更多的显著优点：①防水结构独特；②超高的强度和抗渗透性能，不龟裂；③结构严谨，不变形；④瓦表面经过特殊处理，具备抗紫外线、耐酸碱性、耐高低温、抗老化、不起皮、不脱落等特点；⑤便利施工，无论是竖直铺设或横向施工都方便可行；⑥配件齐全、颜色多样，形状简洁、应用丰富，可以适用各种不同的屋面。

2. 使用缺陷

(1) 黏土瓦作为围护结构用于屋面时，只能应用于较大坡度的屋面。若屋面坡度较小，则防雨防漏能力不强，容易漏雨，所以使用时常在屋架之上、瓦材之下设置防水垫层。

(2) 小青瓦由于面积小，面积利用率较低，还不到50%。

(3) 瓦多呈弧形，其抗压强度较低，若遭受撞击，容易破碎。

(4) 黏土瓦材质脆、自重大、片小，施工效率低，且需要大量木材做支撑骨架，因此在现代建筑屋面材料中的应用比例逐渐下降。

5.3.1.4 瓦的连接方式

瓦通过挂瓦条或砂浆挂瓦层与屋架连成一体。块瓦屋与平瓦屋面根据屋顶基层的不同有冷摊瓦屋面、木望板平瓦屋面和钢筋混凝土板瓦屋面3种做法。

1. 冷摊瓦屋面

具体做法是：首先在檩条上钉固椽条，然后在椽条上钉挂瓦条并直接挂瓦［见图5-17（a）］。这种做法构造简单，但雨雪易从瓦缝中飘入室内，通常用于南方地区质量要求不高的建筑。

2. 木望板瓦屋面

具体做法是：在檩条上铺钉15～20mm厚的木望板（也称屋面板），望板可采取密铺法（不留缝）或稀铺法（望板间留20mm左右宽的缝），在望板上平行于屋脊方向干铺一层防水卷材，在防水卷材上顺着屋面水流方向钉10mm×30mm、中距500mm的顺水条，然后在顺水条上面平行于屋脊方向钉挂瓦条并挂瓦，挂瓦条的断面和间距与冷摊瓦屋面相同［见图5-17（b）］。这种做法比冷摊瓦屋面的防水、保温隔热效果要好，但耗用木材多、造价高，多用于质量要求较高的建筑物中。

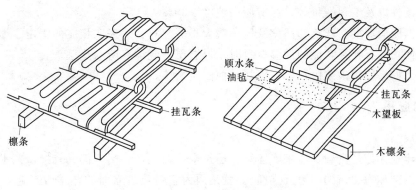

(a)冷摊瓦屋面　　　　　　　　　(b)木望板瓦屋面

图5-17　瓦的铺贴方法

3. 钢筋混凝土板瓦屋面

瓦屋面由于保温、防火或造型等的需要,可将钢筋混凝土板作为瓦屋面的基层盖瓦。盖瓦的方式有两种:一种是在找平层上铺防水卷材一层,用压条将其钉在板缝的木楔上,再钉挂瓦条挂瓦;另一种是在屋面板上直接粉刷防水水泥砂浆并贴瓦或陶瓷面砖或平瓦(见图 5-18)。在仿古建筑中也常常采用钢筋混凝土板瓦屋面。

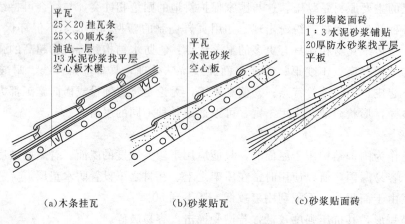

(a)木条挂瓦　　　(b)砂浆贴瓦　　　(c)砂浆贴面砖

图 5-18　钢筋混凝土板瓦屋面构造

5.3.1.5　瓦的设计特性

1. 瓦的适用范围

(1) 主要用于多层和低层建筑,坡屋顶的坡度一般在 30°。如园林大部分的景观建筑和常见的民居等。

(2) 适用于防水等级为Ⅱ级(一至两道防水设防,并设防水垫层)、Ⅲ级(一道防水设防,并设防水垫层)、Ⅳ级(一道防水设防,不设防水垫层)的屋面防水。瓦也可作为一道防水层,用于保护屋面,延长屋面使用寿命;但不宜在以防水涂料作为防水层或防水垫层的屋面上使用。

(3) 用于园林硬质铺装,一般结合青砖、卵石来应用,常采用反映传统文化、历史典故等内容的图案。

(4) 可以与石材搭配,作为大面积防滑烧毛面石材的收边材料,通过波浪状的形态展示艺术美感。

2. 瓦材选用与技术要点

(1) 寒冷地区应选用吸水率低的瓦材,且少用作铺装材料。

(2) 烧结瓦屋面排水坡度的考虑因素包括屋架形式、屋面基层类别、防水构造形式、材料性能、当地气候条件以及工程造价等,一般屋面坡度≥30%。

(3) 应根据屋面坡度、建筑物高度及风荷载大小等,对瓦片采取相应的固定、加强措施。

(4) 屋面使用具有挂瓦功能的保温材料时,保温层下应设有防水垫层。

(5) 配件瓦如果使用砂浆卧瓦,应附加其他固定措施。

5.3.2　瓦的应用

5.3.2.1　屋面材料

中国传统建筑无论是宫殿、庙宇、居室,还是亭、廊、台、榭,都具有极富艺术感染力的大屋顶。屋顶之所以被称为建筑的"第五立面",就是因为它对建筑立面的艺术效果起着举足轻重的作用。远远伸出的屋檐、富有弹性的檐口曲线、微微起翘的屋角以及硬山、悬山、歇山、庑殿、攒尖、盝顶、重檐等诸多屋顶形式的变化,使建筑产生独特而强烈的视觉效果和艺术魅力。种类多样的黏土瓦正是构成屋顶艺术不可或缺的重要元素,以至于"粉墙黛瓦"成了江南私家园林的独特标志，而"金瓦红墙"则成了北方皇家园林的重要特征。

如图 5-19 所示是苏州狮子林中的一景，临水有三座建筑，其屋顶形式由远及近依次为歇山、硬山和攒尖，小青瓦覆面，既不喧宾夺主，又不失清新典雅。形态各异的建筑、千姿百态的湖石、色彩丰富的植物围绕在一江碧水四周，山水相依、刚柔相济、咫尺之地、包罗万象。如图 5-20 所示取景于景山之巅，俯瞰紫禁城，近处庑殿重檐的宫门，远处鳞次栉比的屋顶，所有建筑均采用黄色琉璃瓦覆面，和谐成一体、金碧辉煌、气势恢弘。

图 5-19 苏州狮子林一景

图 5-20 北京故宫博物院

5.3.2.2 园墙压顶材料

在我国古典园林中，用瓦材压顶的做法十分常见。相比而言，江南园林的园墙及其瓦材压顶显得更加灵动和多样，在镶嵌着各式各样园门和漏窗的雪白墙壁顶部，用小青瓦、筒瓦和滴水瓦等做压顶处理，这样既能使平滞生硬的墙体变得立体和生动，又与相邻建筑在形式上协调统一，还能防止雨水打湿或冲刷墙面（见图 5-21），起到美化和保护的双重作用。深受中国造园文化的影响，日本和韩国的多数园墙的做法与我国十分相似（见图 5-22）。

图 5-21 苏州园林围墙

图 5-22 韩国青瓦台围墙

5.3.2.3 园林铺装材料

小青瓦的四条边中，一对边呈弧形，另一对边呈直线，这种形态使得它天然就成了园林的铺装材料，这是因为所有的铺图案无一不是"曲"与"直"的组合。小青瓦与各种黏土砖、各色鹅卵石、各种石材相结合，既可以拼合出方格、菱形、环形、放射状等几何图案，又可以创作出金鱼、蝴蝶、孔雀、蝙蝠、花瓶、梅花等象形图案，真可谓无所不能（见图 5-23）。

小青瓦也可单独用作园路铺装，两侧以石材做路缘石，无车辆行驶，仅供游人观赏，别有一番韵味（见图 5-24）。当代一些景观设计者也常常利用基地原有的建筑材料——瓦铺砌园路或广场，以此作为反映基地历史的符号，极具趣味与个性（见图 5-25）。

(a)方格图案铺装　　　　　　　　　　　　(b)金鱼图案铺装

(c)孔雀图案铺装　　　　　　　　　　　　(d)梅花图案铺装

图 5-23　瓦材各种铺装图案

图 5-24　瓦材立铺地面

图 5-25　以瓦为铺地材料创造个性空间

此外，瓦材还可以砌筑种植池，建造镂空墙体（见图5-26）等。

图5-26 北京奥林匹克广场下沉院的"古木花厅"镂空瓦墙

5.4 陶 瓷

5.4.1 陶瓷的概念与基本特性

5.4.1.1 陶瓷的概念

陶瓷是陶器和瓷器两大类产品的总称。一般陶制品断面粗糙、无光，敲击声细哑，吸水率较大，强度较低，其表面分为无釉和施釉两种。一般瓷器的结构致密，气孔率较小，有一定半透明性，并且表面通常是施釉的。瓷器常用作日用餐茶具及美术用品。介于陶器和瓷器之间的一类产品通称为炻器，也可称半瓷。炻器与陶器的区别在于陶器的坯体是多孔的，而炻器坯体的结构致密，气孔率很低，吸水率也很低，吸水率通常小于2%。

凡用于修饰墙面、铺设地面、安装上下水管、装备卫生间以及作为建筑和装饰零件用的各种陶瓷材料作品，统称为建筑陶瓷。建筑陶瓷品种很多，最常用的是内墙面砖、外墙面砖、铺地砖、陶瓷锦砖、卫生陶瓷等。

5.4.1.2 陶瓷的特性

陶瓷质地均匀，构造致密，有较高强度和硬度，耐水耐磨损、耐化学腐蚀，耐久性好，有良好的热稳定性和优异的电绝缘性，可制成一定的花形和色彩，根据需要镶嵌成各种彩色画面或图案，是日常广泛使用的建筑、装饰及卫生设备材料。

陶瓷生产随产品特性、原料、成型方法的不同而不同。一般生产陶瓷用的黏土原料需要事先经过处理（包括原料的储存、风化、选洗、干燥等），准确配料，经破碎、成型、制坯，然后入窑焙烧。根据烧结程度，坯体可分为瓷质、石质和陶质3大类。瓷质坯体是充分烧结的，在焙烧过程中易变形，烧结收缩大，难以制成大尺寸制品，常见的锦砖、地砖即属于这一类。石质坯体烧结程度次于瓷质坯体，收缩率较小，可制成多种规格的制品，如彩釉砖、各种外墙面砖、红地砖等。陶质坯体烧结程度低，是多孔坯体，烧成收缩小，制品尺寸准确，表面平整，有一定吸水率，施工时能与水泥砂浆粘牢，常用的釉面砖即属于这一类。原料中的氧化铁对制品有害、烧成后会使制品表面出现黑色斑点或熔洞。黏土中的含碳物质，会使制品出现由灰至黑的各种颜色。

釉是覆盖在坯体表面的玻璃质薄层，它使制品变得光滑、光亮、不吸水，可以提高制品的强度，改善制品的热稳定性和化学稳定性。艺术釉可获得显著的装饰效果。釉的原料分为天然原料和化工原料两类。天然原料基本与坯体使用原料相同，但化学成分要求更纯，杂质含量更少，以保证制品的色彩、光泽、强度、热稳定性和化学稳定性等；化工原料作为熔剂和乳浊剂使用。

在不同基础釉料中加入陶瓷着色剂，可制成各种花色的釉面砖。用两三种不同黏度的颜色釉，便可制成绚丽多彩的纹理砖和彩釉砖。

5.4.2　常用陶瓷及其制品的应用

陶瓷产品在应用时，一般不能作为结构材料，而是作为饰面材料。园林中常用的陶瓷材料及其应用，见表 5-3。

表 5-3　　　　　　　　　　　　　　　　园林中常用的陶瓷材料

名 称		主 要 应 用
普通陶瓷砖	麻面砖	园林道路广场铺装、水池底装饰铺设、桌凳表面装饰等
	劈离砖	
	渗花砖	
	无釉砖	建筑、小品、景墙立面装饰的材料和水池底装饰铺设、桌凳表面装饰等
	玻化砖	
	彩釉砖	
	陶瓷艺术砖	
	釉面砖	
陶瓷面板	黑瓷装饰板	建筑、小品、景墙立面装饰材料
	大型陶瓷装饰面板	
透水陶瓷砖	环保透水砖	休闲无承重场所铺地以及园林游步道等
	高强度陶瓷透水砖	停车场、人行道、步行街、广场等
陶瓷壁画		表面可以做成平滑或各种浮雕花纹图案，兼具绘画、书法、雕刻艺术于一体，具有较高的艺术价值
琉璃制品	琉璃瓦	园林中建筑物、构筑物的装饰材料

5.4.2.1　墙面砖

铺贴于建筑物的墙、柱和其他构件表面的覆面陶瓷薄片，称为墙面砖。使用墙面砖的目的是保护墙、柱建筑构件免受大气侵蚀、机械损害和使用中的污染，提高建筑物的艺术和卫生效果。根据需要墙面砖可制成不同形状、不同颜色、其表面有上釉和不上釉两种。按使用条件，墙面砖分为以下几种。

1. 外墙面砖

外墙面砖包括彩釉砖、无釉外墙砖、劈裂砖等。

（1）彩釉砖。彩釉砖是上釉陶瓷制品，其釉面色彩丰富，有各种拼花、印花和浮雕图案，具有耐磨抗压、防腐蚀、强度高、表面光、易清洗、防潮、抗冻、釉面抗急冷急热性能良好等特点，不仅可以用于外墙，还可用于内墙和地面。按表面质量和变形允许偏差，彩釉砖分为优等品、一等品和合格品，产品主要规格有（mm）：100×100，150×150，250×250，300×300，400×400，150×75，200×100，200×150，300×200，200×150，115×60，240×60，260×65。铺地彩釉砖还要具有良好的耐磨性。

（2）无釉外墙砖。无釉外墙砖的尺寸、性能均与彩釉砖相似，无釉外墙砖砖面不上釉料，且一般为单色，常见色彩有白、黄、红、绿、黑、咖啡等。

（3）劈裂砖。劈裂砖又称劈离砖、劈开砖，因焙烧后可将一块双连砖分离为两块砖而得名，在陶瓷中，属石质类墙地砖装饰材料。劈裂砖砖坯致密，吸水率小于 8%，表面硬度较大，为莫氏硬度 6 以上，故耐磨，抗折强度大于 20MPa，抗压强度约 135MPa，色彩自然，质感好，表面光，易清洗，可在 -40℃下不开裂，其抗冻性好，耐酸碱，防潮、不打滑、不反光、不退色，砖背面有燕尾槽，与砂浆的咬合力强，能牢固黏结在墙面上，不易脱落，适用于车站、停车场、人行道、广场、厂房等各类建筑物的墙面。产品规格有（mm）：250×50×13，194×90×93，150×150×13，190×190×13，240×52×11，240×52×11，240×115×11，194×94×11。

（4）陶瓷艺术砖。以砖的色彩、块体大小、砖面堆积陶瓷高低构成不同的浮雕图案为基本组合件，将其组合成各种抽象和具体的图案，这种砖在造型上具有艺术性，在平面的组合上具有自由性，在不同环境的光照下，给人以强烈的艺术感染力，且强度高、耐风化、耐腐蚀、装饰效果好，其吸水率不大于10%，能耐5次冻融循环，弯曲强度不小于15MPa，宜用于宾馆大堂、会议厅、车站候车室和建筑物外墙等。

2. 内墙面砖

内墙面砖用颜色洁白的耐火黏土焙烧而成。瓷砖表面平整、光滑，不易沾污，耐水性、耐腐蚀性好。瓷砖正面有白色或彩色釉的，称为釉面砖，正面不上釉者，称无釉面砖。

（1）釉面砖。釉面砖是用于建筑物内墙装饰的薄板状精陶制品。坯体呈多孔结构，底坯吸水率9%～12%，最高达17%。按颜色分为单色、花色和图案砖。形状不一，常见的有长方形、正方形和异形配件，厚度一般为4～6mm。根据外观质量分为优等品、一等品和合格品。

国家标准还对釉面砖的吸水率、耐急冷急热性、抗冻性、弯曲强度、釉面抗化学腐蚀性、抗龟裂性作了相应的规定。

（2）无釉面砖。无釉面砖表面无光泽，其坯体薄、重量轻、色泽自然、经久耐用，可作室内墙面装饰及不允许有眩光的场所。

瓷砖多用于浴室、厨房、实验室、医院、精密仪器车间等的室内墙面、墙裙、工作台等处，也可用来砌筑水槽、便池等。经专门绘画、设计的面砖，镶嵌成壁画，具有独特的装饰及艺术效果。

（3）三度烧装饰砖。三度烧装饰砖是近年来发展起来的一种新型建材，它是将釉烧后的瓷砖再次涂绘鲜艳的闪光釉、低温色料金膏等，用800℃左右的低温再烧烤一次而成的产品，其产品分3大类。

1）转印纸式装饰砖。它是先将色釉料印在纸上后再转贴到瓷砖上，如用于卫生间器具上的各种花草、鱼、虫就是用此法转贴而成的产品。

2）腰带装饰砖。它是花样华丽的小瓷砖，产品规格有（mm）：50×100、80×150，如在卫生间适当位置贴上一条，便可增色不少。

3）整面网印闪光釉装饰砖。它最宜贴在卫生间或餐厅里。

5.4.2.2 室内地砖

地砖是指铺设于地面的锦砖、缸砖、玻化砖等。

1. 锦砖

锦砖俗称"马赛克"（见图5-27），通常边长为20～40mm，厚度为4～5mm。小块锦砖拼成图案后，粘贴在纸上，即可在施工现场直接铺贴地面或墙面。锦砖有不同的几何形状，单块小砖有正方形、长方形、对角形、斜长角形、六角形等形状，利用不同颜色可拼成各种不同的图案。其表面有光滑和稍毛两种。锦砖组织致密，易清洗，吸水率小，抗冻性好，有较高的耐酸、耐碱、耐火性能，主要用于镶嵌地面工程，如卫生间、门厅、走廊、餐厅、浴室、精密车间、化验室等处的地面，也可作建筑物的外墙面装饰以及广场铺装（见图5-28）。

锦砖除陶瓷质地外，还有金属、玻璃、石材等各种材质，在造园中也较常用。

2. 缸砖

缸砖也称防潮砖，用可塑性较大的难熔黏土烧制而成，形状有正方形、六边形、八边形等，规格不一，厚度6～8mm，颜色有红、蓝、绿、米黄，铺砌地面时，可采用不同颜色，设计成各种图案，使地面富于变化或起到分割空间的作用。缸砖可用于室内走廊、室外平台、阳台及平屋顶、地坪等处（见图5-29）。常用规格有（mm）150×150×13、100×100×13。

图 5-27　陶瓷锦砖　　　　　　图 5-28　彩色陶瓷锦砖铺装的广场

(a)室内　　　　　　　　　　　(b)室外

图 5-29　缸砖在室内外的应用

3. 玻化砖

玻化砖是一种无釉瓷质墙地砖,具有天然花岗石的质感和颜色,玻化砖分平面型和浮雕型两种,平面型又有无光和抛光之分。抛光砖是在玻化砖表面采用抛光工艺磨光,其耐磨性、光泽、质感均可与天然花岗石媲美,其色彩绚丽、柔和莹润、古朴大方、装饰效果逼真,既有陶瓷的典雅,又有花岗石的坚韧,硬度高,吸水率几乎等于零,抗冻性好,广泛用于宾馆、商场等场所的外墙装饰和地面铺设。

玻化砖目前在国内市场已经很普遍。其更高档次的抛光玻化砖是利用渗透色料,以打点或网板印刷,让色彩渗入坯体内,烧成后再抛光,制成的玻化砖花纹和色泽犹如天然花岗石,硬度比天然花岗石还要高。

5.4.2.3　室外广场用瓷砖

室外广场用瓷砖是一种块状铺地材料,又称为"薄型铺料"。其厚度范围为 1.2~1.6cm。这种砖是由人工模压并经过大于 1100℃ 的高温煅烧而成。与一般砖料相比瓷砖密度和强度都比较大,具有耐磨、耐冻、耐热等性能,瓷砖相对较轻,易于铺设安装。但瓷砖抗折性能较差,必须安放在坚硬基面(如混凝土)上,以受到结构支撑。因此,瓷砖常被当作装饰性铺地材料。

瓷砖的形状各异,包括长方形、正方形以及六边形。瓷砖的基本色调和涂面也有多种。由于瓷砖具有多种抛光涂面,设计者处理所铺地面时有更多的色调可以选择。

瓷砖的不足之处是当其表面潮湿时,在其上行走极易滑倒。

5.4.2.4　卫生陶瓷

卫生陶瓷品种较多,主要有各种洗面洁具、大小便器、水槽、安放肥皂、卫生纸的托架和悬挂毛巾、衣物的挂钩等,它们均为精陶制品,是以可塑性黏土、长石、石英、高岭土等为原料,经制坯、素烧和釉烧而成，其表面光亮，不玷污，便于清洗，不透水，耐腐蚀，除原来以白色为主的颜色外，现在还有红、绿、蓝、黄等多种颜色。

陶瓷浴缸因生产能耗高、笨重、易损坏等原因，逐渐被铸铁搪瓷浴缸所代替。

目前，卫生洁具朝着使用方便、冲刷功能好、用水省、占地少、多款式、多色彩的方向发展。

5.4.2.5 琉璃制品

琉璃制品是以难熔黏土为原料，经成型、素烧、表面涂以琉璃釉料后，再经烧制而成的制品。表面光滑，不易玷污，质地坚密，色彩绚丽，造型古朴，富有传统的民族特色。

琉璃制品包括琉璃砖、琉璃瓦、琉璃兽及各种建筑构件（花窗、栏杆、照壁等），还有供陈设用的建筑工艺品（绣墩、鱼缸、花盆、花瓶、琉璃桌、果皮箱等），其中琉璃瓦人们最为熟知。琉璃瓦有筒瓦和板瓦两种，筒瓦断面呈半圆形，将它向下覆盖在左右两块断面呈弧形的板瓦上，构成由筒瓦组成棱和板瓦组成沟的屋面，檐口处分别用带有圆盖的筒瓦和前端连着舌形滴水的板瓦组成（见图 5-30）。

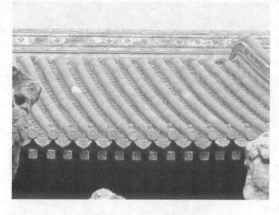

图 5-30 琉璃瓦屋顶细部

图 5-31 扬州瘦西湖熙春台翠绿色琉璃瓦建筑

琉璃制品有黄金、翠绿、宝蓝等色，色彩应用上，等级严格。其中，黄色为中央正色，最为尊贵，只有皇家及经皇帝恩准勅建的坛庙或祠堂建筑的屋顶方可使用。翠绿色琉璃瓦象征春和日丽、万物昭苏，素雅大方，如故宫皇子们所居建筑，屋顶就使用翠绿色琉璃瓦。再如扬州瘦西湖熙春台翠绿色琉璃瓦屋顶，乃是清朝盐商为方便帝王到此巡游而建的（见图 5-31）。

琉璃制品色彩美丽，耐久性好，但成本高，多在古建筑修复、纪念性建筑及园林建筑中的亭、台、楼、阁上使用。近年来，常见一些城市的多层住宅或公共建筑做成盝顶，即把平屋顶四周做成出挑的

图 5-32 盝顶形式的现代建筑

琉璃瓦屋檐，在一定程度上丰富了建筑的立面效果（见图 5-32）。

小　结

千百年来，烧土材料作为建筑和造园材料，一直被人们所青睐，这不仅得益于其独特的物理特性和良好的力学性能，还得益于其完美的环境友好性。随着科学技术的发展，制砖技术、陶瓷技术也在不断进步，新优产品不断涌现，烧土制品在造园工程中的应用更加广泛和深入。

在现代造园中，我们对烧结砖、黏土瓦、各类瓷砖、琉璃制品的应用，要以其基本属性为基础，以传承文化，建造美观、自然、实用、健康、舒适、富有意境美的室外环境为目标，根据造景与实际需要，科学、合理地选择烧土制品，并不断创新，与其他材料合理搭配使用，使烧土材料在风景园林建设中发挥持久的魅力。

思 考 题

1. 解释以下名词。
①焙烧；②上釉；③泛霜；④石灰爆裂；⑤清水墙。
2. 烧土材料的基本特点是什么？烧土材料怎么分类？
3. 简述普通黏土砖、多孔砖、空心砖、水泥砖的区别。
4. 简述砖的质量等级及设计特性。
5. 简要举例说明砖在造园中主要应用于哪几个方面？
6. 简述普通烧结砖与瓷砖的区别。
7. 瓦作为铺地材料时一般应用于什么环境？能否行车？
8. 陶瓷的种类有哪些？陶瓷在园林中应用于什么场合？注意事项是什么？
9. 论述石材和砖作为造园材料应用时有何异同。

第6章 无机胶凝材料

在园林工程中，常需要将砂、石子等散粒状材料或者砖、石块等块状材料粘结为整体，具有黏结功能的材料统称为胶凝材料或胶结材料。

胶凝材料根据其化学组成分为无机胶凝材料和有机胶凝材料两大类。其中无机胶凝材料根据其硬化条件不同，又分为气硬性胶凝材料和水硬性胶凝材料。只能在空气中凝结硬化、保持并发展其强度的无机胶凝材料，称为气硬性胶凝材料，常用的有石灰、石膏、水玻璃等。既能在空气中硬化，又能更好地在水中硬化，保持并发展其强度的无机胶凝材料，称为水硬性胶凝材料，如各种水泥等。

气硬性胶凝材料只适用于地上或干燥环境，水硬性胶凝材料既适用于地上，也可用于地下或水中。

6.1 石 灰

石灰是人类应用最早的矿物胶凝材料，目前，我国考古发掘的石灰窑址最早出现在东汉时期。古代以石灰为题材的诗词，千古吟诵，明朝重臣于谦所赋的《石灰吟》，便是人们耳熟能详的一首。"千锤万凿出深山，烈火焚烧若等闲。粉骨碎身全不怕，要留清白在人间"，于谦在以物喻己的同时，也将石灰的生产工艺及其洁白无瑕、易于水化风化的物理性能表达得清晰明了。

石灰是一种以氧化钙为主要成分的气硬性无机胶凝材料。它是用石灰石、白云石、白垩、贝壳等碳酸钙含量高的原料，经 900～1100℃ 煅烧而成。石灰分布广泛，生产工艺简单，成本低廉，可以方便地加工成生石灰粉、熟石灰和石灰膏等，也可与其他配料组成混合物，在园林工程中有着广泛地应用。

6.1.1 石灰的生产与品种

6.1.1.1 石灰的生产

石灰的主要成分是由碳酸钙组成的石灰石，经过 1000～1200℃ 煅烧，得到以氧化钙为主，同时含有一定氧化镁的块状生石灰。

石灰石的主要成分是碳酸钙，经过煅烧后碳酸钙分解为固体状的氧化钙和二氧化碳气体。其反应式为：

$$CaCO_3 \xrightarrow{900\sim1100℃} CaO + CO_2 \uparrow$$

生石灰外观为白色或灰色的块状。烧透的生石灰新块密度为 $800\sim1000kg/m^3$。

6.1.1.2 石灰的品种

石灰按其含氧化镁的比例不同，可分为钙质石灰和镁质石灰。一般来说，含氧化镁≤5％的称为钙质石灰；含氧化镁＞5％的称为镁质石灰。镁质石灰的熟化速度比钙质石灰慢，但是硬化后的强度相对较高。

6.1.2　石灰的熟化与硬化

6.1.2.1　石灰的熟化

生石灰（CaO）在工程上使用前，通常需要先用水将其消解为熟石灰 $[Ca(OH)_2]$，即氢氧化钙，这个过程称为石灰的"熟化"。其反应式为：

$$CaO + H_2O \longrightarrow Ca(OH)_2$$

生石灰经熟化后生成的氢氧化钙被称为熟石灰或消石灰。

石灰的熟化为放热反应，熟化时体积增大 1～2.5 倍。煅烧良好、氧化钙含量高的石灰熟化较快，放热量和体积增大也较多。

图 6-1　工地上熟化石灰的储灰池

调制抹灰砂浆时，需将生石灰熟化成石灰浆。即将生石灰在化灰池中加水熟化，通过网孔流入储灰池内，如图 6-1 所示。石灰浆在储灰池中沉淀并除去上层水分后称为石灰膏，石灰膏密度为 $1300～1400 kg/m^3$。1kg 生石灰可熟化成 1.5～3L 石灰膏。

生石灰中的欠火石灰会降低石灰的利用率，过火石灰的颜色较深，密度较大，表面被黏土杂质融化所形成的玻璃釉状物包覆，熟化很慢。石灰硬化后，其中的过火颗粒才开始熟化，体积膨胀，引起爆灰和开裂。在抹灰工程中，使用了未经充分熟化的过火石灰，就要发生上述爆灰和开裂，俗称"出天花"、"生石灰泡"。为了消除过火石灰的危害，石灰浆应在储灰池中常温下陈伏不少于两周（如果用于抹罩面灰时，不应少于一个月）。在陈伏期间，石灰浆表面应保留一层水，以便与空气隔绝，避免碳化。

工地上另一种熟化生石灰的方法是将生石灰熟化成熟石灰粉，方法是采用分层浇水法，每层生石灰厚约 50cm。熟化好的石灰粉，称为消石灰粉。

还有一种是用球磨机将生石灰磨成细粉，称为磨细生石灰粉。消石灰粉和磨细生石灰粉在园林工程中多用于拌制石灰土、三合土和砌筑砂浆。

6.1.2.2　石灰的硬化

石灰浆与砂、石屑或水泥等拌和成为抹灰用砂浆，在空气中能逐渐硬化，主要是由结晶、碳化两个同时进行的过程完成的。

（1）结晶作用。游离水分蒸发，氢氧化钙逐渐从饱和溶液中结晶，形成结晶网，使强度增加。

（2）碳化作用。石灰中的氢氧化钙与空气中的二氧化碳化合形成碳酸钙结晶，释出水分并被蒸发。其反应式为：

$$Ca(OH)_2 + CO_2 + H_2O \longrightarrow CaCO_3 \downarrow + 2H_2O$$

碳化作用实际是二氧化碳与水形成碳酸，然后与氢氧化钙反应生成碳酸钙的过程。

由于空气中二氧化碳的含量非常稀薄，故上述反应进行得极慢。同时，在碳化过程中，碳酸钙首先在表面形成坚硬的外壳，阻碍了二氧化碳的进一步透入，使砂浆内部水分不易析出，硬化过程就很慢。所以，石灰砂浆在较长时间内，经常处于湿润状态，不能达到一定的强度和硬度。为了弥补这个缺陷，可适当加入水硬性材料，例如加入水泥即可大大加快砂浆的硬化过程。

6.1.3 石灰的特性

1. 熟石灰具有良好的可塑性

生石灰熟化成石灰浆时，能形成颗粒极细，粒径约为1微米，呈胶体状态的氢氧化钙，表面吸附一层厚的水膜，流动性强，保水性好，具有良好的可塑性。在水泥浆中掺入石灰膏，可使其可塑性显著提高。

2. 生石灰吸湿性强，保水性好

生石灰具有多孔结构，吸湿能力很强，且具有较强的保持水分的能力，是传统的干燥剂。但由于其易吸湿变质，故运输和储存时应注意防潮。

3. 凝结硬化慢，强度低

石灰浆在空气中的碳化过程很缓慢，导致其硬化速度很慢，硬化后的最终强度也不高，通常1:3石灰砂浆28d的抗压强度只有0.2~0.5MPa。

4. 硬化时体积收缩大

石灰浆在硬化时，水分的大量蒸发和碳化作用使其体积大量收缩，易引起开裂。因此，除调制成石灰乳作薄层涂刷外，不宜单独使用。用于抹面时，常在石灰中掺入砂子、麻刀或纸筋等，以抵抗石灰收缩引起的开裂和增加其抗拉强度。

5. 耐水性差

石灰制品中的氢氧化钙晶体易溶于水，若长期受潮或被水浸泡，会使已硬化的石灰溃散。所以，石灰不宜在潮湿的环境中使用。

在购买或使用石灰时，可以从石灰的颜色、质量的轻重、硬度和断面状态等几个方面对其质量加以鉴别，见表6-1。

表6-1   石灰外观质量鉴别

特 征	新 鲜 灰	过 火 灰	欠 火 灰
颜色	白色或灰黄色	色暗带灰黑色	中部颜色比边部深
质量	轻	重	重
硬度	疏松	质硬	外部疏松，中部硬
断面	均一	玻璃状	中部与边缘不同

6.1.4 石灰的技术指标

6.1.4.1 建筑生石灰

根据我国建材行业标准《建筑生石灰》（JC/T 479—2013）的规定，按生石灰中氧化镁的含量，将生石灰分为钙质生石灰和镁质生石灰两类，这两类又分为不同的等级，具体见表6-2。标准对建筑生石灰的化学成分和主要的物理性质分别做了详细规定，其技术指标详见表6-3和表6-4。

表6-2   建筑生石灰的分类

类 别	名 称	代 号
钙质石灰	钙质石灰90	CL 90
	钙质石灰85	CL 85
	钙质石灰75	CL 75
镁质石灰	镁质石灰85	ML 85
	镁质石灰80	ML 80

表 6 - 3　　　　　　　　　　　建筑生石灰的化学成分

名　　称	CaO+MgO	MgO	CO_2	SO_3
CL 90 - Q CL 90 - QP	≥90	≤5	≤4	≤2
CL 85 - Q CL 85 - QP	≥85	≤5	≤7	≤2
CL 75 - Q CL 75 - QP	≥75	≤5	≤12	≤2
ML 85 - Q ML 85 - QP	≥85	>5	≤7	≤2
ML 80 - Q ML 80 - QP	≥80	>5	≤7	≤2

表 6 - 4　　　　　　　　　　　建筑生石灰的物理性质

名　　称	产浆量 dm³/10kg	细　　度	
		0.2mm 筛余量/%	90μm 筛余量/%
CL 90 - Q CL 90 - QP	≥26 —	— ≤2	— ≤7
CL 85 - Q CL 85 - QP	≥26 —	— ≤2	— ≤7
CL 75 - Q CL 75 - QP	≥26 —	— ≤2	— ≤7
ML 85 - Q ML 85 - QP	— —	— ≤2	— ≤7
ML 80 - Q ML 80 - QP	— —	— ≤7	— ≤2

生石灰的识别标志由产品名称、加工情况和产品依据标准编号组成。生石灰块在代号后加 Q，生石灰粉在代号后加 QP。

示例：符合 JC/T 479—2013 的钙质生石灰粉 90 标记为：

$$CL\ 90 - QP\ JC/T\ 479—2013$$

说明：

　　　　CL——钙质石灰；

　　　90——（CaO+MgO）的百分比含量；

　　　QP——粉状；

JC/T 479—2013——产品依据标准。

6.1.4.2　建筑消石灰

根据《建筑消石灰》（JC/T 481—2013）的规定，建筑消石灰是按扣除游离水和结合水后（CaO+MgO）的百分比含量加以分类，见表 6 - 5。建筑消石灰的化学成分和主要物理性质应分别符合表 6 - 6 和表 6 - 7 的规定。

表 6 - 5　　　　　　　　　　　建筑消石灰的分类

类　　别	名　　称	代　　号
钙质消石灰	钙质消石灰 90	HCL 90
	钙质消石灰 85	HCL 85
	钙质消石灰 75	HCL 75
镁质消石灰	镁质消石灰 85	HML 85
	镁质消石灰 80	HML 80

表 6-6　　　　　　　　　　　　　建筑消石灰的化学成分

名　　称	CaO+MgO	MgO	SO₃
HCL 90	≥90		
HCL 85	≥85	≤5	≤2
HCL 75	≥75		
HML 85	≥85	>5	≤2
HML 80	≥80		

表 6-7　　　　　　　　　　　　　建筑消石灰的物理性质

名　　称	游离水/%	细度		安定性
		0.2mm 筛余量/%	90μm 筛余量/%	
HCL 90				
HCL 85				
HCL 75	≤2	≤2	≤7	合格
HML 85				
HML 80				

消石灰的识别标志由产品名称和产品依据标准编号组成。

示例：符合 JC/T 481—2013 的钙质消石灰 90 标记为：

$$HCL\ 90\ JC/T\ 481—2013$$

说明：

HCL——钙质消石灰；

90——（CaO+MgO）含量；

JC/T 481—2013——产品依据标准。

6.1.5　石灰的应用

石灰在园林工程中应用很广，具有以下几种用途。

6.1.5.1　制作石灰浆

石灰浆即石灰乳，是由消石灰粉或消石灰乳掺水调制而成的。掺入少量佛青颜料，可使其呈纯白色；掺入 107 胶或少量水泥粒化高炉矿渣（或粉煤灰），可提高粉刷层的防水性；掺入各种色彩的耐碱材料，可获得良好的装饰效果。

石灰浆制备简便，施工简单，造价低廉，能极大地改善建筑的外观效果，常用作园林建筑的室内外抹面材料，在江南园林中应用较多，是"粉壁置石"造园手法的重要材料。应用在室外易被雨水打湿或冲刷，以致溃散，耐久性欠佳。现在有各种仿瓷涂料，除了能达到石灰浆墙面的效果外，还具有漆膜坚硬、光亮、耐水、耐碱、耐磨、耐老化等性能，附着力强，尤其在室外墙面使用时，是石灰浆良好的替代品。

6.1.5.2　配制三合土

三合土在我国的使用历史悠久，明代就有了由石灰、陶粉和碎石组成的"三合土"，到了清代，除有石灰、黏土和细砂组成的"三合土"外，还有石灰、炉渣和砂子组成的"三合土"。清代《宫式石桥做法》一书对"三合土"的配备作了说明："灰土即石灰与黄土之混合，或谓三合土"；"灰土按四六掺合，石灰四成，黄土六成"。以现代人的眼光看，"三合土"也就是以石灰与黄土或其他火山灰质材料作为胶凝材料，以细砂、碎石或炉渣作为填料的混凝土。"三合土"与古罗马的"三组分砂浆"，即"罗马砂浆"有许多类似之处。三合土在现代造园中的应用依然十分广泛，如铺筑湖底，修筑路基，夯筑园林建筑的地基与基础，以及用于广场、假山等处作为垫层。

将石灰与黏土按一定比例混合即配制成灰土，若再掺入一定量的砂或石渣即配制成了三合土。三合土的强度和耐水性比石灰或黏土都高得多，这是因为黏土颗粒表面的少量活性氧化硅、氧化铝与石灰在潮湿环境中发生化学反应，生成了具有较高强度和耐水性的水化硅酸钙和水化硅酸铝等不溶于水的水化物。另外，石灰的加入改善了黏土的可塑性，易于将三合土所做垫层夯得更加密实，因此其强度和耐水性也得到了一定的提高。利用三合土夯打成的坚实地面或土墙，寿命可达三四百年。

6.1.5.3 配制砂浆

石灰具有良好的可塑性和黏结性，常用来配制石灰砂浆、水泥石灰混合砂浆等，用于园林中的砌筑工程和抹灰工程。为了克服石灰砂浆收缩性大的缺点，配制时常加入纸筋等纤维质材料。

6.1.5.4 制作碳化石灰板

碳化石灰板是在磨细生石灰中掺加玻璃纤维、植物纤维或轻质骨料（矿渣等）并加水，强制搅拌成型后，用二氧化碳进行人工碳化（12~24h）而成的一种轻质板材。为了减轻质量和提高碳化效果，多制成空心板或多孔板。

碳化石灰空心板或多孔板表观密度为 $700~800kg/m^3$（当孔洞率为 34%~39% 时），抗弯强度为 3~5MPa，抗压强度为 5~15MPa，热导率小于 $0.2W/(m \cdot K)$，能锯，能钉，常用作建筑物的非承重内隔墙、天花板、吸声板等。

6.1.5.5 生产碳酸盐制品

磨细生石灰（或消石灰）和砂（或粉煤灰、粒化高炉矿渣、炉渣）等硅质材料加水拌和，经成型、蒸养或蒸压处理等工序而成的建筑材料，统称为硅酸盐制品，如灰砂砖、粉煤灰砖、粉煤灰砌块或板材等。

6.2 石 膏

石膏是一种以硫酸钙为主要成分的气硬性胶凝材料，有着悠久的应用历史。由于石膏胶凝材料及其制品具有许多良好的性能（如质轻、绝热、隔音、耐火等），原料来源丰富，生产工艺简单，生产能耗较低，是一种理想的高效节能材料，在园林工程中得到了广泛的应用。

目前，常用的石膏胶凝材料主要有建筑石膏、高强石膏和无水石膏水泥等。

6.2.1 石膏的生产与品种

6.2.1.1 石膏的制备

自然界中存在的石膏原料有天然二水石膏矿石（$CaSO_4 \cdot 2H_2O$，又称为石膏或软石膏）和天然无水石膏矿石（$CaSO_4$，又称硬石膏），天然无水石膏矿石结晶紧密，质轻较硬，只能用于生产无水石膏水泥。生产石膏胶凝材料的原料主要是天然二水石膏矿石。纯净的石膏矿石呈无色透明或白色（见图 6-2），但天然石膏矿石常因含有各种杂质而呈灰色、褐色、黄色、红色、黑色等颜色。

根据《天然石膏》（GB/T 5483—2008）规定，石膏矿石按其矿物成分分为石膏、硬石膏、混合石膏三种类型。

（1）石膏。代号 G，在形式上主要以二水硫酸钙（$CaSO_4 \cdot 2H_2O$）存在。

图 6-2 天然石膏矿

(2) 硬石膏。代号 A，在形式上主要以无水硫酸钙（$CaSO_4$）存在，且无水硫酸钙（$CaSO_4$）的质量分数与二水硫酸钙（$CaSO_4 \cdot 2H_2O$）和无水硫酸钙（$CaSO_4$）的质量分数之和的比不小于 80%。

(3) 混合石膏。代号 M，在形式上主要以二水硫酸钙（$CaSO_4 \cdot 2H_2O$）和无水硫酸钙（$CaSO_4$）存在，且无水硫酸钙（$CaSO_4$）的质量分数与二水硫酸钙（$CaSO_4 \cdot 2H_2O$）和无水硫酸钙（$CaSO_4$）的质量分数之和的比小于 80%。

依据三种类型石膏的不同品位分 5 个等级，见表 6-8。

表 6-8   天然石膏产品的品位

级 别	品味（质量分数）/%		
	石膏（G）	硬石膏（A）	混合石膏（M）
特级	≥95	—	≥95
一级		≥85	
二级		≥75	
三级		≥65	
四级		≥55	

除天然原料外，也可用一些含有 $CaSO_4 \cdot 2H_2O$ 或含有 $CaSO_4 \cdot 2H_2O$ 与 $CaSO_4$ 的混合物的化工副产品及废渣作为生产石膏的原料。

石膏胶凝材料通常是将二水石膏矿石在不同压力和温度下加热、脱水，再经磨细制成的。

6.2.1.2 石膏的品种

由于加热方式和温度的不同，同一原料，可生产出不同结构、性质和用途的石膏胶凝材料品种。

(1) 将天然二水石膏在非密闭的窑炉中加热，当温度为 65~70℃时，$CaSO_4 \cdot 2H_2O$ 开始脱水，温度升至 107~170℃时生成半水石膏 $CaSO_4 \cdot \frac{1}{2}H_2O$。其反应式为：

$$CaSO_4 \cdot 2H_2O \xrightarrow{107 \sim 170℃} CaSO_4 \cdot \frac{1}{2}H_2O + \frac{3}{2}H_2O$$

所生成的以 $CaSO_4 \cdot \frac{1}{2}H_2O$ 为主要成分的产品即为 β 型半水石膏，也就是建筑石膏（又称熟石膏）。建筑石膏结晶较细，调制成一定的浆体时，需水量较大，因而硬化后强度较低。

(2) 将天然二水石膏置于具有 0.13MPa、125℃过饱和蒸汽条件下蒸炼，或置于某些盐溶液中沸煮，则二水石膏脱水生成 α 型半水石膏。该石膏晶粒粗大，比表面积小，调制成一定稠度的浆体时，需水量少，硬化后强度高，故称高强石膏。

(3) 当加热温度为 170~200℃时，石膏脱水成为可溶性硬石膏，与水调和后仍能很快凝结硬化；当加热温度升高到 200~250℃时，石膏中残留很少的水，其凝结硬化就非常缓慢。但遇水后还能生成半水石膏，直至二水石膏。

(4) 当加热温度高于 400℃（通常为 400~750℃）。石膏完全失去水分，成为不溶性硬石膏，失去凝结硬化能力，成为"死"烧石膏。但是如果掺入适量激发剂（如 5% 硫酸钠或硫酸氢钠与 1% 铁矾或铜矾的混合物，1%~5% 石灰或石灰与少量半水石膏的混合物，10%~15% 碱性粒化高炉矿渣等）混合磨细，即可制成无水石膏水泥，硬化后强度可达 5~30MPa，可用于制造石膏板或其他制品，也可用于室内抹灰。

(5) 当加热温度继续升高至 800℃以上时，部分石膏分解出的氧化钙起催化作用，所得产品又重新具有凝结硬化性能，而且硬化后有较高的强度和耐磨性，抗水性较好。该产品称为高温煅烧石膏，也称为地板石膏，可用于制作地板材料。

6.2.2　建筑石膏的凝结与硬化

建筑石膏（半水石膏）与适量的水混合，最初成为可塑的浆体，但很快就失去了塑性，这个过程称为凝结过程。石膏凝结后迅速产生强度，并发展成为坚硬的固体，这个过程就是硬化过程。石膏的凝结硬化是一个连续的溶解、水化、胶化、结晶过程。其反应式为：

$$CaSO_4 \cdot \frac{1}{2}H_2O + \frac{3}{2}H_2O \longrightarrow CaSO_4 \cdot 2H_2O$$

半水石膏极易溶于水（溶解度 8.5g/L），加水后，溶液很快就达到饱和状态，分解出溶解度低的二水石膏（溶解度 2.05g/L）。二水石膏呈细颗粒胶质状态。由于二水石膏的析出，溶液中的半水石膏下降为非饱和状态，新的一批半水石膏又被溶解，达到饱和后分解出第二批二水石膏，如此循环进行，直到半水石膏全部溶解为止。同时二水石膏迅速结晶，结晶体彼此连接，使石膏具有了强度，随着干燥排出内部的游离水分，结晶体之间的摩擦力及黏结力逐渐增大，石膏强度也随之增加，最后成为坚硬的固体。

6.2.3　建筑石膏的等级与特性

6.2.3.1　等级标准

建筑石膏按强度、细度、凝结时间分为优等品、一等品、合格品 3 个等级，其技术要求，见表 6-9。

表 6-9　　　　　　　　　　　　　建筑石膏的技术要求

等　级	细度（0.2mm 方孔筛筛余的质量分数）/%	凝结时间/min		2h 强度/MPa	
		初凝	终凝	抗折	抗压
3.0				≥3.0	≥6.0
2.0	≤10	≥3	≤30	≥3.0	≥4.0
1.6				≥3.0	≥3.0

6.2.3.2　特性

1. 凝结硬化快

建筑石膏的凝结时间随煅烧温度、磨细程度和杂质含量的不同而不同。一般与水拌和后，在常温下数分钟即可初凝，30min 以内即可达到终凝，在室内自然干燥的条件下，一周左右即可完全硬化。石膏的凝固时间可根据施工情况进行调整，若需加速凝固，可掺入少量磨细的未经煅烧的石膏；若需缓慢凝固，则可掺入为水量 0.1%～0.2% 的动物胶或 1% 的亚硫酸盐酒精废液或适量硼砂、柠檬酸等缓凝剂。

2. 硬化时体积微膨胀

建筑石膏在凝结硬化过程中，体积略有膨胀，膨胀率约为 1%，硬化时不出现裂缝，可不掺加填料而单独使用。石膏制品表面光滑，颜色洁白，棱角饱满，轮廓清晰，可锯可钉，具有良好的装饰性。

3. 硬化后孔隙率较大，表观密度和强度较低

建筑石膏水化反应的理论需水量只占半水石膏质量的 18.6%，在使用时为使浆体具有足够的流动性，通常加水量可达 60%～80%，多余水分蒸发后，使得制品硬化后的孔隙率达 50%～60%。这种多孔结构，使石膏制品具有表观密度小、质量轻、保温性好、吸声性强等优点。

4. 防火性能好

建筑石膏制品在遇到火灾时，二水石膏中的结晶水蒸发，吸收热量，并在表面形成蒸汽幕和脱水物隔热层，阻止火势蔓延，起到防火并保护主体结构的作用。

5. 具有一定的调温、调湿功能

建筑石膏的热容量大，吸湿性强，故能对室内温度和湿度起到一定的调节作用。

6. 耐水性、抗冻性和耐热性差

建筑石膏硬化后，具有很强的吸湿性和吸水性，在潮湿的环境中，晶体间的黏结力削弱，强度明显降低，在水中晶体还会溶解而引起破坏；若石膏吸水后受冻，则孔隙内的水分结冰，产生体积膨胀，使硬化后的石膏体破坏；若在温度过高的环境中使用（超过65℃），二水石膏会缓慢脱水分解，造成强度降低。因此，建筑石膏不宜用于潮湿、严寒或温度过高的环境中。

7. 加工性能好

石膏制品可锯、可刨、可钉、可打孔。

6.2.3.3 储存及保质期

建筑石膏在储运过程中，应防止受潮及混入杂物。不同等级的建筑石膏应分别储运，不得混杂；一般储存期为3个月，超过3个月，强度将降低30％左右。超过储存期限的石膏应重新进行质量检测，以确定其等级。

6.2.4 建筑石膏的应用

由于建筑石膏耐水性和抗冻性较差，因此不宜在室外及潮湿环境中使用，常用于园林工程的室内装饰及构件制作。

6.2.4.1 用于室内抹灰及粉刷

以石膏为胶凝材料，加入水、砂拌和成的石膏砂浆，用于室内抹灰时，因其热容量大，吸湿性好，能够调节室内温湿度，给人以舒适感，经石膏抹灰后的墙面、顶棚还可直接涂刷涂料、粘贴壁纸，是一种较好的室内抹灰材料。石膏浆（可掺入部分石灰或外加剂）粉刷后的墙面光滑细腻，洁白美观。如常见的建筑石膏粉系列产品，用于墙面粉刷、满批石膏、嵌缝石膏、黏结石膏等。

6.2.4.2 制作石膏制品及板材

建筑石膏可以方便地制成各种雕塑艺术制品、建筑饰面（见图6-3）及角线（见图6-4）等各种装饰件。

图6-3 石膏天花板装饰

图6-4 石膏角线

在建筑石膏中加入不同的掺合料，可制成具有不同使用特性的建筑板材。常见的石膏板材有以下几种。

1. 纸面石膏板

在建筑石膏中加入少量胶黏剂、纤维、泡沫剂等与水拌和后连续浇注在两层护面纸之间，再经辊压、凝固、切割、干燥而成。板厚9～25mm，干容重750～850kg/m³，板材韧性好，不燃，尺寸稳定，表面平整，可以锯割，便于施工。主要用于内隔墙（见图6-5）、内墙贴面、天花板、吸

图 6-5　室内纸面石膏板隔墙

声板等，但耐水性差，不宜用于潮湿环境中，在潮湿环境下使用容易生霉。

2. 纤维石膏板

将掺有纤维和其他外加剂的建筑石膏料浆用缠绕、压滤或辊压等方法成型后，经切割、凝固、干燥而成。厚度一般为 8～12mm，与纸面石膏板相比，其抗弯强度较高，不用护面纸和胶黏剂，容重较大，用途与纸面石膏板相同。

3. 装饰石膏板

将配制的建筑石膏料浆浇注在底模带有花纹的模框中，经抹平、凝固、脱模、干燥而成，板厚为 10mm。为了提高其吸声效果，还可制成带穿孔和盲孔的板材，常用作天花板和装饰墙面。

4. 空心条板和石膏砌块

将建筑石膏料浆浇注入模，经振动成型和凝固后脱模、干燥而成。空心条板的厚度一般为 60～100mm，孔洞率 30%～40%；砌块尺寸一般为 600mm×600mm，厚度 60～100mm，周边有企口，有时也可做成带圆孔的空心砌块。空心条板和砌块均用专用的石膏砌筑，施工方便，常用作非承重内隔墙。

由于石膏制品质量轻，加工性能好，可锯、可钉、可刨，同时石膏凝结硬化快，制品可连续生产，工艺简单，能耗低，生产效率高，施工时制品拼装快，可加快施工进度等优点，石膏制品有着广泛的发展前景，是当前着重发展的新型轻质材料。

6.3　水　玻　璃

水玻璃俗称泡花碱，是一种碱金属硅酸盐。其化学通式为 $R_2O \cdot nSiO_2$，式中 R_2O 为碱金属氧化物，n 为二氧化硅与碱金属氧化物摩尔数的比值，称为水玻璃的模数。根据碱金属氧化物的不同，水玻璃有多个品种，如硅酸钠水玻璃（$Na_2O \cdot nSiO_2$）、硅酸钾水玻璃（$K_2O \cdot nSiO_2$）、硅酸锂水玻璃（$Li_2O \cdot nSiO_2$）、钠钾水玻璃（$K_2O \cdot Na_2O \cdot nSiO_2$）等。建筑上常用的水玻璃是硅酸钠（$Na_2O \cdot nSiO_2$）的水溶液。

硅酸钠是一种无色、透明的黏稠固体（见图 6-6）。硅酸钠是由石英砂与碳酸钠熔合而成的，溶于水后呈碱性。下面以硅酸钠为例介绍水玻璃的生产、硬化机理、特性和应用。

图 6-6　块状硅酸钠

6.3.1　水玻璃的生产

1. 干法生产

干法生产是将石英砂（SiO_2）和纯碱（Na_2CO_3）按一定比例混合后在反射炉中加热到 1300～1400℃，生成熔融状硅酸钠，再在高温或高温高压水中溶解，制得溶液状水玻璃产品。其反应式为：

$$Na_2CO_3 + nSiO_2 \longrightarrow Na_2O \cdot nSiO_2 + CO_2 \uparrow$$

2. 湿法生产

湿法生产是将烧碱水溶液和石英粉在高压釜内共热直接生成水玻璃，再经过滤浓缩制得成品水玻璃。

6.3.2 水玻璃的凝结固化

水玻璃在空气中的凝结固化与石灰的凝结固化非常相似，主要通过碳化和脱水结晶固结两个过程来实现。

水玻璃溶液在空气中吸收二氧化碳，形成碳酸钠和无定形硅酸。其反应式为：

$$Na_2O \cdot nSiO_2 + CO_2 + mH_2O \longrightarrow Na_2CO_3 + nSiO_2 \cdot mH_2O$$

这一反应在进行过程中，水分逐渐被消耗和蒸发，硅酸逐渐凝聚成硅酸凝胶析出，产生凝结和硬化。

水玻璃的硬化过程进行得很慢，可达几周以上或更久。使用过程中，常将水玻璃加热或掺加促硬剂，以加快水玻璃的硬化速度。最常见的促硬剂为氟硅酸钠（Na_2SiF_6），掺入后会加速硅酸凝胶的析出，从而促进水玻璃的硬化，其反应式为：

$$2(Na_2O \cdot nSiO_2) + Na_2SiF_6 + mH_2O \longrightarrow 6NaF + (2n+1)SiO_2 \cdot mH_2O$$

6.3.3 水玻璃的特性

1. 黏结力强

水玻璃硬化后具有较高的黏结强度、抗拉强度和抗压强度。另外水玻璃硬化后的主要成分为硅凝胶固体，能堵塞毛细孔，有防止水分渗透的作用。

2. 耐酸性好

水玻璃具有很强的耐酸性，可以抵抗除氢氟酸（HF）、热磷酸和高级脂肪酸以外的所有无机和有机酸。但水玻璃不耐碱。

3. 耐热性好

硬化后形成的二氧化硅网状骨架，在高温下不燃烧，不分解，强度不降低，甚至强度有所增加。当采用耐热耐火骨料配制水玻璃砂浆和混凝土时，耐热度可达 1000℃。因此水玻璃混凝土的耐热度，也可以理解为主要取决于骨料的耐热度。

6.3.4 水玻璃的应用

园林工程中常用的液体水玻璃模数为 2.6～2.8，密度为 1.36～1.50g/cm³。水玻璃是一种矿物胶，与有机胶相比，它既不燃烧也不腐朽。因能溶于水，故其稀稠和密度可根据需要随意调节，使用方便。

1. 涂刷材料表面，提高抗风化能力

水玻璃溶液涂刷或浸渍材料后，能渗入缝隙和孔隙中，固化的硅凝胶能堵塞毛细孔通道，提高材料的密度和强度，从而提高材料的抗风化能力。但水玻璃不得用来涂刷或浸渍石膏制品。因为水玻璃与石膏反应生成硫酸钠（Na_2SO_4），在制品孔隙内结晶膨胀，导致石膏制品开裂、破坏。

2. 加固土壤

将水玻璃与氯化钙溶液交替注入土壤中，两种溶液迅速反应生成硅胶和硅酸钙凝胶，起到胶结和填充孔隙的作用，使土壤的强度和承载能力提高。常用于粉土、砂土和填土的地基加固，称为双液注浆。

3. 配制速凝防水剂

水玻璃可与两种、三种或四种矾配制成速凝防水剂，用于堵漏、填缝等局部抢修。这种多矾防水剂的凝结速度很快，一般为几分钟，其中四矾防水剂不超过 1min，工地上使用时必须做到即配即用。

多矾防水剂常用胆矾（也称蓝矾、铜矾，五水硫酸铜，$Cu_2SO_4 \cdot 5H_2O$）、红矾（重铬酸钾，$K_2Cr_2O_7$）、明矾 [也称白矾，十二水合硫酸铝钾，$KAl(SO_4)_2 \cdot 12H_2O$]、紫矾 [十二水合硫酸铬钾，$KCr(SO_4)_2 \cdot 12H_2O$] 4 种矾。

4. 配制耐酸砂浆和耐酸混凝土

水玻璃硬化后具有很高的耐酸性，常与耐酸骨料一起配制成耐酸砂浆和耐酸混凝土，用于有耐酸要求的工程，如硫酸池等。

5. 配制耐热砂浆和耐热混凝土

由于硬化后的水玻璃耐热性好，能长期承受一定高温作用（极限使用温度在 1200℃ 以下），强度不降低，因而可用它与耐热骨料配制成耐热砂浆和耐热混凝土，用于耐热工程中。

6.4　水　泥

水泥是一种粉末状材料，与适量水混合后，在常温下经过一系列物理化学变化，能由可塑性浆体变成坚硬的石状体，并能将砂、石子等散粒状材料或砖、砌块等块状材料胶结成一个整体，是制造各种形式的混凝土、钢筋混凝土及预应力钢筋混凝土构件的最基本的组成材料。在现代园林中，水泥广泛应用于建筑、水体、园路、广场、护坡以及假山等工程中，已经成为现代造园中不可或缺的材料。

水泥的品种很多，按其主要水硬性矿物名称可分为硅酸盐系水泥、铝酸盐系水泥、硫铝酸盐系水泥、铁铝酸盐系水泥、磷酸盐系水泥等。在园林工程中，硅酸盐系水泥应用最为广泛。

硅酸盐系水泥是以硅酸钙为主要成分的水泥熟料、一定量的混合材料和适量石膏共同磨细而成。按其性能和用途不同，又可分为通用水泥、专用水泥和特性水泥 3 大类，具体分类和品种如图 6-7 所示。

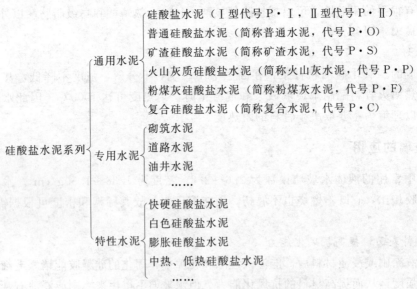

图 6-7　硅酸盐水泥系列的分类和品种

在硅酸盐系水泥的众多品种中，硅酸盐水泥是最重要、最常用的一种。本节以硅酸盐水泥为例，介绍水泥的生产工艺、组分性能、水化硬化及技术指标等内容，并在此基础上对其他品种水泥加以简要介绍。

6.4.1　硅酸盐水泥

由硅酸盐水泥熟料、不掺混合料或掺石灰石量≤5％或掺粒化高炉矿渣量≤5％、适量石膏磨细制成的水硬性胶凝材料，称为硅酸盐水泥（国外统称为波特兰水泥）。硅酸盐水泥分为两种类型：

不掺混合料的称为Ⅰ型硅酸盐水泥，代号P·Ⅰ；在硅酸盐水泥熟料中，掺加不超过水泥重量5%的石灰石或粒化高炉矿渣混合材料的称为Ⅱ型硅酸盐水泥，代号P·Ⅱ。

6.4.1.1 硅酸盐水泥的生产过程

生产硅酸盐水泥的原料主要有石灰质原料和黏土质原料，常用的石灰质原料主要是石灰石，也可用白垩、石灰质凝灰岩等，它们为生产水泥提供氧化钙（CaO）。黏土质原料主要采用黏土或黄土，它为生产水泥提供氧化硅（SiO_2）、氧化铝（Al_2O_3）、氧化铁（Fe_2O_3）。

若所选用的石灰质原料和黏土质原料按一定比例配合不能满足化学组成要求时，则要掺加相应的校正原料，如掺加铁质校正原料铁砂粉、黄铁矿渣以补充 Fe_2O_3；掺入硅质校正原料砂岩、粉砂岩等以补充 SiO_2。此外，为改善煅烧条件，常加入少量的矿化剂、晶种等。

硅酸盐水泥的生产就是将上述原料按适当的比例配合、磨细成生料，生料均化后，送入窑中煅烧至部分熔融，形成熟料，熟料与适量石膏共同磨细，即可得到Ⅰ型硅酸盐水泥。若将熟料、石膏、适量石灰石或粒化高炉矿渣共同磨细，即可得到Ⅱ型硅酸盐水泥。

硅酸盐水泥的生产工艺概括起来就是"两磨一烧"，如图6-8所示。如图6-9所示是某水泥生产厂外貌。

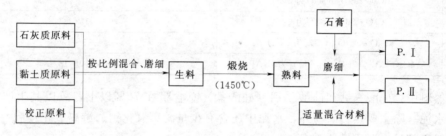

图6-8 硅酸盐水泥主要生产流程

6.4.1.2 硅酸盐水泥的组成

硅酸盐水泥由硅酸盐水泥熟料、石膏缓凝剂和混合材料3部分组成，见表6-10。

1. 硅酸盐水泥熟料

硅酸盐水泥的生料在煅烧过程中，经过一系列的化学反应成为熟料。生料中的主要成分 CaO、SiO_2、Al_2O_3 和 Fe_2O_3，经过高温煅烧后，反应生成硅酸盐水泥熟料，其中含4种主要矿物：硅酸三钙（$3CaO \cdot SiO_2$，简写为 C_3S）、硅酸二钙（$2CaO \cdot SiO_2$，简写为 C_2S）、铝酸三钙（$3CaO \cdot Al_2O_3$，

图6-9 水泥生产厂

简写为 C_3A）和铁铝酸四钙（$4CaO \cdot Al_2O_3 \cdot Fe_2O_3$，简写为 C_4AF）。硅酸盐水泥熟料的矿物组成见表6-11。

表6-10　　　　　　通用硅酸盐水泥的组成（《通用硅酸盐水泥》GB 175—2007）

品　种	代号	组成（质量分数）/%				
		熟料＋石膏	混　合　材　料			
			粒化高炉矿渣	火山灰质混合材料	粉煤灰	石灰石
硅酸盐水泥	P·Ⅰ	100	—	—	—	—
	P·Ⅱ	≥95	≤5	—	—	—
		≥95	—	—	—	≤5

续表

品　种	代号	组成（质量分数）/%				
		熟料＋石膏	混合材料			
			粒化高炉矿渣	火山灰质混合材料	粉煤灰	石灰石
普通硅酸盐水泥	P·O	≥80 且＜95	>5 且≤20			—
矿渣硅酸盐水泥	P·S·A	≥50 且＜80	>20 且≤50	—	—	—
	P·S·B	≥30 且＜50	>50 且≤70	—	—	—
火山灰质硅酸盐水泥	P·P	≥60 且＜80	—	>20 且≤40		
粉煤灰硅酸盐水泥	P·F	≥60 且＜80			>20 且≤40	
复合硅酸盐水泥	P·C	≥50 且＜80	>20 且≤50			

表 6-11　　　　　　　　　　　硅酸盐水泥熟料的矿物组成

矿物	化学式	在熟料中相应矿物的质量分数/%
硅酸三钙	$3CaO \cdot SiO_2$（简写为 C_3S）	37～60
硅酸二钙	$2CaO \cdot SiO_2$（简写为 C_2S）	15～37
铝酸三钙	$3CaO \cdot Al_2O_3$（简写为 C_3A）	7～15
铁铝酸四钙	$4CaO \cdot Al_2O_3 \cdot Fe_2O_3$（简写为 C_4AF）	10～18

在水泥熟料中，硅酸三钙和硅酸二钙（硅酸盐）总含量在 70% 以上，故以其生产的水泥称为通用硅酸盐水泥。除主要熟料矿物外，水泥中还含有少量游离氧化钙、游离氧化镁和一定的碱，但其总含量一般不超过水泥质量的 10%。

2. 石膏

石膏是通用硅酸盐水泥中必不可少的组成材料，主要作用是调节水泥的凝结时间，常采用天然的或合成的二水石膏（$CaSO_4 \cdot 2H_2O$）。

3. 混合材料

混合材料是指在水泥生产过程中，为改善水泥性能，调节水泥强度等级加入水泥中的矿物质材料。按其性能可分为活性混合材料和非活性混合材料两大类。

（1）活性混合材料。

活性混合材料是指具有火山灰性或潜在水硬性，或兼有火山灰性和水硬性的矿物质材料。火山灰性是指一种材料磨成细粉，单独不具水硬性，但在常温下与石灰混合后能形成具有水硬性化合物的性能；潜在水硬性是指工业废渣磨成细粉与石膏一起加水拌和后，在潮湿空气中能够凝结硬化并在水中继续硬化的性能。常用的活性混合材料有粒化高炉矿渣、火山灰质材料及粉煤灰等。

1）粒化高炉矿渣。

粒化高炉矿渣是高炉冶炼生铁所得以硅酸钙与铝酸钙为主要成分的熔融物，经淬冷成粒后的产品。淬冷的目的在于阻止其中的矿物成分结晶，使其在常温下成为不稳定的玻璃体（Al_2O_3、CaO、SiO_2 一般占 90% 以上），从而具有较高的潜在活性。

2）火山灰质混合材料。火山灰质混合材料是指具有火山灰性的天然或人工矿物质材料，一般以 Al_2O_3、SiO_2 为主要成分。其品种很多，天然矿物质材料有火山灰、凝灰岩、浮石、沸石、硅藻土等；人工矿物质材料有烧页岩、烧黏土、煤渣、煤矸石、硅灰等。

3）粉煤灰。粉煤灰是从燃煤发电厂的烟囱气体中收集的粉末，又称飞灰。它以 Al_2O_3 和 SiO_2 为主要成分，含有少量 CaO，具有火山灰性。其活性主要取决于玻璃体的含量以及无定形 Al_2O_3 和 SiO_2 含量，同时颗粒形状及大小对其活性也有较大的影响，细小球形玻璃体含量越高，其活性越高。

（2）非活性混合材料。

非活性混合材料是指在水泥中主要起填充作用又不损害水泥性能的矿物材料，如磨细的石英砂、石灰石、黏土、慢冷矿渣及各种废渣等。非活性混合材料与水泥成分不起化学作用或起的化学作用很小，掺入水泥中仅起提高水泥产量和降低水泥强度、减少水化热等作用。当采用高强度等级水泥拌制强度较低的砂浆或混凝土时，可掺入非活性混合材料以代替部分水泥，起到降低成本及改善砂浆或混凝土和易性的作用。

6.4.1.3 硅酸盐水泥的水化

水泥颗粒与水接触，其熟料颗粒表面的 4 种主要矿物立即与水发生水化反应，生成水化产物，同时放出一定热量。其反应式如下：

$$2(3CaO \cdot SiO_2) + 6H_2O = 3CaO \cdot 2SiO_2 \cdot 3H_2O + 3Ca(OH)_2$$
（硅酸三钙） （水化硅酸钙凝胶） （氢氧化钙晶体）

$$2(2CaO \cdot SiO_2) + 4H_2O = 3CaO \cdot 2SiO_2 \cdot 3H_2O + Ca(OH)_2$$
（硅酸二钙） （水化硅酸钙凝胶） （氢氧化钙晶体）

$$3CaO \cdot Al_2O_3 + 6H_2O = 3CaO \cdot Al_2O_3 \cdot 6H_2O$$
（铝酸三钙） （水化铝酸钙晶体）

$$4CaO \cdot Al_2O_3 \cdot Fe_2O_3 + 7H_2O = 3CaO \cdot Al_2O_3 \cdot 6H_2O + CaO \cdot Fe_2O_3 \cdot H_2O$$
（铁铝酸四钙） （水化铝酸钙晶体） （水化铁酸钙凝胶）

硅酸盐水泥熟料各单矿物在水化过程中表现出的特性见表 6-12。

表 6-12　　　　　　　　　　　　硅酸盐水泥熟料矿物水化特性

性能指标	数 量 矿 物			
	$3CaO \cdot SiO_2$	$2CaO \cdot SiO_2$	$3CaO \cdot Al_2O_3$	$4CaO \cdot Al_2O_3 \cdot Fe_2O_3$
水化速率	快	慢	最快	快
28d 水化热	多	少	最多	中
早期强度	高	低	低	低
后期强度	高	高	低	低

硅酸三钙水化很快，生成的水化硅酸钙不溶于水，立即以胶体微粒析出，并逐渐凝聚成为凝胶。在电子显微镜下可以观察到，水化硅酸钙是大小与胶体相同，结晶较差，薄片状或纤维状颗粒，称为 C-S-H 凝胶。水化生成的氢氧化钙在溶液中的浓度很快达到过饱和，并呈六方晶体析出。水化铝酸三钙为立方晶体，在氢氧化钙饱和溶液中，它能与氢氧化钙进一步反应，生成六方晶体的水化铝酸四钙。

为了调节水泥的凝结时间，水泥中掺入适量石膏。水化时，铝酸三钙和石膏反应生成高硫型水化硫铝酸钙（称为钙矾石，$3CaO \cdot Al_2O_3 \cdot 3CaSO_4 \cdot 31H_2O$，以 AFt 表示）和单硫型水化硫铝酸钙（$CaO \cdot Al_2O_3 \cdot CaSO_4 \cdot 12H_2O$，以 AFm 表示）。生成的水化硫铝酸钙是难溶于水的针状晶体。

综上所述，如果忽略一些次要的和少量的成分，硅酸盐水泥与水作用后，生成的主要水化产物有水化硅酸钙和水化铁酸钙凝胶、氢氧化钙、水化铝酸钙和水化硫铝酸钙晶体。在充分水化的水泥石中以质量分数计算，C-S-H 凝胶约占 70%，$Ca(OH)_2$ 约占 20%，钙矾石和单硫型水化硫铝酸钙约占 7%。

6.4.1.4　硅酸盐水泥的凝结硬化

水泥用适量的水调和后，最初形成具有可塑性的浆体，随着时间的增长，失去可塑性（但尚无强度），这一过程称为初凝，开始具有强度时称为终凝。由初凝到终凝的过程称为水泥的凝结。随着水化进程的推移，水泥浆凝固成具有一定的机械强度并逐渐发展成为坚固的人造石——水泥石，这一过程称为"硬化"。水泥的凝结和硬化是人为划分的，实际上是一个连续变化的、复杂的物理化学过程。

水泥的凝结硬化一般按水化反应速率和水泥浆体结构特征分为：初始反应期、潜伏期、凝结期和硬化期 4 个阶段，见表 6-13。

表 6-13　　　　　　　　　　　　水泥凝结硬化时的几个阶段

凝结硬化阶段	一般的放热反应速度	一般的持续时间	主要的物理化学变化
初始反应期	168J/(g·h)	5~10min	初始溶解和水化
潜伏期	4.2J/(g·h)	1h	凝胶体膜层围绕水泥颗粒成长
凝结期	在 6h 内逐渐增加到 21J/(g·h)	6h	膜层破裂，水泥颗粒进一步水化
硬化期	在 24h 内逐渐降低到 4.2J/(g·h)	6h 至若干年	凝胶体填充毛细孔

1. 初始反应期

水泥与水接触立即发生水化反应，$3CaO·SiO_2$ 水化生成的 $Ca(OH)_2$ 溶于水中，溶液 pH 值迅速增大至 13 左右，当溶液达到过饱和后，$Ca(OH)_2$ 开始结晶析出。同时暴露在颗粒表面的 $3CaO·Al_2O_3$ 溶于水，并与溶于水的石膏反应，生成钙矾石结晶析出，附着在水泥颗粒表面。这一阶段大约经过 10min，约有 1% 的水泥发生水化。

2. 潜伏期

在初始反应期后 1~2h，由于水泥颗粒表面形成水化硅酸钙凝胶和钙矾石晶体构成的膜层阻止了与水的接触，使水化反应速度很慢，这一阶段水化放热小，水化产物增加不多，水泥浆体仍保持塑性。

3. 凝结期

在潜伏期中，由于水缓慢穿透水泥颗粒表面的包裹膜，与熟料矿物成分发生水化反应，水化生成物穿透膜层的速度小于水分渗入膜层的速度，形成渗透压，导致水泥颗粒表面膜层破裂，使暴露出来的矿物进一步水化，潜伏期结束。水泥水化产物体积约为水泥体积的 2.2 倍，生成的大量水化产物填充在水泥颗粒之间的空间里，水的消耗与水化产物的填充使水泥浆体逐渐变稠失去可塑性而凝结。

4. 硬化期

在凝结期以后，进入硬化期，水泥水化反应继续进行，结构更加密实，但放热速度逐渐下降，水泥水化反应越来越困难。在适当的温度、湿度条件下，水泥的硬化过程可持续若干年。水泥浆体硬化后形成坚硬的水泥石，水泥石是由凝胶体、晶体、未水化完的水泥颗粒及固体颗粒间的毛细孔所组成的不匀质结构体。水泥凝结硬化过程示意图如图 6-10 所示。

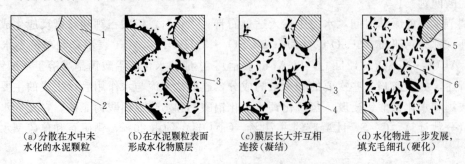

(a)分散在水中未　　(b)在水泥颗粒表面　　(c)膜层长大并互相　　(d)水化物进一步发展，
　水化的水泥颗粒　　　形成水化物膜层　　　连接(凝结)　　　　填充毛细孔(硬化)

图 6-10　水泥凝结硬化过程示意图

1—水泥颗粒；2—水；3—凝胶；4—水晶；5—未水化完的水泥颗粒；6—毛细孔

水泥硬化过程中，最初的 3d 强度增长幅度最大，3~7d 强度增长率有所下降，7~28d 强度增长率进一步下降，28d 强度基本达到最高水平，28d 以后强度虽然还会继续增强，但强度增长率却越来越小。

6.4.1.5 影响硅酸盐水泥凝结硬化的主要因素

1. 水泥组成成分的影响

水泥的矿物组成成分及各组分的比例是影响水泥凝结硬化的最主要因素。如前所述，不同矿物成分单独和水起反应时所表现出来的特点是不同的。水泥中如提高 $3CaO \cdot Al_2O_3$ 的含量，将使水泥的凝结硬化加快，同时水化热也大。一般来讲，若在水泥熟料中掺加混合材料，将使水泥的抗侵蚀性提高，水化热降低，早期强度降低。

2. 石膏掺量

石膏称为水泥的缓凝剂，主要用于调节水泥的凝结时间，是水泥中不可缺少的组分。水泥熟料在不加入石膏的情况下与水拌和后会立即产生凝结，同时放出热量。其主要原因是由于熟料中的 $3CaO \cdot Al_2O_3$ 很快溶于水中，生成一种促凝的铝酸钙水化物，使水泥不能正常使用。石膏起缓凝作用的机理是：水泥水化时，石膏很快与 $3CaO \cdot Al_2O_3$ 作用产生很难溶于水的水化硫铝酸钙（钙矾石），它沉淀在水泥颗粒表面形成保护膜，阻碍了 $3CaO \cdot Al_2O_3$ 的水化反应并延缓了水泥的凝结时间。

石膏的掺量太少，缓凝效果不显著，但过多地掺入石膏因其本身会生成一种促凝物质，反而使水泥快凝。适宜的石膏掺量主要取决于水泥中 $3CaO \cdot Al_2O_3$ 的含量和石膏中 SO_3 的含量，同时也与水泥细度及熟料中 SO_3 的含量有关。石膏掺量一般为水泥质量的 3%～5%。如果水泥中石膏掺量超过规定的限量，还会引起水泥强度降低，严重时会引起水泥体积安定性不良，使水泥石产生膨胀性破坏。国家标准规定，硅酸盐水泥中 SO_3 的含量不得超过水泥总质量的 3.5%。

3. 水泥细度的影响

水泥颗粒的粗细直接影响水泥的水化、凝结硬化、强度及水化热等。这是因为水泥颗粒越细，比表面积越大，与水的接触面积也越大，因此水化迅速，凝结硬化也相应增快，早期强度也高。但水泥颗粒过细，易与空气中的水分及二氧化碳反应，致使水泥不宜久存；过细的水泥颗粒在硬化时产生的收缩也较大；水泥磨得越细，能耗越多，成本越高。因此，水泥颗粒的粒径应控制在一个合适的范围内。

4. 养护条件（温度、湿度）的影响

养护环境有足够的温度和湿度，有利于水泥的水化和凝结硬化过程，有利于水泥的早期强度发展。环境干燥时，水泥中的水分蒸发，导致水泥不能充分水化，同时硬化也将停止，严重时会使水泥石发生裂缝。

通常情况下，养护时温度升高，水泥的水化加快，早期强度发展也快。若在较低的温度下硬化，虽强度发展较慢，但最终强度不受影响。当温度低于 0℃ 以下时，水泥的水化停止，强度不但不增长，甚至会因水结冰导致水泥石结构破坏。

实际工程中，常通过蒸汽养护，压蒸养护来加快水泥制品的凝结硬化过程。

5. 养护龄期的影响

水泥的水化硬化是一个较长时期内不断进行的过程，随着水泥颗粒内各熟料矿物水化程度的提高，凝胶体不断增加，毛细孔不断减少，使水泥石的强度随龄期增长而增加。实践证明，水泥一般在 28d 内强度发展较快，28d 后强度增长缓慢。

6. 拌和用水量的影响

在水泥用量不变的情况下，增加拌和用水量，会增加硬化水泥石中的毛细孔，降低水泥石的强度，同时延长水泥的凝结时间。在实际工程中，调整水泥混凝土的流动性时，应在不改变水灰比的情况下，同时增减水和水泥的用量。为了保证混凝土的耐久性，有关标准规定了最小水泥用量。

7. 外加剂的影响

硅酸盐水泥的水化、凝结硬化受水泥熟料中 $3CaO \cdot SiO_2$、$3CaO \cdot Al_2O_3$ 含量的制约，凡对

$3CaO \cdot SiO_2$ 和 $3CaO \cdot Al_2O_3$ 的水化能产生影响的外加剂,都能改变硅酸盐水泥的水化、凝结硬化性能。如加入促凝剂($CaCl_2$、Na_2SO_4 等)就能促进水泥水化硬化,提高早期强度。相反,加入缓凝剂(木钙、糖类等)就会延缓水泥的水化、硬化,影响水泥早期强度的发展。

8. 储存条件的影响

储存不当,会使水泥受潮,颗粒表面发生水化结块,严重降低强度。即使储存良好,在空气中水分和 CO_2 的作用下,水泥也会发生缓慢水化和碳化,经 3 个月,强度通常降低 10%~20%,6个月强度降低 15%~30%,1 年后强度将降低 20%~40%,所以水泥的有效储存期为 3 个月,不宜久存。

6.4.1.6 硅酸盐水泥的主要技术指标

1. 化学指标

通用硅酸盐水泥化学指标应符合表 6-14 所示的规定。

表 6-14　　　　通用硅酸盐水泥的化学指标〔《通用硅酸盐水泥》(GB 175—2007)〕　　　　　%

品　种	代号	不溶物 (质量分数)	烧失量 (质量分数)	三氧化硫 (质量分数)	氧化镁 (质量分数)	氯离子 (质量分数)
硅酸盐水泥	P·Ⅰ	≤0.75	≤3.0	≤3.5	≤5.6^a	≤0.06^c
	P·Ⅱ	≤1.50	≤3.6			
普通硅酸盐水泥	P·O	—	≤5.0			
矿渣硅酸盐水泥	P·S·A	—	—	≤4.0	≤6.0^b	
	P·S·B	—	—			
火山灰质硅酸盐水泥	P·P	—	—	≤3.5	≤6.0^b	
粉煤灰硅酸盐水泥	P·F	—	—			
复合硅酸盐水泥	P·C	—	—			

a. 如果水泥压蒸试验合格,则水泥中氧化镁的含量(质量分数)允许放宽至 6.0%

b. 如果水泥中氧化镁的含量(质量分数)大于 6.0%,需进行水泥压蒸安定性试验并合格

c. 当有更低要求时,该指标由买卖双方确定

2. 细度

细度是水泥颗粒的粗细程度。同样成分的水泥其细度越细,则凝结、硬化越快,早期强度也越高。

硅酸盐水泥和普通硅酸盐水泥的细度以比表面积表示,其比表面积不小于 $300m^2/kg$;矿渣硅酸盐水泥、火山灰质硅酸盐水泥、粉煤灰硅酸盐水泥和复合硅酸盐水泥的细度以筛余表示,其 $80\mu m$ 方孔筛筛余不大于 10% 或 $45\mu m$ 方孔筛筛余不大于 30%。

3. 凝结时间

凝结时间是指水泥加水拌和成净浆后,逐渐失去塑性的时间。自加水拌和至水泥净浆开始降低塑性的这段时间,称为初凝时间;从加水拌和至水泥净浆完全失去塑性的这段时间,称为终凝时间。

水泥的凝结时间对混凝土及砂浆的施工具有重要意义。如果凝结过快,混凝土和砂浆会很快失去流动性,以致无法浇筑和砌筑;反之,如果凝结过慢,则会影响施工进度。因此要求水泥的初凝不宜过快或过迟。

按国家标准规定,硅酸盐水泥初凝时间不得小于 45min,终凝时间不得大于 390min。普通硅酸盐水泥、矿渣硅酸盐水泥、火山灰质硅酸盐水泥、粉煤灰硅酸盐水泥和复合硅酸盐水泥初凝时间不小于 45min,终凝时间不大于 600min。

4. 安定性

水泥在硬化过程中,体积要发生变化,体积变化的均匀性称为安定性。如果水泥中含有较多的

游离石灰、游离氧化镁或石膏，水泥试件在凝结硬化过程中就会出现龟裂、弯曲、松脆，以致崩溃等不安全现象。用这种水泥施工，会造成事故。按照国家标准规定，用"沸煮法"试验水泥安定性必须合格。

5. 碱含量

水泥中碱含量按 $Na_2O+0.658K_2O$ 计算值表示。水泥中碱性氧化物过多，对混凝土的耐久性极为不利。如果混凝土中的骨料含有能与碱性氧化物反应的所谓碱活性物质，如活性氧化硅等，在水泥浆体硬化以后，在骨料与水泥凝胶体界面处二者反应，生成膨胀性的碱性硅酸盐凝胶，导致混凝土开裂破坏。

国家标准规定若使用活性骨料，用户要求提供低碱水泥时，水泥中的碱含量应不大于 0.60% 或由买卖双方协商确定。

6. 强度

强度是指试块单位面积能承受的最大数值，是确定水泥标号的指标，也是选用水泥的重要依据。

水泥硬化后，抗压强度高，抗折强度低。抗折强度约为抗压强度的 $1/11\sim1/19$。水泥强度的发展，3d 和 7d 强度发展很快，28d 强度接近最大值，所以以 28d 的强度划分水泥标号，强度的单位为 MPa，标号后带 R 为早强型水泥，在相同标号的水泥中，带 R 和不带 R 主要区别是 3d 强度不同。

国标《通用硅酸盐水泥》（GB 175—2007）对通用硅酸盐水泥的标号和各龄期的强度均有明确要求，见表 6-15。

表 6-15　　　　　　　　　通用硅酸盐水泥标号和不同龄期的抗压强度要求　　　　　　　　单位：MPa

品种	强度等级	抗压强度		抗折强度	
		3d	28d	3d	28d
硅酸盐水泥	42.5	≥17.0	≥42.5	≥3.5	≥6.5
	42.5R	≥22.0		≥4.0	
	52.5	≥23.0	≥52.5	≥5.0	≥7.0
	52.5R	≥27.0		≥5.0	
	62.5	≥28.0	≥62.5	≥5.0	≥8.0
	62.5R	≥32.0		≥5.0	
普通硅酸盐水泥	42.5	≥17.0	≥42.5	≥3.5	≥6.5
	42.5R	≥22.0		≥4.0	
	52.5	≥23.0	≥52.5	≥4.0	≥7.0
	52.5R	≥27.0		≥4.0	
矿渣硅酸盐水泥 火山灰硅酸盐水泥 粉煤灰硅酸盐水泥 复合硅酸盐水泥	32.5	≥10.0	≥32.5	≥2.5	≥5.5
	32.5R	≥15.0		≥3.5	
	42.5	≥15.0	≥42.5	≥3.5	≥6.5
	42.5R	≥19.0		≥4.0	
	52.5	≥21.0	≥52.5	≥4.0	≥7.0
	52.5R	≥23.0		≥4.5	

7. 水化热

在硅酸盐水泥中加入水，进行水化作用时放出的热量，称为水化热。

在水泥的矿物组成中，铝酸三钙放热量最多，放热速度最快，硅酸钙次之，硅酸二钙放热量最少、最慢。高标号水泥放热量较大。水化热主要在硬化初期放出，以后逐渐减少。

6.4.2　普通硅酸盐水泥

按现行国家标准《通用硅酸盐水泥》（GB 175—2007）规定：由硅酸盐水泥熟料，5%～20%混合材料，适量石膏磨细制成的水硬性胶凝材料，称为普通硅酸盐水泥（简称普通水泥），代号 P·O。

水泥中混合材料的掺量是按水泥质量分数计算的，活性混合材料的掺量不得超过 20%。普通硅酸盐水泥中掺入少量混合材料的主要目的是调节水泥标号，因此它的标号比硅酸盐水泥要宽，以利合理选用。由于混合材料的掺量不多，与硅酸水泥相比，其性能变化不大，即普通硅酸盐水泥和硅酸盐水泥的特性和应用相似，但普通水泥适应性更广。

普通硅酸盐水泥在主要技术性方面与硅酸盐水泥不同，主要表现在以下几个方面。

（1）烧矢量。普通硅酸盐水泥烧失量不得大于 5%。

（2）细度。普通硅酸盐水泥用边长为 80μm 方孔筛筛余量不得超过 10%。

（3）凝结时间。普通硅酸盐水泥初凝不得早于 45min，终凝不得迟于 600min。

（4）水泥标号。普通硅酸盐水泥分为两种类型（即普通型和早强型），4 种标号，带字母 R 的为早强型水泥（见表 6-15）。

6.4.3　掺混合材料硅酸盐水泥

6.4.3.1　矿渣硅酸盐水泥

由硅酸盐水泥熟料和粒化高炉矿渣，加入适量石膏磨细制成的水硬性胶凝材料，称为矿渣硅酸盐水泥（简称矿渣水泥）。其中粒化高炉矿渣掺量按质量分数计为 20%～70%。允许用不超过混合材料总掺量 1/3 的火山灰质混合材料或粉煤灰代替部分粒化高炉矿渣，但代替数量，最多不超过水泥质量的 15%。

由于矿渣水泥中的硅酸盐水泥熟料比硅酸盐水泥少，同时还掺有大量的粒化高炉矿渣，因此，矿渣水泥在性质上与硅酸盐水泥和普通水泥有较大的差异。

6.4.3.2　火山灰质硅酸盐水泥

由硅酸盐水泥熟料和火山灰质混合材料，加入适量石膏磨细制成的水硬性胶凝材料，称为火山灰质硅酸盐水泥（简称火山灰水泥）。其中，火山灰质混合材料掺量按质量分数计为 20%～40%。允许掺加不超过混合材料总量 1/3 的粒化高炉矿渣代替部分火山灰质混合材料。

火山灰水泥的技术性质，基本上与矿渣水泥相同。

6.4.3.3　粉煤灰硅酸盐水泥

由硅酸盐水泥熟料和粉煤灰，加入适量石膏磨细制成的水硬性胶凝材料，称为粉煤灰硅酸盐水泥（简称粉煤灰水泥）。其中粉煤灰掺入量按质量分数计为 20%～40%。也可以掺入不超过混合材料总量 1/3 的粒化高炉矿渣，这时混合材料总掺量允许达到 50%，但粉煤灰掺量仍不得超过 40%。

由于粉煤灰水泥干缩性较小，加上水化热较低，抗侵蚀性较强，因此特别适用于大体积水上建筑物。

6.4.4　装饰水泥

装饰水泥用于装饰建筑物表层。使用装饰水泥比使用天然石材更容易得到所需的色彩和装饰效果。装饰水泥还有施工简单、造型方便、维修容易、价格便宜等优点。

6.4.4.1　白色硅酸盐水泥

凡以适当成分的生料，烧至部分熔融，所得以硅酸钙为主要成分及含少量铁质的熟料，加入适量的石膏，磨成细粉，制成的白色水硬性胶结材料，称为白色硅酸盐水泥，简称白水泥。按《白色硅酸盐水泥标准》（GB/T 2015—2005）的规定，白水泥的标号为 325 和 425 两种。白度分一级、二级、三级和四级。其技术标准见表 6-16。

表 6-16 白色硅酸盐水泥的技术标准

项 目			技 术 标 准					
	白度		特等86%、一级84%、二级80%、三级75%					
	细度		0.08mm方孔筛，筛余不得超过10%					
	凝结时间		初凝不早于45min，终凝不迟于12h					
	安定性		用沸煮法试验，合格					
物理性能	强度/MPa	强度分类及龄期	抗压强度			抗折强度		
		标号	3d	7d	28d	3d	7d	28d
		325	14.0	20.5	32.5	2.5	3.5	5.5
		425	18.0	26.5	42.5	3.5	4.5	6.5
		525	23.0	33.5	52.5	4.0	5.5	7.0
		625	28.0	42.0	62.5	5.0	6.0	8.0
化学成分	烧失量		水泥烧失量不得超过5%					
	氧化镁		熟料氧化镁的含量不得超过4.5%					
	三氧化硫		水泥中三氧化硫的含量不得超过3.5%					

6.4.4.2 彩色硅酸盐水泥

彩色硅酸盐水泥简称彩色水泥，是以白色硅酸盐水泥熟料和优质白色石膏在粉磨过程中掺入颜料、外加剂（防水剂、保水剂、增塑剂、促硬剂等）共同粉磨成的一种水硬性彩色胶结材料。

彩色水泥中常用的颜料有氧化铁（可制红、黄、褐、黑色）、二氧化锰（黑、褐色）、氧化铬（绿色）、钴蓝（蓝色）、群青蓝（蓝色）、炭黑（黑色）及孔雀蓝（蓝色）、天津绿（绿色）等。

装饰水泥性能同硅酸盐水泥相近，施工和养护方法也与硅酸水泥相同，但极易污染，使用时搅拌工具必须干净，防止被其他物质污染。

彩色水泥颜色鲜艳、多样，常用在园林景观道路和建筑墙面等需要特殊色彩的地方。

6.4.5 水泥的技术性质

6.4.5.1 通用水泥的成分、主要特性及适用范围

水泥的成分决定了水泥的特性，水泥的特性和强度决定了不同品种水泥的适用范围，表6-17详细列举了5种通用硅酸盐水泥的成分、特性、标号及适用范围。

表 6-17 通用硅酸盐水泥的成分、主要特性及适用范围

名称	硅酸盐水泥 (P·Ⅰ、P·Ⅱ)	普通水泥 (P·O)	矿渣水泥 (P·S·A、P·S·B)	火山灰水泥 (P·P)	粉煤灰水泥 (P·F)
成分	（1）水泥熟料及少量石膏（Ⅰ型） （2）水泥熟料，5%以下混合材料，适量石膏（Ⅱ型）	在硅酸盐水泥中掺活性混合材料5%～20%或非活性混合材料8%以下	在硅酸盐水泥中掺入20%～70%的粒化高炉矿渣	在硅酸盐水泥中掺入20%～40%火山灰混合材料	在硅酸盐水泥中掺入20%～40%粉煤灰混合材料
主要特性	（1）硬化快，强度高 （2）水化热高 （3）耐冻性好 （4）耐热性差 （5）耐腐蚀性差 （6）干缩性较小 （7）真密度3.0～3.15g/cm³ （8）堆积密度1000～1600kg/m³	（1）早期强度较高 （2）水化热较高 （3）耐冻性较好 （4）耐热性较差 （5）耐腐蚀性较差 （6）干缩性较小 （7）真密度3.0～3.15g/cm³ （8）堆积密度1000～1600kg/m³	（1）早期强度低，后期强度增长较快 （2）水化热较低 （3）耐热性较好 （4）抗硫酸盐类侵蚀和抗水性较好 （5）抗冻性较差 （6）干缩性较大 （7）抗渗性差 （8）抗碳化能力差 （9）真密度2.8～3.1g/cm³ （10）堆积密度1000～1200kg/m³	（1）早期强度低，后期强度增长较快 （2）水化热较低 （3）耐热性较差 （4）抗硫酸盐类侵蚀和抗水性较好 （5）抗冻性较差 （6）干缩性较大 （7）抗渗性较好 （8）真密度2.8～3.1g/cm³ （9）堆积密度900～1200kg/m³	（1）早期强度低，后期强度增长较快 （2）水化热较低 （3）耐热性较差 （4）抗硫酸盐类侵蚀和抗水性较好 （5）抗冻性较差 （6）干缩性较小 （7）抗渗性较差 （8）真密度2.8～3.1g/cm³ （9）堆积密度900～1000kg/m³
标号	425R、525、525R、625、625R、725R	325、425、425R、525、525R、625、625R	275、325、425、425R、525、525R、625R	275、325、425、425R、525、525R、625R	275、325、425、425R、525、525R、625R

续表

名称	硅酸盐水泥 (P·Ⅰ、P·Ⅱ)	普通水泥 (P·O)	矿渣水泥 (P·S·A、P·S·B)	火山灰水泥 (P·P)	粉煤灰水泥 (P·F)
应用范围	配制地上、地下和水中的混凝土、钢筋混凝土及预应力混凝土结构，包括受循环冻融的结构及早期强度要求较高的工程；配制建筑砂浆	与硅酸盐水泥基本相同	大体积工程；高温车间和有耐热耐火要求的混凝土结构；蒸汽养护的构件；一般地上、地下和水中的混凝土及钢筋混凝土结构；有抗硫酸盐侵蚀要求的工程；配制建筑砂浆	地下、水中大体积混凝土结构；有抗渗要求的工程；蒸汽养护的工程构件；有抗硫酸盐侵蚀要求的工程；一般混凝土及钢筋混凝土工程；配制建筑砂浆	地上、地下、水中和大体积混凝土工程；蒸汽养护的构件、抗裂性要求较高的构件；抗硫酸盐侵蚀要求的工程；一般混凝土工程；配制建筑砂浆
不适用处	大体积混凝土工程；受化学及海水侵蚀的工程；长期受压力水和流动水作用的工程	同硅酸盐水泥	早期强度要求较高的混凝土工程；有抗冻要求的混凝土工程	早期强度要求较高的混凝土工程；有抗冻要求的混凝土工程；干燥环境下的混凝土工程；有耐磨性要求的工程	早期强度要求较高的混凝土工程；有抗冻要求的混凝土工程；有抗碳化要求的工程

6.4.5.2　水泥的验收

水泥的验收包括质量验收和外包装及数量验收。

1. 水泥质量评定

(1) 质量等级的评定原则。

1) 评定水泥质量等级的依据是产品标准和实物质量。

2) 为使产品质量水平达到相应的等级要求，企业应具有生产相应等级产品的质量保证能力。

(2) 质量等级的划分。

1) 优等品。水泥产品标准必须达到国际先进水平，且水泥实物质量水平与国外同类产品相比达到近5年内的先进水平。

2) 一等品。水泥产品标准必须达到国际一般水平，且水泥实物质量水平达到国际同类产品的一般水平。

3) 合格品。按我国现行水泥产品标准组织生产，水泥实物质量水平必须达到现行产品标准的要求。

(3) 质量等级的技术要求。

1) 水泥实物质量在符合相应标准的技术要求基础上，进行实物质量水平的等级划分。

2) 通用水泥的实物质量水平根据3d抗压强度、28d抗压强度、终凝时间、氯离子含量进行等级划分。

3) 通用水泥的实物质量应符合表6-18的要求。

表6-18　　　　　　　　　　　　　　通用水泥的实物质量

项　目		质　量　等　级			
		优等品		一等品	合格品
		硅酸盐水泥 普通硅酸盐水泥	矿渣硅酸盐水泥 火山灰硅酸盐水泥 粉煤灰硅酸盐水泥 复合硅酸盐水泥	硅酸盐水泥 普通硅酸盐水泥	矿渣硅酸盐水泥 火山灰硅酸盐水泥 粉煤灰硅酸盐水泥 复合硅酸盐水泥	硅酸盐水泥 普通硅酸盐水泥 矿渣硅酸盐水泥 火山灰硅酸盐水泥 粉煤灰硅酸盐水泥 复合硅酸盐水泥
抗压强度	3d≥	24.0MPa	22.0MPa	20.0MPa	17.0MPa	符合通用水泥各品种的技术要求
	28d ≥	48.0MPa	48.0MPa	46.0MPa	38.0MPa	
	28d ≤	$1.1\overline{R}$[①]	$1.1\overline{R}$[①]	$1.1\overline{R}$[①]	$1.1\overline{R}$[①]	
终凝时间/min≤		300	330	360	420	
氯离子含量/%≤		0.06				

① 同品种、同强度等级水泥28d抗压强度上月平均值，至少以20个编号平均，不足20个编号时，可两个月或三个月合并计算。对于62.5（含62.5）以上水泥，28d抗压强度不大于$1.1\overline{R}^{*}$的要求不做规定。

2. 外包装及数量验收

水泥验收时应注意核对包装上所注明的工厂名称、生产许可证编号、水泥品种、代号、混合材料名称、出厂日期及包装标志等项，常用的水泥包装标志要求见表 6-19，如图 6-11 所示是普通硅酸盐水泥的外包装。

表 6-19 常用水泥包装标志

水泥名称	包 装 标 志
硅酸盐水泥 普通水泥	(1) 普通水泥（掺火山灰质混合材料）在包装袋上标有"掺火山灰"字样 (2) 包装袋两面印有名称、标号等，印刷颜色为红色
矿渣水泥 火山灰水泥 粉煤灰水泥	(1) 掺火山灰质混合材料的矿渣水泥，在包装袋上标有"掺火山灰"字样 (2) 矿渣水泥在包装袋两面印有名称、标号、印刷颜色为绿色，火山灰水泥和粉煤灰水泥，印刷颜色为黑色

图 6-11 水泥包装

袋装水泥每袋净重 50kg，且不得少于标志数量的 98%，验收时随机抽取 20 袋，水泥总质量不得少于 1000kg。

6.4.5.3 水泥的保管

水泥进入建设工地后，如储存过久或保管不良，将会发生受潮、结块、变质等现象，降低水泥的强度和其他技术性能。

储存水泥应防止风吹、日晒和各种潮气的侵袭，也不得和其他化学材料、农药、油类及挥发性物质混放在一起。大批水泥应迅速存入密闭干燥的仓库内，仓库不得漏雨，并有防潮、隔热措施。地坪应铺砖、大板或席子，并高出地面 30cm 以上，以隔绝潮气。每批入库水泥应分别存放，并应有标签注明生产厂家、水泥品种、标号、出厂和入库日期及数量，严禁混杂。堆放应按使用顺序或到货先后次序排列，先到先用，避免长期积压。堆放高度以 10 袋为宜，堆宽以 5～10 袋为限，每堆最好不超过 1000 袋，离墙应有 30cm 以上距离，以防受潮。水泥堆垛之前应留出 1m 以上的走道，如图 6-12 所示。

在露天临时存放水泥时，时间不宜过久，并应存放在地势高、干燥、运输方便及周围排水良好的地方，垛底要高出地面至少 20cm 以上，并要满铺一层油毡（纸）、油布或塑料薄膜等，堆垛上部应用防雨篷布盖严。散装水泥最好放置在密封良好，能保证上进下出的罐体内，如无这种设备，则应堆放在室内或砖砌的水泥池内，并要采用严格的防潮措施。

图 6-12 水泥室内存放

装饰水泥保管还应严格防止混入带色杂质，要特别注意防止和其他品种水泥杂混。装饰水泥比一般水泥细度高，更易风化变质，保管时更应严格防潮。

水泥储存时间不能过长。一般不超过 3 个月（按出厂日期算起）。在正常干燥环境中，存放 3 个月，强度约降低 10%～20%，存放 6 个月，强度约降低 15%～30%，存放一年强度约降低 20%～40%。为此，水泥出厂时间超过 3 个月以上时，必须进行检验，重新确定标号，按实际强度使用。

小　结

胶凝材料是造园最为重要的材料，总的来讲，胶凝材料根据其化学组成分为无机胶凝材料和有机胶凝材料两大类，本章对无机胶凝材料进行了介绍。无机胶凝材料根据其硬化条件不同，又分为气硬性胶凝材料和水硬性胶凝材料。

石灰、石膏、水玻璃是造园工程中 3 种应用较多的气硬性胶凝材料，它们的特点是软化系数小，抗冻性差，在水作用下会溶解、溃散而破坏，在储运过程中应注意防潮，储存期也不宜过长。掌握胶凝材料的这些特性，是对其合理使用的必要基础。

水泥是本章重点介绍的水硬性胶凝材料，它是水泥混凝土主要的，也是重要的组成材料。本章侧重于对硅酸盐水泥生产过程的介绍，对其熟料矿物组成，水泥水化硬化过程，水泥石的结构及水泥的质量要求等做了深入的阐述。在学习硅酸盐水泥的基础上，本章介绍了硅酸盐系列其他品种的通用水泥及特性水泥。掌握不同品种水泥与硅酸盐水泥的共性与特性，能够根据工程环境及要求合理选用水泥品种。

思　考　题

1. 什么是"气硬性胶凝材料"？什么是"水硬性胶凝材料"？举例说明。
2. 简述石灰的生产过程，并写出其反应式。
3. 什么是石灰的熟化和陈伏？生石灰在使用前为什么要陈伏？
4. 建筑石膏有哪些特性？其用途是什么？
5. 石膏制品为什么适用于室内使用，而不适用于室外使用？
6. 水玻璃的化学组成是什么？在造园中有哪些应用？
7. 硅酸盐水泥熟料由哪些矿物成分组成？这些矿物成分对水泥的性质有什么影响？
8. 现有甲、乙两厂生产的硅酸盐水泥熟料，其矿物成分见表 6 - 20，试估计和比较这两厂所生产的硅酸盐水泥的性能有什么差异？

表 6 - 20　　　　　　　　　　　熟 料 矿 物 成 分

生产厂	熟料矿物成分/%			
	C_3S	C_2S	C_3A	C_4AF
甲	56	17	12	15
乙	42	35	7	16

9. 叙述硅酸盐水泥的凝结硬化原理。

第7章 混凝土和砂浆

7.1 混 凝 土

混凝土，简称"砼"，源于拉丁文术语 Concretus 一词，原意是共同生长的意思。现代混凝土从广义上讲，是指由胶凝材料将集料胶结成整体的工程复合材料的统称；通常所讲的混凝土一词是指用水泥作胶凝材料，砂、石作集料，与水（加或不加外加剂和掺合料）按一定比例配合，经搅拌、成型、养护得的水泥混凝土，也称普通混凝土。

目前，全世界每年混凝土产量已经超过 30 亿 m^3，我国就占到了一半以上。混凝土广泛应用于建筑、道路、桥隧、水坝、海洋构筑物等各项建设工程中，在现代园林建设工程中，混凝土更是广泛应用到景观建筑、园路广场、驳岸护坡、塑山塑石及各种管网工程等各种景观要素当中，已经成为园林工程最为重要的造园材料。

混凝土的种类很多，按胶凝材料不同可分为水泥混凝土、石膏混凝土、沥青混凝土、聚合物胶结混凝土等；按表观密度大小可分为重混凝土、普通混凝土、轻混凝土；按强度大小可分为低强混凝土、中强混凝土、高强混凝土、超高强混凝土；按使用功能可分为结构混凝土、保温混凝土、耐酸混凝土、防水混凝土等；按配筋情况可分为素混凝土、钢筋混凝土、预应力混凝土、纤维混凝土等；按施工工艺可分为泵送混凝土、喷射混凝土、碾压混凝土、压力灌浆混凝土等。

7.1.1 普通混凝土

普通混凝土干表观密度为 1900～2500kg/m^3，通常简称为混凝土。

7.1.1.1 混凝土的特点

1. 优点

（1）原材料来源丰富，造价低廉。砂、石等地方性材料占80%，可以就地取材。

（2）可塑性好。混凝土材料利用模板可以浇筑成任意形状、尺寸的构件或整体结构。

（3）抗压强度较高，并可根据需要配制不同强度的混凝土。

（4）匹配性好。硬化后的混凝土与钢筋、钢纤维等相互黏结牢固，工作整体性强。

（5）耐久性好。与木材易腐朽、钢材易锈相比，混凝土在自然环境下使用，耐久性明显优越。

2. 缺点

（1）自重大。混凝土的强重比只有钢材的一半。

（2）抗拉强度低。混凝土的抗拉强度只有其抗压强度的 1/10～1/20，且随着抗压强度的提高，拉压比仍有降低的趋势。

（3）易开裂。抗拉强度低、干缩明显、脆性材质是导致混凝土开裂的三个主要原因。

（4）隔热性能差。混凝土的导热系数大约为 1.4$W/(m \cdot K)$，是黏土砖的两倍。

（5）视觉和触觉效果欠佳。

7.1.1.2 混凝土的组成材料及质量要求

混凝土的组成材料主要是水泥、水、细骨料和粗骨料，有时还包括适量的掺合料和外加剂。一般地，粗、细骨料约占混凝土体积的 70%，其余是水泥和水组成的水泥浆和少量残留的空气，如图 7-1 所示即是混凝土体积组成比例示意图。

混凝土生产的基本工艺过程包括：按规定的配合比称量各组成材料，把组成材料混合搅拌均匀，运输到现场，进行浇注、振捣，最后通过养护形成所需的硬化混凝土。

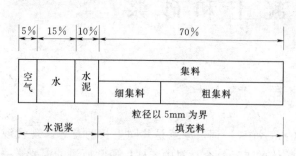

图 7-1 混凝土的体积组成示意图

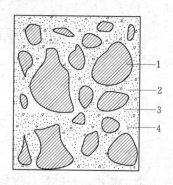

图 7-2 混凝土结构示意图
1—石子；2—砂子；3—水泥浆；4—气孔

在混凝土中，砂和石子起骨架作用，统称为"骨料"；砂称为"细骨料"，石子称为"粗骨料"。水和水泥形成的水泥浆，包裹在骨料表面并填充其空隙，起润滑作用，赋予新拌混凝土良好的和易性，并最终凝结硬化，将骨料胶结成一个坚实的整体。混凝土的组织结构如图 7-2 所示。

为了保证混凝土的质量，拌制混凝土所用的水泥、骨料及水等各组成材料，均须满足一定的技术质量要求。

1. 水泥

对于配制混凝土所用的水泥，主要考虑其品种和标号。

（1）水泥品种的选择。

水泥是混凝土中最重要的组分。配制混凝土时，应根据工程性质及部位、施工条件、环境状况等按各品种水泥的特性作出合理地选择，一般都采用通用硅酸盐水泥，在有特殊要求的情况下可采用专用水泥和特性水泥。在满足工程需求的前提下，应选用价格较低的水泥品种，以节约成本。

（2）水泥标号的选择。

水泥标号的选择应与混凝土的设计强度相适应。应充分利用水泥的活性，根据长期施工生产实践经验，可按下列情况选用水泥标号。

1）一般情况下，水泥标号为混凝土强度等级的 1.5～2 倍为宜。

2）配制高强度等级混凝土时，水泥标号应是混凝土强度等级的 0.9～1.5 倍。

另外，用高标号水泥配制低强度等级混凝土时，由于每立方米混凝土的水泥用量偏少，会影响混凝土的和易性和密实度，应在混凝土中掺入一定数量的混合材料，如粉煤灰等。

2. 砂和石子

（1）砂。

粒径在 5mm 以下的骨料称为砂。砂是由岩石风化等自然条件作用形成的岩石颗粒。根据来源不同，砂可分为河砂、海砂、山砂和由土壤层中开挖出来的砂。其中河砂颗粒圆润、质地坚固、比较洁净、分布较广，一般工程大多采用河砂。根据粒径大小，砂可分为砾砂、粗砂、中砂、细砂和粉砂，工程中常用的是粗砂、中砂和细砂。

1）粗砂。平均粒径在 0.5～5mm。一般用于配制混凝土。

2）中砂。平均粒径在 0.35～0.5mm。用于配制混凝土或拌制砂浆。

3）细砂。平均粒径在 0.16～0.35mm。一般不单独使用，可用于拌制抹面或勾缝砂浆，或配制混凝土时用以调整颗粒级配。

（2）石子。

粒径≥5mm 的骨料称为石子。有天然卵石和人工碎石两类。

1）天然卵石。天然卵石是岩石在自然条件作用下形成的。常见有山卵石、河卵石、海卵石等。河卵石表面光滑、比较整洁，在工程中较为常用。

2）人工碎石。人工碎石是岩石或卵石经机械破碎、筛分而成的碎石。碎石比卵石干净、表面粗糙，颗粒富有棱角，与水泥、沥青黏结较牢，是理想的混凝土用石。但成本比卵石高。

3. 混凝土拌和用水和养护用水

混凝土拌和和养护用水的好坏，也是影响混凝土质量的主要因素，用水中不得含有影响水泥正常凝结和硬化的有害物质。凡是工业污水，pH 值小于 4 的酸性水，硫酸盐含量（按 SO_3 计）超过 1‰、含有油脂或糖的水，均不能用来拌制混凝土。在钢筋混凝土和预应力钢筋混凝土结构中，不得用海水拌制混凝土。但考虑到沿海岸地区的实际情况，允许用海水拌制素混凝土。对于有饰面要求的混凝土，不能使用海水拌制，这是因为海水易引起混凝土表面泛盐霜，影响美观。

拌制各种混凝土均应采用达到国家标准的生活饮用水。目前，环境污染比较严重，水源情况比较复杂，如果水源中含盐量及有害离子的含量超过规定值，必须进行适用性检验，合格后方能使用。

7.1.1.3 混凝土的主要技术性质

按状态不同，混凝土可分为新拌混凝土（具有塑性）和硬化混凝土（具有强度），工程中对其技术要求各有不同。

1. 新拌混凝土的和易性

新拌混凝土应具有良好的和易性。和易性是指混凝土拌合物在施工操作时所表现出的综合性能，包括流动性、黏聚性和保水性 3 个方面。

（1）流动性。流动性是指拌合物在自重或外力作用下产生流动，能均匀密实地填满模板的性能。

（2）黏聚性。黏聚性是指拌合物在运输及浇筑过程中具有一定的黏性和稳定性，不会产生分层和离析现象，保持整体均匀的能力。

（3）保水性。保水性是指拌合物具有保持一定水分而不泌出的能力。保水性差的拌合物易在混凝土内部形成泌水通道，降低混凝土的密实度和抗渗性，使强度和耐久性都受到不利影响。

2. 混凝土的强度

混凝土硬化后应具有足够的强度，可分为抗拉、抗压和抗剪强度等。其中抗压强度是施工中评定混凝土的主要指标，也是钢筋混凝土结构设计的依据。混凝土的强度值是根据标准立方体试件（15cm×15cm×15cm）在标准条件下（温度 20℃±3℃，相对湿度 90% 以上）养护 28d 的抗压极限强度确定的，见表 7-1。

| 表 7-1 | | 混凝土强度标准值 | | | | | | | | | | | 单位：MPa |

强度种类	符号	混凝土强度等级											
		C7.5	C10	C15	C20	C25	C30	C35	C40	C45	C50	C55	C60
轴心抗压	f_{ck}	5	6.7	10	13.5	17	20	23.5	27	29.5	32	34	36
弯曲抗压	f_{cmk}	5.5	7.5	11	15	18.5	22	26	29.5	32.5	35	37.5	39.5
抗拉	f_{tk}	0.75	0.9	1.2	1.5	1.75	2	2.25	2.45	2.6	2.75	2.85	2.95

通常，C7.5～C15 的混凝土常用于道路、建筑物（或构筑物）的垫层、基础或受力不大的构件；C20～C30 的混凝土常用于工业与民用建筑的普通钢筋混凝土结构中的梁、板、柱、楼梯、屋架等位置；大于 C30 的混凝土常用于预应力钢筋混凝土构件、大跨度结构及特种结构。

3. 混凝土的耐久性

混凝土的耐久性是指在实际使用条件下，混凝土抵抗各种破坏因素作用，长期保持强度和外观完整性的能力，主要包括抗冻性、抗渗性、抗腐蚀性及抗风化性能等。

7.1.1.4　混凝土的配合比设计

所谓混凝土配合比，是指单位体积的混凝土中各组成材料的质量比例。确定这种数量比例关系的工作，就称为混凝土配合比设计。

《普通混凝土配合比设计规程》（JGJ 55—2011）规定，普通混凝土的配合比应根据原材料性能及对混凝土的技术要求进行计算，并经试验室试配、调整后确定。

1. 配合比设计要达到的目的

（1）要确保混凝土拌合物具有良好的和易性。

（2）要确保混凝土能达到结构设计和施工进度所要求的强度。

（3）确保混凝土具有足够的耐久性，即在长期使用中能达到抗冻、抗渗、抗腐蚀等方面的要求。

（4）在确保混凝土质量的前提下，尽可能节约水泥，以取得良好的技术、经济效益。

2. 普通混凝土配合比设计方法及步骤

（1）确定混凝土的配制强度（$f_{cu,o}$）。

混凝土的配制强度 $f_{cu,o}$ 可依据表7-2确定。

表7-2 混凝土配制强度　　　　　　　　　　　　单位：MPa

强度标准差 σ 强度等级	2.0	2.5	3.0	4.0	5.0	6.0
C7.5	10.8	11.6	12.4	14.1	15.7	17.4
C10	13.3	14.1	14.9	16.6	18.2	19.9
C15	18.3	19.1	19.9	21.6	23.2	24.9
C20	24.1	24.1	24.9	26.6	28.2	29.9
C25	29.1	29.1	29.9	31.6	33.2	34.9
C30	34.9	34.9	34.9	36.6	38.2	39.9
C35	39.9	39.9	39.9	41.6	43.2	44.9
C40	44.9	44.9	44.9	46.6	48.2	49.9
C45	49.9	49.9	49.9	51.6	53.2	54.9
C50	54.9	54.9	54.9	56.6	58.2	59.9
C55	59.9	59.9	59.9	61.6	63.2	64.9
C60	64.9	64.9	64.9	66.6	68.2	69.9

混凝土配制强度也可按混凝土配制强度公式计算确定，公式如下。

$$f_{cu,o} = f_{cu,k} + 1.645\sigma \tag{7-1}$$

式中　$f_{cu,o}$——混凝土配制强度，MPa；

　　　$f_{cu,k}$——混凝土的设计强度等级，MPa；

　　　σ——混凝土强度标准差，MPa。

式（7-1）中 σ 的确定与混凝土生产质量水平有关，具体如下：

1）当具有近1～3个月的同一品种、同一强度等级混凝土的强度资料，且试件组数不小于30时，其混凝土强度标准差 σ 应按式（7-2）计算。

$$\sigma = \sqrt{\frac{\sum_{i=1}^{n} f_{cu,i}^2 - nm_{fcu}^2}{n-1}} \tag{7-2}$$

式中　σ——混凝土强度标准差；

$f_{cu,i}$——第 i 组的试件强度，MPa；

m_{fcu}——n 组试件的强度平均值，MPa；

n——试件组数。

对于强度等级不大于 C30 的混凝土，当混凝土强度标准差计算值不小于 3.0MPa 时，应按式（7 2）中计算结果取值；当混凝土强度标准差计算值小于 3.0MPa 时，应取 3.0MPa。

对于强度等级大于 C30 且小于 C60 的混凝土，当混凝土强度标准差计算值不小于 4.0MPa 时，应按上式计算结果取值；当混凝土强度标准差计算值小于 4.0MPa 时，应取 4.0MPa。

2）当没有近期的同一品种、同一强度等级混凝土强度资料时，其强度标准差 σ 可按表 7-3 取值。

表 7-3   标 准 差 σ 值   单位：MPa

混凝土强度标准值	≤C20	C25～C45	C50～C55
Σ	4.0	5.0	6.0

（2）计算水胶比 $\left(\dfrac{W}{B}\right)$。

当混凝土强度等级小于 C60 时，混凝土水胶比宜按式（7-3）计算。

$$\frac{W}{B}=\frac{\alpha_a f_b}{f_{cu,o}+\alpha_a \alpha_b f_b} \tag{7-3}$$

式中 $\dfrac{W}{B}$——混凝土水胶比；

$f_{cu,o}$——混凝土配制强度，MPa；

α_a、α_b——回归系数，碎石 $\alpha_a=0.53$，$\alpha_b=0.20$；卵石 $\alpha_a=0.49$，$\alpha_b=0.13$；

f_b——胶凝材料 28d 胶砂抗压强度，MPa，可实测；当无实测值时，可按式（7-4）计算。

$$f_b=\gamma_f \gamma_s f_{ce} \tag{7-4}$$

式中 γ_f、γ_s——粉煤灰影响系数和粒化高炉矿渣粉影响系数，可按表 7-4 所示选用；

f_{ce}——水泥 28d 胶砂抗压强度，MPa，可实测；当无实测值时，可通过公式：$f_{ce}=\gamma_c f_{ce,k}$ 及表 7-5 所示确定。

表 7-4   粉煤灰影响系数和粒化高炉矿渣粉影响系数

种类 掺量/%	粉煤灰影响系数 γ_f	粒化高炉矿渣粉影响系数 γ_s
0	1.00	1.00
10	0.85～0.95	1.00
20	0.75～0.85	0.95～1.00
30	0.65～0.75	0.90～1.00
40	0.55～0.65	0.80～0.90
50	—	0.70～0.85

表 7-5   水泥强度等级值的富余系数 γ_c

水泥强度等级值	32.5	42.5	52.5
富余系数	1.12	1.16	1.10

在实际应用中，为了满足耐久性要求，计算所得混凝土水胶比值应与表 7-6 中的规定值进行复核。如果计算所得水胶比值大于表中规定值，应按表 7-6 中的规定值选取。

表 7-6   混凝土的最小胶凝材料用量

最大水胶比	最小胶凝材料用量/(kg·m⁻³)		
	素混凝土	钢筋混凝土	预应力混凝土
0.60	250	280	300
0.55	280	300	300
0.50	320		
≤0.45	330		

3. 确定单位用水量 (m_w)

单位用水量是影响新拌混凝土流动性的主要因素。用水量增大，流动性随之增大。但水量带来的不利影响是保水性和粘聚性变差，易产生泌水分层离析，从而影响混凝土的匀质性、强度和耐久性。大量的试验研究表明：在原材料品质一定的条件下，单位用水量一旦选定，单位水泥用量增减 $50\sim100\text{kg/m}^3$，混凝土的流动性基本保持不变，这一规律称为固定用水量定则。因此，单位用水量的确定应在满足流动性要求的前提下，尽量选用较小值。具体确定方法因新拌混凝土的性能要求不同而不同。

（1）干硬性或塑性混凝土。

当混凝土的水胶比在 $0.40\sim0.80$ 范围时，应根据骨料的品种、规格及施工要求的新拌混凝土的稠度值（维勃稠度或坍落度），并参考表 7-7 或表 7-8，选取单位用水量；对于水胶比小于 0.40 的混凝土以及采用特殊成型工艺的混凝土，其单位用水量应通过实验确定。

表 7-7   干硬性混凝土的用水量

拌合物稠度		卵石最大粒径/mm			碎石最大粒径/mm		
项目	指标	9.5	19	37.5	16	19	37.5
维勃稠度/s	16~20	170	160	145	180	170	155
	11~15	180	165	150	185	175	160
	5~10	185	170	155	190	180	165

表 7-8   塑性混凝土的用水量

拌合物稠度		卵石最大粒径/mm				碎石最大粒径/mm			
项目	指标	9.5	19	31.5	37.5	16	19	31.5	37.5
坍落度/mm	10~30	190	170	160	150	200	185	175	165
	35~50	200	180	170	160	210	195	785	175
	55~70	210	190	180	170	220	205	195	185
	75~90	215	195	185	175	230	215	205	195

（2）流动性和大流动性混凝土（坍落度大于 90mm）。

当不掺外加剂时，混凝土的单位用水量应以表 7-8 中坍落度 90mm 的用水量为基础，按每增加 20mm 坍落度时需增加 5kg 用水量来计算。

当掺外加剂时，混凝土的单位用水量可按式（7-5）计算。

$$m_w = m'_w(1-\beta) \tag{7-5}$$

式中 m_w——计算配合比每立方米混凝土的用水量，kg/m^3；

m'_w——未掺外加剂时推定的满足实际坍落度要求的每立方米混凝土用水量，kg/m^3；

β——外加剂的减水率（%），应经混凝土试验确定。

4. 计算水泥用量 (m_c)

根据已定的用水量、水胶比计算出水泥用量：

$$m_{co} = \frac{B}{W} \cdot m_{wo} \tag{7-6}$$

式中　m_{co}——计算配合比每立方米混凝土中胶凝材料用量，kg/m³；

　　　　m_{wo}——计算配合比每立方米混凝土中的用水量，kg/m³；

　　　　$\dfrac{W}{B}$——混凝土的水胶比。

为保证混凝土的耐久性，应进行复核，由上式计算所得水泥用量，若小于表 7-6 中的最小胶凝材料用量，应按表中最小用量选用。

5. 确定砂率（β_s）

砂率是指混凝土中砂的用量占砂、石总用量的百分率，表达式为：

$$\beta_s = \frac{m_{so}}{m_{so} + m_{go}} \times 100\% \tag{7-7}$$

式中　β_s——砂率，%；

　　　　m_{so}——计算配合比每 1m³ 混凝土中细骨料用量，kg；

　　　　m_{go}——计算配合比每 1m³ 混凝土中粗骨料用量，kg。

砂率不仅影响新拌混凝土的流动性，而且影响其黏聚性和保水性。砂率既不能过大，也不能过小，应通过试验确定最佳（合理）砂率。最佳（合理）砂率是指当采用该砂率时，在用水量和水泥用量一定的情况下，能使混凝土拌合物获得最大的流动性且能保持良好的黏聚性和保水性；或当采用该砂率时，能使混凝土拌合物获得所要求的流动性及良好的黏聚性与保水性，而水泥用量最小。

由于砂率是混凝土配合比设计中一个比较重要且又难以准确选择的参数，通常采用经验性或半经验性的方法选取，其具体过程如下。

（1）砂率（β_s）可根据骨料的技术指标、混凝土拌合物性能和施工要求，参考既有历史资料确定。

（2）当缺乏砂率的历史资料时，混凝土砂率的确定应符合下列规定。

1）坍落度小于 10mm 的混凝土，其砂率应经试验确定。

2）坍落度为 10~60mm 的混凝土，其砂率可根据粗骨料品种、最大公称粒径及水胶比按表 7-9 所示选取。

3）坍落度大于 60mm 的混凝土，其砂率可经试验确定，也可在表 7-9 的基础上，按坍落度每增大 20mm、砂率增大 1% 的幅度予以调整。

表 7-9　　　　　　　　　　　混 凝 土 砂 率 选 用 表

水胶比 W/B	卵石最大粒径/mm			碎石最大粒径/mm		
	10.0	20.0	40.0	16.0	20.0	40.0
0.40	26~32	25~31	24~30	30~35	29~34	27~32
0.50	30~35	29~34	28~33	33~38	32~37	30~35
0.60	33~38	32~37	31~36	36~41	35~40	33~38
0.70	36~41	35~40	34~39	39~44	38~43	36~41

注　1. 表中数值系中砂选用的砂率，对细砂或粗砂可相应增减。

　　2. 本砂率表适用于坍落度为 10~60mm 的混凝土。如坍落度大于 60mm 或小于 10mm 时，应相应地增减。

　　3. 只有一个单粒级粗骨料配制混凝土时，砂率应适当增加。

　　4. 掺有各种外加剂或掺合料时，其合理砂率值应经试验确定，并参照有关规定选用。

　　5. 薄壁构件砂率取偏大值。

6. 计算砂、石（m_{so}、m_{go}）用量

计算砂、石用量有两种方法：一种是体积法；另一种是质量法。在已知混凝土用水量、水泥用

量及砂率的情况下，采用其中任何一种方法可求出砂、石用量。

（1）体积法。体积法又称绝对体积法。这种方法是假设混凝土的体积等于各组成材料绝对体积的总和。

$$
\left.
\begin{aligned}
&\frac{m_{co}}{\rho_c}+\frac{m_{fo}}{\rho_f}+\frac{m_{so}}{\rho_s}+\frac{m_{go}}{\rho_g}+\frac{m_{wo}}{\rho_w}+0.01\alpha=1 \\
&\beta_s=\frac{m_{so}}{m_{so}+m_{go}}\times100\%
\end{aligned}
\right\}
\tag{7-8}
$$

式中　m_{co}、m_{fo}、m_{so}、m_{go}、m_{wo}——每 $1m^3$ 混凝土中水泥、掺合料、砂、石、水的用量，kg；

　　　　ρ_c、ρ_w、ρ_f、ρ_s、ρ_g——水泥、水的密度，掺合料、砂、石的表观密度，kg/m^3；

　　　　α——混凝土含气量百分数，在不使用引气型外加剂时 α 取1；

　　　　β_s——砂率，%。

（2）质量法。质量法又称重量法。它是先假定一个混凝土拌合物湿表观密度值，再根据各材料之间质量关系，计算各材料用量。

按下列两个关系式求出砂石总用量及砂、石各自的用量。

$$
m_{co}+m_{fo}+m_{so}+m_{go}+m_{wo}=m_{cp}
$$

$$
\beta_s-\frac{m_{so}}{m_{so}+m_{go}}\times100\%
\tag{7-9}
$$

式中，m_{cp} 为混凝土拌合物的计算湿表观密度，可取 $2350\sim2450kg/m^3$，其他符号同体积法。

经过上述计算，取得每 $1m^3$ 混凝土计算材料用量 m_{co}、m_{fo}、m_{so}、m_{go}、m_w，并可求出以水泥用量为1的各材料的比值（即初步配合比）。

$$
m_{co}:m_{fo}:m_{so}:m_{go}=1:\frac{m_{fo}}{m_{co}}:\frac{m_{so}}{m_{co}}:\frac{m_{go}}{m_{co}}
$$

$$
\frac{W}{B}=\frac{m_{wo}}{m_{co}}
\tag{7-10}
$$

7. 试配与调整

（1）试配。

以上求出的初步配合比的各材料用量，是借助经验公式和图表算出或查得的，能否满足设计要求，还需要通过试验检验及调整来完成。混凝土试配用的拌合物数量，主要依据骨料最大粒径、混凝土的检验项目、搅拌机容量等参数确定。拌合物数量见表7-10。

表7-10　混凝土试配的最小搅拌量

粗骨料最大公称粒径 /mm	拌合物数量 /L
≤31.5	15
40.0	25

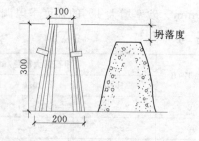

图7-3　新拌混凝土坍落度示意图

（2）和易性调整。

按计算量称取各材料进行试拌，搅拌均匀，测定其坍落度（见图7-3）；并观察黏聚性和保水性。当经试配的坍落度不符合设计要求时，可作如下调整。

当坍落度比设计要求值大或小时，可以保持水灰比不变，相应地增加或减少水泥浆用量，对于普通混凝土每增减10mm坍落度，需增加或减少 $2\%\sim5\%$ 的水泥浆；当坍落度比要求值大时，还可以在保持砂率不变的情况下，增加集料用量；当坍落度值大，且拌合物黏聚性、保水性差时，可减少水泥浆，增大砂率（保持砂、石总量不变；增加砂的用量，相应减少石子的用量），这样重复测试，直到符合要求为止。

然后，测出混凝土拌合物实测湿表现密度，并计算出 1m³ 混凝土拌合物实际用量。最后提出和易性已满足要求的供检验混凝土强度用的基准配合比。当测得坍落度值符合设计要求，且黏聚性、保水性均较好时，则不需要调整，需测出拌合物实测湿表观密度。此配合比作为供检验强度用的基准配合比。

$$m_{cj} : m_{fj} : m_{sj} : m_{gj} = 1 : \frac{m_{fj}}{m_{cj}} : \frac{m_{sj}}{m_{cj}} : \frac{m_{gj}}{m_{cj}}$$

$$\frac{W}{C} = \frac{m_{wj}}{m_{cj}} \tag{7-11}$$

（3）强度复核。

混凝土配合比除和易性满足要求外，还应进行强度复核。为了满足混凝土强度等级及耐久性要求，应进行水灰比调整。

复核检验混凝土强度时至少应采用三个不同水灰比的配合比，其中一个为基准配合比，另两个配合比的水灰比较基准配合比分别增、减 0.05，其用水量应与基准配合比相同，砂率可分别增、减 1%。经试验，调整后的拌合物均应满足和易性要求，并测出各自的"实测湿表观密度"，以供最后修正材料用量。

将 3 个不同配合比的混凝土拌合物分别成型试块（见图 7-4），每种配合比应至少制作一组（3块）试块，标准养护 28d，测其立方体抗压强度值。并用作图法把不同水灰比值的立方体强度标在纵轴为强度、横轴为灰水比的坐标上，得到强度—灰水比线性关系图。由该直线可求出与混凝土配制强度（$f_{cu,o}$）相对应的灰水比值，取其倒数即是所需的设计水灰比值。

图 7-4 混凝土试块

8. 确定最终理论配合比设计值

按强度和湿表观密度检验结果再修正配合比，即可得到最终的理论配合比设计值。

（1）按强度检验结果修正配合比如下。

1）用水量——取基准配合比中的用水量值，并根据制作强度试块时测得的坍落度值进行适当调整。

2）水泥用量——取用水量乘以强度—灰水比关系直线上定出的为达到试配强度所必需的灰水比值。

3）砂、石用量——取基准配合比中的砂、石用量，并按定出的水灰比作适当调整。

（2）按混凝土拌合物实测表观密度值修正配合比。

按混凝土拌合物实测表观密度值得到的配合比，还需根据实测的混凝土表观密度（$\rho_{c,t}$）做校正，以确定 1m³ 混凝土拌合物各材料的用量。可按如下步骤进行校正。

1）计算混凝土拌合物的计算表观密度（$\rho_{c,c}$）。

$$\rho_{c,c} = m_{cj} + m_{fj} + m_{sj} + m_{gj} + m_{wj} \tag{7-12}$$

2）计算混凝土配合比校正系数（δ）。

$$\delta = \frac{\rho_{c,t}}{\rho_{c,c}} \tag{7-13}$$

3）当 $\frac{|\rho_{c,t} - \rho_{c,c}|}{\rho_{c,c}} \leqslant 0.02$ 时，上述 1m³ 混凝土各材料的计算用量即为混凝土的设计配合比。

$$m_c = m_{cj}; m_f = m_{fj}; m_s = m_{sj}; m_g = m_{gj}; m_w = m_{wj}$$

4) 当 $\dfrac{|\rho_{c,t} - \rho_{c,c}|}{\rho_{c,c}} \geqslant 0.02$ 时，将上述各项材料用量均乘以校正系数 δ，即可得到混凝土的设计配合比。

$$m_c = \delta m_{cj}; m_f = \delta m_{fj}; m_s = \delta m_{sj}; m_g = \delta m_{gj}; m_w = \delta m_{wj}$$

9. 施工配合比换算

在进行配合比设计时，砂、石骨料都是干燥状态，不含任何水分，但在施工现场，砂、石骨料都是露天堆放，因此都有一定的含水量，并且随气候的变化，含水量也随之发生变化。为了保证混凝土施工过程中配合比的准确性，不影响混凝土的各项技术性能，应根据施工现场砂、石含水率对混凝土的理论配合比设计值进行调整，调整后的配合比为施工配合比。

若施工现场实测砂的含水率为 $a\%$，石子的含水率为 $b\%$，混凝土的理论配合比为：m_c, m_f, m_s, m_g, m_w，施工配合比为：$m_{c施}$, $m_{f施}$, $m_{s施}$, $m_{g施}$, $m_{w施}$，则施工配合比计算方法为：

$$\left.\begin{aligned} m_{c施} &= m_c \\ m_{f施} &= m_f \\ m_{s施} &= m_s \cdot (1 + a\%) \\ m_{g施} &= m_g \cdot (1 + b\%) \\ m_{w施} &= m_w - m_s g a\% - m_g \cdot b\% \end{aligned}\right\} \tag{7-14}$$

施工配合比为：$m_{c施} : m_{f施} : m_{s施} : m_{g施}; \dfrac{W}{B}$

【例7-1】 某框架结构工程现浇钢筋混凝土梁，该梁位于室内，不受雨雪影响。设计要求混凝土强度等级为 C30，施工要求混凝土坍落度为 55～70mm，采用机械拌和，机械振捣。根据施工单位历史资料统计，混凝土强度标准差 $\sigma = 4.0$MPa。采用原料如下：

普通硅酸盐水泥：32.5 级，密度为 $\rho_c = 3.1$g/cm³，水泥强度等级标准值的富余系数为 1.12；河砂：密度为 $\rho_s = 2.65$g/cm³；碎石：公称粒径为 5.0～40.0mm，$\rho_g = 2.70$g/cm³；自来水；无外加剂和掺合料。

试设计混凝土初步配合比。如果施工现场测得砂子的含水率为 4%，石子的含水率为 1%，试换算施工配合比。

【解】

1. 确定混凝土配制强度

$$\begin{aligned} f_{cu,o} &= f_{cu,k} + 1.645\sigma \\ &= 30 + 1.645 \times 4 \\ &= 36.58\text{MPa} \end{aligned}$$

2. 计算水胶比

因为此混凝土没有掺入矿物掺合料，所以 $f_b = f_{ce}$。

由：

$$\frac{W}{B} = \frac{\alpha_a f_b}{f_{cu,o} + \alpha_a \alpha_b f_b}$$

又

$$f_{ce} = f_{ce,k} \cdot \gamma_c$$

得

$$\frac{W}{B} = \frac{0.53 \times 36.58}{36.58 + 0.53 \times 0.20 \times 32.5 \times 1.12} = 0.48$$

3. 确定用水量

该工程要求坍落度为 55～70mm，碎石最大粒径为 40.0mm，查表 7-8，确定每立方米混凝土用水量。$m_w = 185$kg。

4. 计算水泥用量

$$m_{co} = \frac{B}{W} \cdot m_{wo}$$
$$= (1/0.48) \times 185$$
$$= 385kg$$

5. 确定砂率

采用查表法，$\frac{W}{B} = 0.48$，碎石最大粒径为 40.0mm，查表 7-9，取砂率 $\beta_s = 32\%$。

6. 计算砂、石用量

（1）采用体积法。

$$\begin{cases} \dfrac{m_{co}}{\rho_c} + \dfrac{m_{fo}}{\rho_f} + \dfrac{m_{so}}{\rho_s} + \dfrac{m_{go}}{\rho_g} + \dfrac{m_{wo}}{\rho_w} + 0.01\alpha = 1 \\ \beta_s = \dfrac{m_{so}}{m_{so} + m_{go}} \times 100\% \end{cases}$$

因为未掺入矿物掺合料、引气剂，所以 $m_{fo} = 0$，$\alpha = 1$，则解联立方程组：

$$\begin{cases} \dfrac{385}{3100} + 0 + \dfrac{m_{so}}{2650} + \dfrac{m_{go}}{2700} + \dfrac{185}{1000} + 0.01 \times 1 = 1 \\ 32\% = \dfrac{m_{so}}{m_{so} + m_{go}} \times 100\% \end{cases}$$

得：$m_{so} = 584kg$，$m_{go} = 1242kg$。

根据上述计算，得出初步配合比为 $m_{co} = 385kg$，$m_{so} = 584kg$，$m_{go} = 1242kg$，$m_{wo} = 185kg$。

或 $m_{co} : m_{so} : m_{go} = 1 : 1.52 : 3.23$，$\frac{W}{B} = 0.48$。

（2）采用质量法。

$$\begin{cases} m_{co} + m_{fo} + m_{so} + m_{go} + m_{wo} = m_{cp} \\ \beta_s = \dfrac{m_{so}}{m_{so} + m_{go}} \times 100\% \end{cases}$$

因为未掺入矿物掺合料，所以 $m_{fo} = 0$。假定混凝土拌合物的质量为 $2400kg/m^3$。则解联立方程组：

$$\begin{cases} 385 + 0 + m_{so} + m_{go} + 185 = 2400 \\ 32\% = \dfrac{m_{so}}{m_{so} + m_{go}} \times 100\% \end{cases}$$

得：$m_{so} = 586kg$，$m_{go} = 1244kg$。

根据上述计算，得出初步配合比为 $m_{co} = 385kg$，$m_{so} = 586kg$，$m_{go} = 1244kg$，$m_{wo} = 185kg$。

或 $m_{co} : m_{so} : m_{go} = 1 : 1.52 : 3.23$，$\frac{W}{B} = 0.48$。

由计算结果可知，采用体积法和质量法求得的初步配合比值十分接近。

7. 试配与调整

（1）试拌（质量法）。

骨料最大粒径为 40.0mm，依据表 7-10 的要求，取 25L 混凝土拌合物，并计算各材料用量如下：

$$m_{cb} = 385 \times 0.025 = 9.63kg$$
$$m_{sb} = 586 \times 0.025 = 14.65kg$$
$$m_{gb} = 1244 \times 0.025 = 31.10kg$$
$$m_{wb} = 185 \times 0.025 = 4.63kg$$

（2）和易性检验与调整，得基准配合比。

经拌制混凝土拌合物，做和易性试验，观察黏聚性和保水性均良好，这说明所选用的砂率基本适合。但测出该混凝土拌合物的坍落度值只有 20mm，故需调整。先增加 5% 水泥浆，即增加水泥 0.48kg，水 0.23kg，再进行拌和试验，测得坍落度为 65mm，满足要求，并测出拌合物的表观密度为 2390kg/m³。此时各材料用量为：

$$m'_{cb}=9.63\text{kg}+0.48\text{kg}=10.11\text{kg}$$
$$m'_{ub}=4.63\text{kg}+0.23\text{kg}=4.86\text{kg}$$
$$m'_{sb}=14.65\text{kg}$$
$$m'_{gb}=31.10\text{kg}$$

根据实测表观密度，计算出每立方米混凝土的各种材料用量，即得基准配合比为：

$$m_{cj}=\frac{10.11}{10.11+4.86+14.65+31.10}\times 2390=398\text{kg}$$

$$m_{wj}=\frac{4.86}{10.11+4.86+14.65+31.10}\times 2390=191\text{kg}$$

$$m_{sj}=\frac{14.65}{10.11+4.86+14.65+31.10}\times 2390=576\text{kg}$$

$$m_{gj}=\frac{31.10}{10.11+4.86+14.65+31.10}\times 2390=1225\text{kg}$$

（3）强度复核。

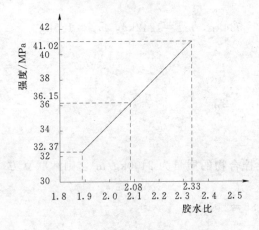

图 7-5　强度与胶水比关系曲线

拌制 3 种不同水胶比的混凝土，并制作 3 组不同强度的试件。其中一组水胶比为 0.48 的基准配合比；另两组的水胶比分别为 0.43 及 0.53，用水量与基准配合比相同，砂率分别减少和增加 1%。经试验，3 组拌合物均满足和易性要求。

3 种配合比的试件经标准养护 28d，实测强度值分别为：

水胶比为 0.43 时，混凝土的 $f_{cu,o}=41.02\text{MPa}$。

水胶比为 0.48 时，混凝土的 $f_{cu,o}=36.15\text{MPa}$。

水胶比为 0.53 时，混凝土的 $f_{cu,o}=32.37\text{MPa}$。

绘制强度与胶水比关系曲线，由图 7-5 可查出与配制强度 $f_{cu,o}=36.15\text{MPa}$ 相对应的胶水比为 2.08，即 $\dfrac{W}{B}=0.48$。

8. 确定最终理论配合比设计值

（1）按强度检验结果修正配合比。

得出符合强度要求的配合比。

1）用水量。取基准用水量值，即 $m_{wj}=191\text{kg}$。

2）水泥用量。$m_{cj}=191\times 2.08=397\text{kg}$。

3）粗细骨料用量。因水胶比值与基准配合比值相差不大，故可取基准配合比中的骨料用量；即砂 $m_{sj}=576\text{kg}$，石子 $m_{gj}=1225\text{kg}$。

最后，按此配合比拌制混凝土拌合物，做和易性试验，测得坍落度为 68mm，黏聚性、保水性均良好，满足要求。

（2）按混凝土拌合物实测表观密度值修正配合比。

混凝土拌合物的实测表观密度 $\rho_{c,t}=2401\text{kg/m}^3$，计算表观密度 $\rho_{c,c}=2389\text{kg}$，故：

$$\frac{|\rho_{c,t}-\rho_{c,c}|}{\rho_{c,c}}\times100\%=\frac{|2401-2389|}{2389}\times100\%=0.5\%$$

由于 $0.5\%<2\%$，混凝土各材料用量不需要修正，即可确定混凝土实验室最终理论配合比为：

$m_c : m_s : m_g = 397 : 576 : 1225 = 1 : 1.45 : 3.09$，$\dfrac{W}{B}=0.48$。

9. 换算施工配合比

根据现场砂含水率 $a\%=4\%$，石子含水率为 $b\%=1\%$，计算施工时各种材料用量为：

$$m_{c施}=m_c=397kg$$

$$m_{s施}=m_s \cdot (1+a\%)=576\times(1+4\%)=599kg$$

$$m_{g施}=m_g \cdot (1+b\%)=1225\times(1+1\%)=1237kg$$

$$m_{w施}=m_w-m_s \cdot a\%-m_g \cdot b\%=191-(576\times4\%)-(1225\times1\%)=156kg$$

施工配合比为：$m_{c施} : m_{s施} : m_{g施}=397 : 599 : 1237=1 : 1.51 : 3.12$，$\dfrac{W}{B}=0.48$。

7.1.2 防水混凝土

普通混凝土往往由于不够密实，在压力水的作用下会有透水现象，同时水的浸透也会加剧其溶出性侵蚀，所以在经常受水压力作用的工程和构筑物的表面，必须制作防水层，如使用水泥砂浆防水层、沥青防水层或金属防水层等。这些防水层不但施工复杂，而且成本高，如果能够提高混凝土本身的抗渗性能，达到防水要求，就可省去防水层。

防水混凝土是通过各种方法提高混凝土抗渗性能，以达到防水要求的一种混凝土。一般通过改善混凝土组成材料质量，合理选择混凝土配合比和骨料级配以及掺入适量外加剂等方法提高混凝土内部的密实度，或是堵塞混凝土内部的毛细管通道，以使混凝土具有较高的抗渗性能。

7.1.2.1 普通防水混凝土

普通防水混凝土是依据提高砂浆密实性和增加混凝土的有效阻水截面的原理，采用较小的水灰比（$\leqslant0.6$），较高的水泥用量（$\geqslant320kg/m^3$）和砂率（砂：石子 $\geqslant0.35$），适宜的灰砂比（$1:2\sim1:2.5$）和使用自然级配等方法，改善砂浆质量，减少混凝土孔隙率，改变孔隙特征，使混凝土具有足够的防水性。

7.1.2.2 骨料级配法防水混凝土

骨料级配法防水混凝土是将 3 种或 3 种以上不同级配的砂、石按照一定比例混合配制，使砂、石混合级配满足混凝土最大密实度的要求，提高抗渗性能，达到防水目的。

7.1.2.3 外加剂防水混凝土

普通防水混凝土和骨料级配法防水混凝土，其水泥用量多，不经济，另外骨料级配法对骨料要求严格，不易满足。因此，掺入外加剂来改善混凝土内部结构以提高抗渗性能的方法被广泛应用，常用外加剂有以下几种。

（1）加气剂。常用松香热聚物或由松香皂和氯化钙组成的复合加气剂。

（2）减水剂。在水泥用量不变的条件下，掺入各类减水剂可减小水灰比，显著提高混凝土的抗渗性。减水剂主要包括木质素磺酸盐类、多环芳香族盐类、水溶性树脂磺酸盐类。

（3）氯化铁防水剂。三氯化铁与氧化钙起化学反应，可生成氢氧化铁，它是一种胶体物质，能堵塞混凝土内毛细通道，使混凝土抗渗性显著提高，合理使用氯化铁防水剂，可配制出抗渗标号高达 P30～P40 的防水混凝土。

（4）三乙醇胺、氯化钠及亚硝酸钠复合剂。三乙醇胺加速水泥水化，并产生大量氯铝酸盐等络合物（即配位化合物）及水化硫铝酸钙结晶体等产物，它们可增大混凝土密实性、隔断毛细管通道，可使混凝土抗渗标号提高 3 倍以上。

通常，防水混凝土的施工质量要求比普通混凝土严格。配料要准确，要用机械拌和、振捣器捣实，并要注意养护，浇水保湿不少于14d。

防水混凝土适用于园林给排水工程、水景工程以及水中假山基础等防水工程及地下水位较高的各种建筑基础工程。

7.1.3　透水混凝土

透水水泥混凝土也称多孔水泥混凝土、排水水泥混凝土，简称透水混凝土。20世纪80年代，日本及欧美一些国家针对原城市道路的缺陷开发的一种新型混凝土。它是由骨料、水泥和水拌制而成的一种多孔轻质混凝土，不含细骨料，由粗骨料表面包覆一薄层水泥浆相互黏结，形成孔穴均匀分布的蜂窝状结构，具有透气、透水、重量轻和颜色多样等特点（见图7-6）。

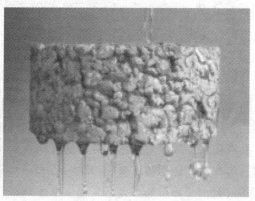

图7-6　透水混凝土（引自建筑信息网）

透水混凝土是一种有利于促进水循环，改善生态环境的环保型造园材料。它具有透水性大、强度高、施工简便等特点，可铺筑成五彩缤纷的彩色透水混凝土地面，多应用在园路、广场、停车场以及植树池、护坡等处，为建设生态园林提供了重要的材料支撑。

7.1.3.1　透水混凝土的组成材料

透水水泥混凝土的原材料主要有水泥、骨料、外加剂和增强材料等。试验结果表明，采用国产常规水泥混凝土材料，就能生产出满足工程要求的透水水泥混凝土。

1. 水泥

采用42.5级硅酸盐水泥或普通硅酸盐水泥，质量应符合国家标准《通用硅酸盐水泥》（GB 175—2007/XG1—2009）和《通用水泥质量等级》（JC/T 452—2009）的规定。

2. 骨料

应优先使用粒径为3～13mm的碎石，性能指标应符合《建筑用卵石、碎石》（GB/T 14685—2011）中的二级要求。试验表明，碎石压碎值、含泥量、粒径、针片状的含量对透水水泥混凝土强度有重要影响，施工时应该注意。严寒地区，为了减少水的冻胀影响，规定骨料的吸水率不得大于2%。

3. 外加剂

外加剂主要有减水剂、早强剂等，应符合《混凝土外加剂》（GB 8076—2009）的规定。

4. 增强材料

增强材料可以改善透水水泥混凝土骨料接触点的黏结强度，从而提高透水水泥混凝土的强度，延长使用寿命。目前，市场上有有机材料和无机材料两类增强材料。

7.1.3.2　透水混凝土的配合比设计

透水水泥混凝土由3部分组成：即骨料形成的骨架、水泥浆体形成的胶结层以及它们之间的空

隙（见图 7-7）。透水水泥混凝土是骨料颗粒间通过硬化的
水泥浆薄层胶结而成的多孔堆聚结构，内部含有较多的空隙，
因此具有良好的透水性，但透水水泥混凝土强度比普通混凝
土低，强度标准差也大一些。

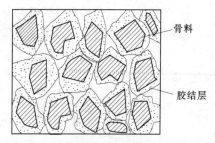

骨料

胶结层

图 7-7　透水混凝土结构示意图

根据国内外研究成果，透水水泥混凝土配合比设计时，
应主要考虑强度和空隙率。

由于透水水泥混凝土的使用历史较短，强度标准差统计
数据较少，故其配制强度参照《普通混凝土配合比设计规程》
（JGJ 55—2011）的规定确定。

由于透水水泥混凝土的透水性能与空隙率成正比，透水水泥混凝土配合比设计原则是：根据工
程要求的强度和空隙率，以体积填充法计算出骨料、水泥用量，通过改变水灰比进行试验，获得相
同空隙率下不同强度的透水水泥混凝土。

图 7-8 是透水水泥混凝土试验得到的水灰比与抗压强度关系曲线，由图易知，当水灰比较大

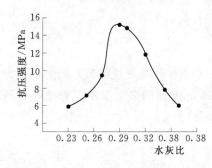

图 7-8　水灰比与抗压强度关系曲线

和较小时，混凝土的抗压强度均会降低，在 0.29 时强度达到
最大值。这是因为，当水灰比较小时，水泥浆太少不能完全包
裹骨料的表面，骨料之间的胶结层较薄且不连续，因此强度较
低；当水灰比过大时，造成水泥浆开始下滴，形成的试件下部
较密实，没有空隙，上部则只是骨料堆积在一起，缺少胶结材
料，因此整体强度也较低；当水灰比合适时，透水水泥混凝土
拌合物骨料表面包裹了一层胶结层，骨料之间通过胶结层连
接，形成骨架—空隙结构，作为骨架的骨料和作为胶结层的水
泥浆紧密相连，它们之间的空隙也是连通的，此时的透水水泥
混凝土具有较好的透水性，也有相对较高的强度。

水灰比是影响透水水泥混凝土强度的关键因素之一，配合比设计时应通过反复试验确定。水灰
比受骨料吸水率的影响比较明显，生产透水水泥混凝土时应加以考虑。

透水水泥混凝土试验还表明：在透水水泥混凝土中，掺加矿粉和硅灰并配合使用高效减水剂，
能显著提高抗压强度；连续级配骨料比单一级配骨料具有更高的强度；采用有机材料，可使透水水
泥混凝土的抗压强度达到 30MPa 以上；采用较小粒径的骨料可以提高透水水泥混凝土的强度，但
必须同时调整水泥用量；在适宜的水灰比范围内，透水水泥混凝土的透水性随水灰比增大而减小，
采用单一粒径骨料可以改善透水性；透水水泥混凝土的强度和透水性成反比，实际工程中应根据需
要选用合适的配合比。

7.1.3.3　透水混凝土的特性与应用

透水混凝土，顾名思义其本身能透水，对于缓解城市排水设施的负担有很大作用。在城市道路
排水方面，透水混凝土路面不易积水，使夜间行驶的车辆免受地面积水反光的影响，有助于行车安
全。透水混凝土也可代替一些排水流量不大的金属格栅排水口，使路面平整。透水混凝土有多种色
彩配比，可制作各种模纹图案，可实现良好的景观效果。

在景观生态性方面，透水混凝土可使雨水直接渗入地下，有效补充地下水，同时能使雨水暂时
贮存在它的内部空隙里逐渐蒸发，也能让土基里的水分通过它的内部空隙向外自然蒸发，增加大气
湿度、降低空气含尘量，发挥维护生态平衡的功能。

其独特的多孔结构也有助于减轻地面逆辐射，缓解"热岛效应"，同时多孔结构具有一定的吸
音作用，有利于降低交通导致的环境噪声。

透水混凝土可用在以下几个方面。

1. 人行道、小面积景观硬质铺装

采用全透水结构（见图7-9和图7-10），基层采用多孔隙水泥稳定碎石（或砂砾），其厚度（h_2）应不小于150mm。这种路面构造既能满足使用要求，又能发挥透水混凝土的生态效应。

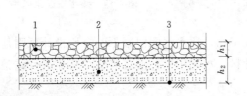

图7-9　全透水混凝土结构示意图　　　　图7-10　透水混凝土人行道

1—透水水泥混凝土面层；2—基层；3—路基

2. 非机动车道、停车场、小广场地面

该类型的透水水泥混凝土路面也是全透水结构，与人行道、小面积景观硬质铺装不同的是，为了提高基层的承载力，要求做两层不同材料的基层，即不小于200mm厚的多空隙水泥稳定碎石基层和不小于150mm厚的级配碎石或砂砾，其结构示意图如图7-11所示。

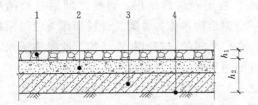

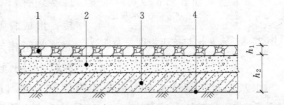

图7-11　全透水混凝土结构示意图　　　　　　图7-12　半透水水泥混凝土结构示意图

1—透水水泥混凝土面层；2—多孔隙水泥稳定碎石基层；　　　1—透水水泥混凝土面层；2—混凝土基层；

3—级配砂砾、级配碎石及级配砾石基层；4—路基　　　　　　3—稳定土类基层；4—路基

关于多空隙水泥稳定碎石的配合比，建议骨料最大粒径选25～30mm，且小于0.075mm的细颗粒含量不得大于2%，小于2.36mm的颗粒含量不宜大于5%，小于4.75mm的颗粒含量不宜大于10%，水泥剂量一般为9.5%～11%，水灰比为0.39～0.43。

3. 机动车道、大广场地面

该类型的透水水泥混凝土路面是一种半透水结构形式。这种路面构造的基层是由起隔水作用的混凝土结构层并附加稳定土基组成（见图7-12）。这样做既可以减少雨水对基层的影响，又可以提高基层的承载力。

4. 路面排水系统

（1）全透水结构。当降雨强度超过渗透量及单位贮存量时，雨水会聚集，过量雨水会影响基层稳定性。为防止过量的雨水渗入基层，可在路面下设排水盲沟，排水盲沟应与市政排水系统相连。雨水口与基层、面层结合处应设置成透水形式，利于基层过量水分向雨水口汇集，雨水口周围应设置宽度不小于1m的不透水土工布于路基表面（见图7-13）。

（2）半透水结构。此种排水结构既适用于主园路，也适用于面积较大的广场。雨水通过透水水泥混凝土直接进入排水盲沟中，再经由雨水口排入市政排水系统（见图7-14）。

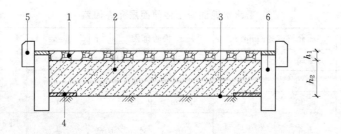

图 7-13 全透水水泥混凝土路面排水形式（横断面）
1—透水水泥混凝土面层；2—基层；3—路基；4—土工布；
5—立缘石；6—雨水口

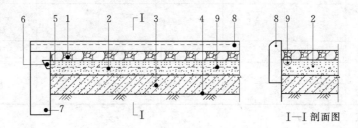

图 7-14 半透水水泥混凝土路面排水形式（纵断面）
1—透水水泥混凝土面层；2—混凝土基层；3—稳定土类基层；4—路基；
5—不锈钢网；6—排水管；7—雨水口；8—立缘石；9—排水盲沟

7.1.3.4 透水混凝土的技术性质

1. 技术指标

根据《透水水泥混凝土路面技术规程》（CJJ/T 135—2009）规定，透水水泥混凝土的耐磨性、抗冻性、透水系数等性能应符合表 7-11 中的要求；透水混凝土从搅拌机出料至浇筑完毕的允许最长时间应符合表 7-12 中的要求；透水混凝土路面面层允许偏差应符合表 7-13 中的要求。

表 7-11　　　　　　　　　　透水水泥混凝土的性能

项　目		计量单位	要　　求	
耐磨性（磨坑长度）		mm	≤30	
透水系数		mm/s	≥0.5	
抗冻性	25 次冻融循环后抗压强度损失率	%	≤20	
	25 次冻融循环后质量损失率	%	≤5	
连续孔隙率		%	≥10	
强度等级		—	C20	C30
抗压强度（28d）		MPa	≥20.0	≥30.0
弯拉强度（28d）		MPa	≥2.5	≥3.5

表 7-12　　　　　透水水泥混凝土从搅拌机出料至浇筑完毕的允许最长时间

施工气温 $t/℃$	允许最长时间/h
$5≤t<10$	2
$10≤t<20$	1.5
$20≤t<30$	1
$30≤t<35$	0.75

表 7 - 13　　　　　　　　　　　　　　透水水泥混凝土路面面层允许偏差

项目		允许偏差/mm		检验范围		检验点数	检验方法
		道路	广场	道路	广场		
高程/mm		±15	±10	20m	施工单元	1	用水准仪测量
中线偏位/mm		≤20	—	100m	—	1	用经纬仪测量
平整度	最大间隙/mm	≤5	≤7	20m	10m×10m	1	用 3m 直尺和塞尺连续量两处，取较大值
宽度/mm		0 −20		40m	40m	1	用钢尺量
横坡/%		±0.30%且不反坡		20m		1	用水准仪测量
井框与路面高差/mm		≤3	≤5	每座井		1	十字法，用直尺和塞尺量，取最大值
相邻板高差/mm		≤3		20m	10m×10m	1	用钢板尺和塞尺量
纵缝直顺度/mm		≤10		100	40m×40m	1	用 20m 线和钢尺量
横缝直顺度/mm		≤10		40m	40m×40m		

2. 施工

(1) 搅拌运输。

透水水泥混凝土的拌制是施工的关键工序，为了避免水泥浆过稀堵塞骨料间空隙，影响透水水泥混凝土的透水性能，建议采用水泥裹石法拌制透水水泥混凝土。先将骨料和 50% 用水量加入强制式搅拌机拌和 30s，再加入水泥拌和 40s，最后加入剩余用水量拌和不少于 40s 后出料。这样可以先润湿石料表面，不至于产生水泥稀浆，并且强度也有保证。

施工双色组合层面层时，为了保证上下面层之间有良好的黏结，色泽均匀，两层施工总时间不应超过 1h，并应设两台搅拌机搅拌不同色彩的透水水泥混凝土。由于透水水泥混凝土初凝时间短，拌和后不宜过长时间停留，因此搅拌机容量应根据工程的规模配置；搅拌地点也须靠近透水水泥混凝土面层施工现场。

(2) 铺筑。

透水水泥混凝土面层一般采用支设边模浇筑施工，拌合物摊铺时的松铺系数宜按 1.1 考虑。摊铺、找平、压实和收面作业的全过程应避免透水水泥混凝土过大的振动，以免造成透水水泥混凝土中水泥浆离析，堵塞骨料间空隙，造成透水水泥混凝土的透水性能下降。露骨透水水泥混凝土施工时，应随时检查表面的初凝状况，及时进行面层冲洗，并随时清理剩余浆料，避免浆料堵塞露骨透水水泥混凝土空隙。

(3) 季节性施工。

由于透水水泥混凝土的自身特性，不适合在冬季、雨期和热期施工，否则应采取相应地保证措施。

3. 养护与保养

(1) 透水水泥混凝土路面结冰造成膨胀和除冰都会受到破坏，应该采取防结冰措施。严禁使用会造成透水水泥混凝土路面孔隙阻塞的有关防冻措施。

(2) 路面使用后随着时间的增长，会出现孔隙堵塞，造成透水能力下降。可以使用高压水冲刷孔隙，洗净堵塞物，或用压缩空气冲刷孔隙，使堵塞物去除，或用真空泵吸出杂物等方法进行处理。当采用高压水冲刷时，应对水压力进行限制，严防水压过大，对路面产生破坏性影响。

(3) 在透水水泥混凝土路面出现裂缝、坑槽和集料脱落、飞散面积较大的情况下，必须进行维修。维修前应根据透水水泥混凝土路面损坏情况制定维修施工方案；维修时应先将路面疏松集料铲除，清洗路面，去除孔隙内的灰尘及杂物后，才能进行新的透水水泥混凝土铺装。

7.2 砂　浆

砂浆在各类建筑工程中都是用量多、用途广的建筑材料，园林工程也不例外。砂浆是由无机胶凝材料、细骨科、掺合料和水组成。按胶凝材料的不同砂浆可分为：水泥砂浆、石灰砂浆和混合砂浆；按用途不同可分为：砌筑砂浆、抹面砂浆和特种砂浆 3 大类。

7.2.1 砌筑砂浆

用于砌筑砖、石和砌块的砂浆称为砌筑砂浆。

7.2.1.1 砌筑砂浆的组成材料

1. 水泥

水泥是砂浆的主要胶凝材料，常用的水泥品种有普通水泥、矿渣水泥、火山灰水泥、粉煤灰水泥和砌筑水泥等。具体可根据砌筑部位、所处的环境条件选择合适的水泥品种。

一般水泥标号应为砂浆强度等级的 4～5 倍。采用中等标号的水泥配制砂浆较好，且水泥标号不得低于 275 号。

2. 掺合料和外加剂

为了改善砂浆的和易性，节约水泥用量，可在砂浆中掺入部分外掺料或外加剂。如在纯水泥砂浆中掺入石灰膏、黏土膏、磨细生石灰粉、粉煤灰等无机塑化剂或皂化松香、微沫剂、纸浆废液等有机塑化剂。

微沫剂是一种憎水性有机表面活性物质，是用松香和工业纯碱熬制而成的。微沫剂掺入砂浆中，吸附在水泥颗粒表面，形成一层皂膜，降低水的表面张力，经强力搅拌后，形成许多微小的气泡，增加水泥的分散性，使水泥颗粒和砂粒之间摩擦阻力变小，而且气泡本身易于变形，使砂浆流动性增大、和易性变好。实践证明，水泥石灰砂浆中掺微沫剂，石灰用量可减少一半。

微沫剂的用量可通过试验确定，一般为水泥用量的 0.005％～0.01％（按 100％纯度计）。皂化松香、纸浆废液等掺量一般为水泥用量的 0.1％～0.3％。

石灰应该是经过熟化处理的石灰膏，稠度要求为沉入度 120mm。

3. 砂

配制砌筑砂浆宜采用中砂，并应过筛，不得含有杂质。砂浆中砂的最大粒径因受灰缝厚度的限制，一般不超过灰缝厚度的 1/4～1/5。水泥砂浆、混合砂浆的强度等级不小于 M5 时，含泥量应不大于 5％；强度等级不大于 M5 时，其含泥量应不大于 10％。

4. 水

凡是可饮用的水，均可拌制砂浆。未经试验鉴定的污水不得使用。

7.2.1.2 砌筑砂浆的性质

1. 和易性

新拌砂浆应具有良好的和易性。和易性良好的砂浆，不易产生分层、泌水现象，能在粗糙的砌筑面上铺成均匀的薄层，能很好地与底层黏结，便于施工操作和保证工程质量。砂浆的和易性包括流动性和保水性两个方面。

砂浆流动性又叫砂浆稠度，表示砂浆在自重或外力作用下流动的性能，用"沉入度"表示。沉入度是用砂浆稠度仪测定的。沉入度越大，则砂浆流动性越大，但流动性过大，硬化后砂浆强度会降低；流动性过小，不便于施工操作，所以新拌砂浆应具有适宜的流动性。

砂浆稠度的选用，应考虑砌体材料的种类、施工条件及气候条件等因素。一般可按表 7－14 选用。

表 7 - 14　　　　　　　　　　　　　砌筑砂浆的适宜稠度

项　次	砌体种类	砂浆稠度/mm
1	烧结普通砖砌体、蒸压粉煤灰砖砌体	70～90
2	轻骨料混凝土小型空心砌块	60～80
	烧结多孔砖、空心砖	
	蒸压加气混凝土砌块砌体	
3	混凝土实心砖、混凝土多孔砖砌体	50～70
	普通混凝土小型空心砌块	
	蒸压灰砂砖砌体	
4	石砌体	30～50

砂浆保水性是指砂浆能够保持水分的能力，用"分层度"表示，用砂浆分层度测定仪测定。砂浆分层度在 1～2cm 时保水性好；分层度大于 2cm 时，砂浆容易离析，不便于施工；分层度接近零的砂浆，易产生裂缝，不宜作为抹面砂浆。

2. 强度

砂浆硬化后应具有足够的强度。砂浆在砌体中主要的作用是传递压力，所以应具有一定的抗压强度。抗压强度是确定砂浆强度等级的重要依据。砌筑砂浆强度等级，用尺寸为 7.07cm×7.07cm×7.07cm 立方体试件，在标准温度 20℃±3℃ 及一定湿度条件下，养护 28d 的平均抗压极限强度确定。

砂浆强度等级有 M15，M10，M7.5，M5，M2.5，M1 和 M0.4。相应强度指标见表 7-15。

表 7 - 15　　　　　　　　　　　　砌筑砂浆强度指标

强度等级	抗压极限强度/MPa	强度等级	抗压极限强度/MPa
M15	15.0	M2.5	2.5
M10	10.0	M1	1.0
M7.5	7.5	M0.4	0.4
M5	5.0		

影响砂浆强度的因素很多，但主要还是与基层材料及施工温度有关。基层材料不同，吸水性也不同。如果砌筑砂浆用于不吸水的基层材料（如密实的石块），其砂浆的强度主要取决于水泥标号和灰水比。

砂浆强度的增长速度与施工温度有关，在不同的施工温度下，砂浆强度的增长速度不同。表 7-16 是用 325 号、425 号普通硅酸盐水泥配制的砂浆在不同温度下的强度增长情况。

表 7 - 16　　　　　　325 号、425 号普通硅酸盐水泥拌制的砂浆强度增长百分率

龄期/d	不同温度下的砂浆强度增长百分率（以在 20℃时养护 28d 的强度为 100%）/%							
	1℃	5℃	10℃	15℃	20℃	25℃	30℃	35℃
1	4	6	8	11	15	19	23	25
3	18	25	30	36	43	48	54	60
7	38	46	54	62	69	73	78	82
10	46	55	64	71	78	84	88	92
14	50	61	71	78	85	90	94	98
21	55	67	76	85	93	98	102	104
28	59	71	81	92	100	104	—	—

3. 黏结力

砌筑砂浆必须具有足够的黏结力，才能将砌体材料黏结成一个整体。黏结力的大小会影响砌体的强度、耐久性、稳定性和抗震性能。

砌筑砂浆黏结力与砂浆本身强度有关，通常砂浆强度越高，其黏结力越大。掺合料过多的低强度砂浆与基层材料的黏结力较差。

砌筑砂浆的黏结力还与砂浆本身的拉伸强度、砖石表面的潮湿程度及施工养护条件等因素有关，施工中注意在砌砖前浇水润湿，保持砖表面干净，可以提高砂浆与砌筑材料之间的黏结力，确保砌体的质量。

7.2.1.3 砌筑砂浆配合比设计

以下方法适用于吸水底面的砂浆配合比计算。

1. 计算试配强度（f_{mu}）

将设计强度等级提高15%，计算公式如下：

$$f_{mu} = 1.15 f_m \tag{7-15}$$

式中　f_{mu}——砂浆试配强度，MPa；

　　　f_m——砂浆的设计强度等级，MPa；

　　1.15——强度等级提高系数。

2. 计算水泥用量（m_{co}）

$$m_{co} = \frac{f_{mu}}{\alpha f_{ce,k}} \times 1000 \tag{7-16}$$

式中　$f_{ce,k}$——水泥标号，MPa；

　　　α——调整系数，其数值随砂浆强度等级和水泥标号而不同，参考表7-17；

　　　m_{co}——每立方米砂浆中水泥用量，kg。

表 7-17　　　　　　　　　　　　　　计算水泥用量时的调整系数　　　　　　　　　　　　　单位：α 值

水泥标号 ($f_{ce,k}$)	砂浆强度等级				
	M10.0	M7.5	M5.0	M2.5	M1.0
	α 值				
525	0.885	0.815	0.725	0.584	0.412
425	0.931	0.855	0.758	0.608	0.427
325	0.999	0.915	0.806	0.643	0.450
275	1.048	0.957	0.839	0.667	0.166
225	1.113	1.012	0.884	0.698	0.486

3. 计算石灰膏用量（m_{do}）

$$m_{do} = 350 - m_{co} \tag{7-17}$$

式中　m_{do}——每立方米砂浆中石灰膏用量，kg；

　　　350——经验系数；

　　　m_{co}——每立方米砂浆中水泥用量，kg。

应用上式时，石灰膏黏稠度为12cm。

4. 确定砂的用量（m_{so}）

$$m_{so} = V'_{so} \rho'_{so} \tag{7-18}$$

式中 m_{so}——每立方米砂浆中砂的用量，kg；

          V'_{so}——砂的堆积体积，当采用含水率为 2% 的中砂时，配制 $1m^3$ 砂浆，取堆积体积 $V'_{so}=$ $1m^3$；砂中含水率大于 2% 时，取 $V'_{so}=1.1\sim1.25m^3$，含水率为 0 的过筛净砂，应取 $V'_{so}=0.9m^3$；

          ρ'_{so}——砂的堆积密度，kg/m^3。

5. 确定用水量

为满足砂浆稠度要求，可用逐次加水的办法确定。

6. 初步配合比

计算砂浆的质量配合比和体积配合比：

质量比 $m_{co}:m_{do}:m_{so}=1:x:y$ (7-19)

体积比 $V_{co}:V_{do}:V'_{so}=1:x:y$ (7-20)

7. 试配与调整

在试配中若初步配合比不满足砂浆和易性及强度要求时，则需要调整。

一般按不同水泥用量选择 2~3 个配合比。根据试验结果画出强度—用灰量曲线，定出每立方米砂浆中的最佳水泥用量，以确定施工配合比。

为确定砂浆制成量，还应测定砂浆拌合物的表观密度，从而求出每立方米砂浆的准确材料用量。

7.2.2 抹面砂浆

抹面砂浆也称抹灰砂浆，以薄层抹在建筑物表面，既可保护建筑物、增加建筑物的耐久性，又可使其表面平整、光洁、美观（见图 7-15）。

为了便于施工，保证抹灰的质量，要求抹灰砂浆比砌筑砂浆有更好的和易性，同时还要求抹灰砂浆能与基层有很好地黏结。为了提高黏结力，抹面砂浆胶凝材料的用量一般要比砌筑砂浆多。为了保证抹灰表面的平整，避免裂缝和脱落，施工应分两层或三层进行，各层抹灰要求不同，所用的砂浆也不同。

（1）底层砂浆。主要起与基层黏结作用。用于砖墙抹灰，多用石灰砂浆；有防水、防潮要求时用水泥砂浆；用于板条或板条顶棚的底层抹灰，多用混合砂浆或石灰砂浆；混凝土墙、梁、柱顶板等底层抹灰多用混合砂浆。

（2）中层砂浆。主要起找平作用，中层抹灰多用混合砂浆或石灰砂浆。

（3）面层砂浆。主要起装饰作用，多采用细砂配制的混合砂浆、麻刀石灰浆或纸筋石灰浆。

图 7-15 人工干混抹灰砂浆

在容易碰撞或潮湿的地方应采用水泥砂浆；一般园林给排水工程中的水井等处可用 1:2.5 的水泥砂浆。

抹面砂浆的流动性和骨料的最大粒径见表 7-18，抹面砂浆配合比见表 7-19。

表 7-18   抹面砂浆流动性及骨料最大粒径

抹面层名称	沉入度（人工抹面）/cm	砂的最大粒径/mm
底层	10~12	2.6
中层	7~9	2.6
面层	7~8	1.2

表 7-19　　　　　　　　　　　各种抹面砂浆配合比参考及适用范围

材　　料	配合比（体积比）	应　用　范　围
石灰：砂	1：2～1：4	用于砖石墙面（檐口、勒脚、女儿墙及比较潮湿的部位）
石灰：黏土：砂	1：1：4～1：1：8	干燥环境的墙表面
石灰：石膏：砂	1：0.4：2～1：1：3	用于不潮湿房间木质表面
石灰：石膏：砂	1：0.6：2～1：1.5：3	用于不潮湿房间的墙及天花板
石灰：石膏：砂	1：2：2～1：2：4	用于不潮湿房间的线脚及其他装饰工程
石灰：水泥：砂	1：0.5：4.5～1：1：5	用于檐口、勒脚、女儿墙外角及比较潮湿的部位
水泥：砂	1：3～1：2.5	用于浴室、潮湿房间的墙裙、勒脚或地面基层
水泥：砂	1：2～1：1.5	用于地面、天花板或墙面面层
水泥：砂	1：0.5～1：1	用于混凝土地面随时压光
水泥：石膏：砂：锯末	1：1：3：5	用于吸音粉刷
水泥：白石子	1：2～1：1	用于水磨石（打底用1：2.5水泥砂浆）
水泥：白云灰：白石子	1：（0.5～1）：（1.5～2）	用于水刷石（打底用1：0.5：3水泥砂浆）
水泥：白石子	1：1.5	用于剁石（打底用1：2～2.5水泥砂浆）
白灰：麻刀	100：2.5（质量比）	用于板条天花板底层
石灰膏：麻刀	100：1.3（质量比）	用于木板条天花板面层
纸筋：白灰浆	灰膏0.1m³，纸筋0.36kg（或100kg灰膏加3.8kg纸筋）	用于较高级墙面、天花板

7.2.3　特种砂浆

特种砂浆是指为了适用于某种特殊功能要求而配制的砂浆。特种砂浆品种很多，如防水砂浆、耐酸砂浆、保温砂浆、装饰砂浆等。下面介绍经常应用的防水砂浆和装饰砂浆。

7.2.3.1　防水砂浆

防水砂浆是指专门用作防水层的特种砂浆，它是在普通水泥砂浆中掺入防水剂配制而成。防水砂浆主要用于刚性防水层，这种防水层仅适用于不受震动和具有一定刚度的混凝土和砖石砌体工程，对于变形较大或可能发生不均匀沉降的建筑物，均不宜使用。防水砂浆应采用配级良好的砂配制。为了达到较高的抗渗效果，对防水砂浆的组成材料有如下要求。

（1）应使用325号以上的普通水泥或微膨胀水泥，适当增加水泥用量。

（2）应选用级配良好的洁净中砂，灰砂比应控制在1：2.5～1：3.0范围内。

（3）水灰比应保持在0.5～0.55。

（4）掺入防水剂，一般是氯化物金属盐类或金属皂类防水剂，可使砂浆密实不透水。

氯化物金属盐类防水剂，主要用氯化钙、氯化铝和水按一定比例配成的有色液体。其配合比大致为氯化铝：氯化钙：水＝1：10：11。掺加量一般为水泥质量的3％～5％，这种防水剂掺入水泥砂浆中，能在凝结硬化过程中生成不透水的复盐，起促进结构密实的作用，从而提高砂浆抗渗性能。一般用于园林刚性水池或地下构筑物的抗渗防水。

金属皂类防水剂是由硬脂酸、氨水、氢氧化钾（或碳酸钠）和水按一定比例混合加热皂化而成。这种防水剂主要起填充微细孔隙和堵塞毛细管的作用，掺加量为水泥质量的3％。

防水砂浆施工时，对操作的技术要求很高，配制防水砂浆先把水泥和砂干拌均匀，再把称好的防水剂溶于拌和水中并与水泥、砂搅拌均匀。抹面时，每层厚度为5mm，共抹4～5层，厚20～30mm。在涂抹前，先在润湿清洁的底面上抹一层纯水泥浆，然后抹一层5mm厚的防水砂浆，在初凝前用木抹子压实一遍，第二至第四层采用同样的操作方法，最后一层要进行压光。抹完后要加强养护。

7.2.3.2 装饰砂浆

装饰砂浆用于室内外装饰，是以增加建筑物美感为主要目的的砂浆，具有特殊的表面形式及不同的色彩和质感。

图7-16 机器喷涂抹灰砂浆

装饰砂浆常以白色水泥、彩色水泥、普通水泥、石灰、石膏等为胶凝材料，以白色、浅色或彩色的天然砂、大理石或花岗岩的石屑或特制的塑料色粒为骨料。还可利用矿物颜料调制多种色彩，也可对其表面进行喷涂（见图7-16）、滚涂、弹涂等，以实现不同的园林景观艺术效果。

装饰砂浆因色彩鲜艳，施工方便，在园林景观道路及各种立面中经常使用，图7-17即是彩色水泥压模面层的施工过程。首先，待园路基层混凝土浇筑完毕且达到一定强度后，在未干燥的砂浆找平层上立即铺洒彩色水泥和干燥粉，然后用一定形状的模板压出花纹，制作出地砖、墙砖、铺装等立体肌理效果，最后养护至要求强度。

(a)铺洒彩色水泥和干燥粉　　　(b)用模板压出花纹　　　(c)养护成型的压模园路

图7-17 彩色水泥压模园路面层的施工过程

彩色混凝土压模的施工成本和制造成本都比较低廉，是一种目前很流行的园林景观施工方法。

小　结

混凝土作为一种复合型胶凝材料，自古罗马时代就已开始使用，历史悠久。在现代园林中，混凝土也已成为最为重要的造园材料。依据用途不同，混凝土又分为不同种类，除广泛应用于各种结构构件的普通混凝土外，还有应用于湖、池、溪流、瀑布、喷泉等水景工程的防水混凝土，以及应用于园路、广场、护坡、停车场等处的透水混凝土，在园林中发挥着极为重要的功能和生态作用。

砂浆也是园林工程中用量最多、用途最广的一种胶凝材料。根据其用途的不同，分为用于黏结砖、石、砌块的砌筑砂浆，用于内外墙体及顶棚的抹面砂浆，以及具有防水、防火、隔热、装饰作用的特殊砂浆等。特别是色彩丰富的装饰砂浆，在今后的园林工程建设中将会越来越多地得到应用。

思　考　题

1. 普通混凝土作为结构材料的优缺点是什么？

2. 普通混凝土的主要组成材料有哪些？各组成成分在硬化前后的作用是什么？

3. 配制混凝土应考虑哪些基本要求？

4. 为什么不宜用高强度等级水泥配制低强度等级的混凝土？为什么不宜用低强度等级水泥配制高强度等级的混凝土？

5. 什么是混凝土的和易性？它包括哪几方面的涵义？

6. 制作钢筋混凝土屋面梁，设计强度等级为 C25，施工要求混凝土坍落度为 30～50mm，根据施工单位历史资料统计，混凝土强度标准差 $\sigma = 4.0$MPa。采用原料如下：普通水泥：42.5 级，实测强度 45MPa，$\rho_c = 3.0$g/cm^3；河砂：密度为 $\rho_s = 2.60$g/cm^3；碎石：$D_{max} = 37.5$mm，$\rho_g = 2.66$g/cm^3；自来水；无外加剂和掺合料。

①求混凝土初步配合比；②若调整试配时加入 10% 水泥浆后满足和易性要求，并测得拌合物的表观密度为 2380kg/m^3，求其基准配合比；③基准配合比经强度检验符合要求。现测得工地用砂的含水率为 3%，石子的含水率为 1%，求施工配合比。

7. 请简述防水混凝土的防水机理。

8. 砂浆的黏结力与哪些因素有关？

9. 对防水砂浆组成材料的要求有哪些？

第8章 塑料和玻璃

8.1 塑 料

塑料是指以合成树脂或天然树脂为主要原料，加入或不加添加剂，在一定温度、压力下，经混炼、塑化成型，且在常温下保持形状不变的材料。

8.1.1 塑料的分类、组成及特性

8.1.1.1 塑料的分类

工程中塑料的分类方法很多，根据塑料在园林中的使用情况，可将塑料按用途和热特性进行分类。

1. 按用途分类

塑料按用途可分为通用塑料和工程塑料两类。通用塑料是指一般用途的塑料，其用途广泛、产量大、价格较低，在园林工程及建筑中应用较多。工程塑料是指具有突出力学性能、耐热性，或优异的耐化学试剂、耐溶剂性，或在变化的环境条件下可保持良好绝缘介电性能的塑料。工程塑料一般可以作为承载结构件，升温环境下的耐热件和承载件，升温条件、潮湿条件、大范围变频条件下的介电制品和绝缘用品。

2. 按热特性分类

塑料按热特性不同可分为热塑性塑料和热固性塑料两类。园林工程中所用塑料主要是热塑性塑料，它是由可以多次反复加热仍然具有可塑性的合成树脂制得的塑料。这类塑料的合成树脂分子结构呈线型或支链型，受热后能软化或熔融，可以进行成型加工，冷却后固化；如再加热，又可重新加工，可重复多次。其常见品种有聚乙烯、聚丙烯、聚苯乙烯、聚氯乙烯、聚甲基丙烯酸甲酯、ABS 塑料、聚酰胺、聚甲醛、聚碳酸酯、聚苯醚等。常用的热固性塑料品有酚醛树脂、脲醛树脂、三聚氢胺树脂、环氧树脂、聚氨酯等。

8.1.1.2 塑料的组成

塑料是由合成树脂及填充料、增塑剂、稳定剂、固化剂、着色剂及其他添加剂组成的高分子材料，它的主要成分是合成树脂。但有些塑料基本是由合成树脂组成，不含或含少量添加剂，如有机玻璃、聚苯乙烯、PC 等。

1. 树脂

树脂是塑料的基本组成材料，树脂在塑料中主要起胶结作用，把填充料及其他组分胶结成一个整体，约占塑料总重量的 $40\% \sim 100\%$，并决定塑料的硬化性质和工程性质。广义而言，作为塑料基材的任何高分子材料都可称为树脂。

（1）树脂的分类。

树脂按来源可分为天然树脂和合成树脂两种。天然树脂常见的有松香、虫胶等，由于产源有限，塑料制品中很少使用。塑料制品中主要用合成树脂。合成树脂按生产时的合成方法不同，可分为加聚树脂和缩聚树脂两类；按受热时状态不同，又可分为热塑性树脂和热固性树脂。

（2）合成树脂的合成方法。

合成树脂是由不饱和的低分子化合物（称为单体）聚合而成的高分子化合物（简称为高聚物）。

常用的聚合方法有加成聚合和缩合聚合两种。

1）加成聚合。

加成聚合反应是由许多相同或不相同的单体，在加热或催化剂的作用下产生连锁反应，各单体分子互相连接起来成为高聚物。所产生的高聚物具有和单体完全相同的组成，也即高聚物是由单体叠加而成。加聚反应的特点是反应过程中不产生副产物。工程中常用的加成聚合树脂有聚乙烯、聚氯乙烯、聚苯乙烯、聚甲基丙烯酸乙烯、聚四氟乙烯等。

2）缩合聚合。

缩合聚合反应是由一种或数种单体，在加热或催化剂作用下，逐步相互结合成高聚物，并同时析出水、氨、醇等副产物（低分子化合物）。

缩合聚合反应生成的高聚物称缩合树脂。缩合树脂多在原始单体名称后加入"树脂"两字。工程中常用的缩合树脂有酚醛树脂、脲醛树脂、环氧树脂、聚酯树脂、三聚氰胺甲醛树脂及有机硅树脂等。

2. 填充料

填充料又称填充剂或填料，为了改善塑料制品的某些性质，如提高塑料制品的强度、硬度和耐热性以及降低成本等在塑料中加入的一些材料。常用的填料有木粉、滑石粉、硅藻土、石灰石粉、铝粉、炭黑、云母、石棉、玻璃纤维等。其中纤维填料可提高塑料的机械强度；石棉填料可改善塑料的耐热性；云母填料能增强塑料的电绝缘性；石墨填料可提高塑料的导电性等。此外，填料一般都比合成树脂便宜，故加入填料能降低塑料的成本。

3. 增塑剂

增塑剂能增加树脂的可塑性。增塑剂的加入降低了大分子链间的作用力，降低软化温度和熔融温度，减少熔体黏度，改善塑料的加工性质。同时，增塑剂能降低塑料的硬度和脆性，使塑料具有较好的韧性、塑性和柔顺性。常用的增塑剂是分子量小、熔点低、难挥发的液态有机物，如邻苯二甲酸二丁酯、邻苯二甲酸二辛酸、二苯甲酮、磷酸酯类等。

4. 稳定剂

稳定剂包括热稳定剂和光稳定剂。热稳定剂能改善塑料的热稳定性，如聚氯乙烯在 $160 \sim 200$℃的温度下加工时，会发生剧烈分解，使制品变色，物理性质恶化，需加入热稳定剂。常用的热稳定剂有硬脂酸盐、铅的化合物以及环氧化合物等。光稳定剂能够抑制或削弱光的降解作用，提高材料的耐光照性质，常用的光稳定剂有炭黑、二氧化钛、氧化锌、水杨酸酯类。

5. 固化剂

固化剂又称硬化剂、交联剂或熟化剂，其主要的作用是使某些合成树脂的线型结构交联成体型结构，使树脂具有热固性，制得坚硬的塑料制品。不同品种的树脂应采用不同的固化剂。酚醛树脂常用乌洛托品，即六亚甲基四胺作为固化剂；环氧树脂常用胺类、酸酐类化合物，如乙二胺、间苯二胺、邻苯二甲酸酐、顺丁烯二酸酐作为固化剂；聚酯树脂常用过氧化物作为固化剂。

6. 着色剂

为使塑料制品具有特定的色彩和光泽，可加入着色剂，着色剂按其在着色介质中的溶解性分为染料和颜料。染料却是有机化合物，可溶于被着色的树脂中；颜料一般为无机化合物，不溶于被着色介质，其着色性是通过本身的高分散性颗粒分散于被染介质中，其折射率与基体差别大，吸收一部分光，又反射为另一种光线，给人以颜色的视觉，同时兼有填料和稳定剂的作用。

此外，根据园林工程景观需求及成型加工中的需要，有时还加润滑剂、抗静电剂、发泡剂、阻燃剂及防霉剂等。

8.1.2 塑料制品的应用

目前，用于园林工程的塑料制品很多，如塑料花盆、塑料排水板、塑料栏杆或护栏、塑料板材、塑料管材、塑木复合材料以及膜结构等。

8.1.2.1 塑料花盆

塑料花盆是将塑料原料聚乙烯（PE）、聚丙烯（PP-R）或聚氯乙烯（PVC）用注塑机、吸塑机、吹塑机、滚塑机、压塑机加工而成。具有造价低、环保、透气、色彩款式多样和多功能等特点，如道路绿化花盆（见图8-1）、壁挂花盆、吊盆、蓄水花盆和自动浇水花盆等。

8.1.2.2 塑料排水板

塑料排水板又名塑料排水带，它由芯板和滤膜两部分组成。芯板采用聚乙烯和聚丙烯混合配制而成，既具有聚乙烯的柔性和耐候性，又具聚丙烯的刚性；滤膜采用长纤热轧无纺布，形成双面的凸台排水板。具有储水和排水双重功能。如图8-2所示。

图8-1 道路隔离带塑料绿化花盆

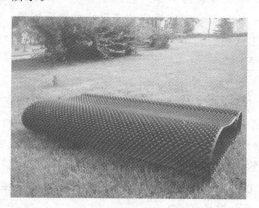

图8-2 塑料排水板

1. 适用范围

（1）园林工程。屋顶绿化、车库顶板绿化、足球场、高尔夫球场、护坡工程等，尤其适用于干旱、高温地区屋顶绿化工程。

（2）市政工程。道路路基、地铁隧道等。

（3）建筑工程。建筑物基础上层或下层、地下室内外墙体、屋面防渗和隔热层、浴场工程等。

（4）交通工程。公路、铁路路基、堤坝和护坡层等。

2. 塑料排水板外观

（1）包装外形。采用中心收卷成圆形的饼状，200m/卷，直径约0.8~1.3m，高度0.1m。

（2）截面。芯板为并联十字形，组成口琴状。

3. 塑料排水板功能

传统的排水方式常用较重的鹅卵石或碎石作为滤水层，将水排到指定地点。塑料排水板取代鹅卵石滤水层来排水，具有省时、省力又节能、节省投资以及降低承重构件荷载的优点。

8.1.2.3 塑料栏杆或护栏

目前，塑料栏杆或护栏用于园林工程非常普遍，它是在聚氯乙烯材料中加入稳定剂、润滑剂、辅助加工剂、色料、抗冲击剂及其他添加剂的PVC塑料。

1. 特点

（1）外形美观。具有多种颜色，色彩鲜亮、表面光洁、美观大方。

（2）安全环保。安全、环保，对人（畜）无害，表面光滑、手感细腻、色彩鲜亮、强度高、韧性好，与钢、铁栏杆或护栏相比质地柔和。

（3）抗老化测试。在-50~70℃下使用不褪色、不开裂、不脆化，使用寿命长高达30年。

（4）免维护。不枯朽、不腐蚀、不褪色、不需要日常维护，不污染环境。

2. 适用范围

塑料栏杆或护栏主要适用于园区绿化护栏、草地栅栏、儿童栅栏等，如图8-3所示。

8.1.2.4 塑料板材

塑料板材是以树脂材料为基材或为浸渍材料,经一定工艺制成的具有装饰功能的板材。在园林工程中常用的塑料板材主要有有机玻璃板材和硬质PVC透明板。

1. 有机玻璃板材

有机玻璃板材是一种透光率极好的热塑性塑料。是以甲基丙烯酸甲酯为主要基料,加入引发剂、增塑剂等聚合而成,如图8-4所示。有机玻璃有无色、有色透明有机玻璃和各色珠光有机玻璃等多种。

（1）有机玻璃的优点。

图8-3 塑料栅栏

有机玻璃的优点是透光性好,可透过光线的99%,并能透过紫外线的73.5%;机械强度较高;具有较好的耐热性、抗寒性及耐候性;耐腐蚀性及绝缘性良好;在一定条件下,尺寸稳定、容易加工。

（2）有机玻璃的缺点。

有机玻璃的缺点是质地较脆;易溶于有机溶剂;表面硬度不大,易擦痕等。

（3）有机玻璃在园林工程中的应用。

在园林工程中,有机玻璃主要应用在廊、亭等景观建筑的顶部、有机玻璃雕塑、指示牌等。

2. PVC透明塑料板

PVC透明塑料板是以PVC为基料,添加增塑剂、抗老化剂,经挤压成型的一种透明板材。如图8-5所示。

PVC透明塑料板的特点是机械性能好,热稳定性好,耐候,耐化学腐蚀,耐潮湿,难燃,并可切、剪、锯加工等,可部分代替有机玻璃制作广告牌、灯箱、展览台、橱窗、透明屋面、雨篷、室内装饰及浴室隔墙等,价格低于有机玻璃,在园林工程中的应用与有机玻璃相同。

图8-4 有机玻璃板材

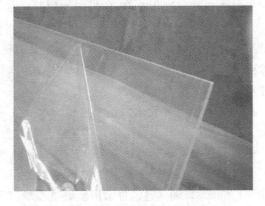

图8-5 PVC透明塑料板

8.1.2.5 塑料管材

塑料管材在国外是使用量最多的塑料园林工程材料,几乎占全部塑料材料制品的40%。国内在20世纪60年代开始采用塑料管材,最早用于化工、化纤等工业部门输送腐蚀液体,少量在民用建筑的给排水系统中试用。70年代开始用于农用喷灌管道。80年代初,塑料管道的给排水系统正式被建筑部门接受,并制定出完整的设计、生产、施工规范和方法。目前广泛用于园区的给排水工程、排气和排污管道、雨水管以及电线、电缆套管等。

（1）塑料管材的优缺点。

塑料管材之所以在园林工程中得到广泛应用,是由于它与传统的铸铁管、石棉水泥管及钢管相比有以下优点。

1）重量轻。塑料管的密度是钢、铁管材密度的 1/7，是铝的密度的 1/2。由于质量轻，施工时劳动强度大大减轻。

2）安装方便。塑料管材的连接方法简单，常采用溶剂粘接法、承插连接法、焊接法等，安装简单迅速。

3）流体的阻力小。塑料管内壁光滑，不易结垢和生苔，在同样压力下塑料管的流量比铸铁管高 30％，且不易堵塞。

4）耐腐蚀性好。塑料管道可用来输送各种腐蚀性液体，如某企业在硝酸吸收塔中使用硬质 PVC 管，已使用 20 年无损坏迹象。

5）维修费用低。塑料管不锈不腐蚀，无需涂刷油漆，破损也易修补。

6）装饰效果好。塑料可以着色，外表光洁，不易沾污，装饰效果好。

塑料管也有它的缺点。

1）由于工程所用的塑料大部分为热塑性塑料，如 PVC、PE、PP‐R 等，塑料的耐热性差，因此，一般塑料管不能用作热水供水管道，否则会产生管道变形、泄漏等问题。

2）塑料管的冷热变形较大，故在管道系统的设计中必须考虑这一点。

3）有些塑料管的机械性能（如硬质 PVC 的抗冲击性能）不及铸铁管。在安装使用中，要尽量避免敲击或挂搭重物。

（2）常用塑料管。

目前，我国生产的塑料管按材质划分主要有 PVC、PE、PP‐R 等热塑性树脂（园林工程常用）和 PF、EP、VP 等热固性树脂制成的玻璃钢管，以及石棉酚醛树脂（PF）制成供某些化工工业使用的管道等。其中，PVC 管道具有重量轻、强度高、耐腐蚀、不易积垢、不生锈、成本低、安装维修方便等优点。因此，在各类塑料管中，以 PVC 管的产量最大，使用最为普遍，这类管材约占全部塑料管材的 80％。

1）聚氯乙烯（PVC）塑料管。

聚氯乙烯塑料管是以 PVC 树脂为原料，加入稳定剂、润滑剂、填料等经捏合、滚压、塑化、切粒、挤出成型加工而成。与其他热塑性塑料管如 PE、PP‐R 等相比，PVC 塑料管材的机械性能、抗老化性较好。在给排水工程中主要采用硬质 PVC 管。硬质 PVC 管的加工性差和抗冲击性能差等问题，可在配方中加入丙烯酸酯和甲基丙烯酸甲酯、丁二烯、苯乙烯的三元共聚物改性，使其性能得到很大的改善。

PVC 塑料管用于排水（污水）和给水（饮用水）的管材是有区别的，分别按不同标准生产与供货。它们的配方基本相同，只是在配方中对给水管选用低毒或无毒性、无锡稳定剂、低铅稳定剂，例如采用辛基硫醇锡 0.4％～0.8％和钙皂 0.6％～1.0％等复合稳定剂，以保证对人体的安全。

硬质 PVC 塑料管的规格及技术性能按《给水用硬聚氯乙烯（PVC—U）管材》（GB/T 10002.1—2006）和《建筑排水用硬聚氯乙烯（PVC—U）管材》（GB/T 5836.1—2006）的要求生产，管径的外径和壁厚分轻型和重型两种类型，管长一般为 4m。

硬质 PVC 常温使用压力，轻型不得超过 0.6MPa，重型不得超过 1.0MPa，管材使用温度范围为 0～60℃。可根据使用场合，合理选用管材的直径和类型。

硬质 PVC 管可用于园林工程中所有给排水管道，及工业与民用建筑的给、排水工程，也可用于医院及某些工矿企业排放含有一般酸、碱腐蚀性的废水的管道。

PVC 管除硬质管外，还有软质塑料管。它的特点是，在生产配方中，除仍以 PVC 树脂为基材外，需配以增塑剂、热稳定剂等辅助剂，挤出成型，产品为透明或不透明，质地比较柔韧。主要用于流体输送管、电器套管等。管长一般不小于 10m。击穿电压大于 20KV/mm，拉伸强度不小于 15.0MPa，断裂延伸率不小于 200％，可用于 −10℃ 以上的寒冷地区，直径有内径 1.0～40.0mm，颜色有白、黄、红、蓝、黑等。

2）聚乙烯（PE）塑料管。

PE塑料管分为低密度聚乙烯（LDPE）管和高密度聚乙烯（HDPE）管两种。与PVC管相比，PE管的密度小，柔性较好，耐腐蚀，耐溶剂也优于PVC管。可用来输送大多数溶剂和腐蚀性液体。但对动、植物油有一定的溶胀性。LDPE管的柔性、弹性较好，用作给排水管道时，冬季不易冻裂，安装时，可承受不大于管径12倍的弯曲。PE管在室外使用时，易受紫外线影响，故PE管的室外颜色一般做成黑色或灰色。PE管的最高使用温度也是60℃，但耐低温性优于PVC管。PE塑料管可用于园林工程中所有管道，如饮水管、雨水管、气体管道、工业耐腐蚀管道等。

PE管的管长一般不少于4m，国际上把PE管的材料分为PE32、PE40、PE63、PE80、PE100 5个等级，用于燃气管和给水管的材料主要是PE80和PE100。常温使用压力，LDPE管为0.4MPa、HDPE管为0.6MPa，拉伸强度不少于0.8MPa，断裂伸长率不小于200%，颜色一般为本色或黑色，如图8-6（a）所示。

3）聚丙烯（PP-R）管。

PP-R塑料管是在PP树脂中加入适量助剂，经挤出加工而成。如图8-6（b）所示。

PP-R管的密度比PE管要轻，耐热性比PVC管和PE管要好得多，可在100～120℃的温度下，仍保持一定的机械强度。因此，可用作热水管，压力较小时使用温度可达120℃，但压力较大时，使用温度不高于60℃。

（a）PE塑料管　　　　　　　　　　　　　　（b）PP-R塑料管

图8-6　塑料管

8.1.2.6　塑木复合材料

塑木复合材料（Wood-Plastic Composites，简称WPC），又称"木塑"或者"人造木"，是用热塑性树脂和天然纤维（如木粉、麦秸、稻壳、竹粉等）经过高分子改性，用一定的配合比混合，经挤出设备加工制成的一种复合材料，如图8-7（a）所示。

塑木复合材料具有如下优点：①免受紫外线侵害、褪色慢、免受虫害和菌类的侵蚀；②防水耐蚀、不开裂、不腐烂；③易于切割、锯刨、钻孔和用螺丝螺栓固定等；④具有天然的木质感；⑤不含对人体有害成分，对环境友好；⑥充分利用了废弃资源，减少了废弃物对环境的危害；⑦具有可循环再生性，是一种绿色环保产品。

塑木复合材料同时具有木材和塑料的优良性能，广泛应用于园林工程中，如户外（阳台、平台、栈桥）地板、篱笆栅栏、栏杆护栏、桥梁铺板、树池花坛、水边码头、水池护板、椅凳面板、亭廊花架、路牌标示、活动房屋等；还可以用作装饰材料，如墙面装饰、钢架表面等美化外观，如图8-7（b）～（d）所示。

8.1.2.7　膜结构

膜材已被业界公认为是继砖、石、混凝土、钢材和木材之后的"第六种造园材料"。主要分为织物类膜材与非织物类膜材。织物类膜材主要由基层、涂层和面层组成，如图8-8所示。常用膜

(a)塑木复合板　　　　　　　　　　　　　(b)塑木清水平台

(c)塑木栈桥　　　　　　　　　　　　　　(d)塑木栏杆

图 8-7　塑木复合板及应用

材基层材料为玻璃纤维织物和聚酯纤维织物，涂层为 PVC（聚氯乙烯）、PTFE（聚四氟乙烯）和硅酮。目前膜材常由涂层名称命名。为改善膜材自洁性及抗老化性等，常在膜材涂层表面再敷以面层，如 PVC 膜材加设聚二氟乙烯（PVDF）或聚氟乙烯（PVF）薄膜面层。

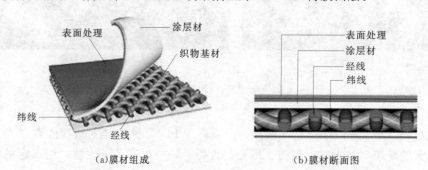

(a)膜材组成　　　　　　　　　　　　　　(b)膜材断面图

图 8-8　膜材（图片由重庆览盛膜结构安装工程有限公司提供）

1. 膜结构的发展

对膜结构的追溯，人们往往将其与远古时代利用兽皮等制造的帐篷联系起来。真正意义上的现代膜结构，当推 1970 年在日本大阪万国博览会中所建造的一些以自重轻、抗震性能好、施工速度快且形态各异为突出特点的膜结构临时展馆，它标志着膜结构时代的开始。从此，在世界范围内开展了对膜结构的开发、研究，其被大量应用于大型体育场馆、入口廊道、小品、公共休闲娱乐广场、展览会场等，特别是"鸟巢"、"水立方"的落成，膜结构又一次引起了世人的广泛关注。

2. 膜结构的特点

膜结构是用高强度柔性薄膜材料与支撑体系（建筑钢材）相结合，形成具有一定刚度的稳定曲面，能承受一定外荷载的空间结构形式，成为更接近建筑形式的膜结构景观。这使得膜结构造型活泼优美，富有时代气息；自重轻，适合大跨度建筑，可充分利用自然光，减少能源消耗，造价相对低廉，施工速度快，结构抗震性能好，适用范围广。

（1）轻质。

膜结构自重小却能保持结构的稳定性，原因在于它依靠预应力的方法而非材料来实现，从而使其自重比传统建筑结构小得多，但却具有良好的稳定性。建筑师可以利用其轻质大跨的特点设计和组织结构细部构件，将其轻盈和稳定的结构特性有机地统一起来。

（2）透光性。

透光性是现代膜结构最被认可的特性之一。膜材的透光性可以为建筑提供所需的照度，起到建筑节能的作用，对于一些要求光照多且亮度高的商业建筑等尤为重要。

（3）柔性。

膜结构不是刚性的，在风荷载或雪荷载的作用下会产生变形。膜结构通过变形来适应外荷载，在此过程中荷载作用方向上的膜面曲率半径会减小，直至能更有效抵抗该荷载。张拉结构的灵活性使其可以产生很大的位移，不发生永久性变形。膜材的弹性性能和预应力水平决定了膜结构的变形和抗力。适应自然的柔性特点，激发设计师的设计灵感。不同膜材的柔性也不相同，有的膜材柔韧性极佳，不会因折叠产生脆裂或破损，该特性是有效实现可移动、可展开结构的基础和前提。

（4）雕塑感。

膜结构的独特曲面外形使其具有强烈的雕塑感。膜面通过张力达到自平衡。膜面高低起伏具有的平衡感，使体型较大的结构看上去像摆脱了重力的束缚，轻盈地飘浮于天地之间。无论室内还是室外，白天随着光线的变化，雕塑般的膜结构通过光与影呈现出不同的形态；在夜晚，利用膜材的透光性和反射性，经过设计的人工灯光也可使膜结构成为光的雕塑。

（5）安全性。

按照现有规范和标准设计的轻型膜结构具有足够的安全性。膜结构发生撕裂时，只要结构布置能保证桅杆、梁等刚性支承构件不发生坍塌，其危险性就很小。膜结构的柔性使其在任一荷载作用下均以最有利的形态承载。

3．膜结构的类型

（1）充气式膜结构。

向由膜结构构成的室内充入空气，使室内的空气压力始终大于室外的空气压力，使膜材料处于张力状态，抵抗负载及外力构造。

随着化学工业的发展，近年来已经开始用充气式膜结构构成建筑物的屋盖或外墙，多用于临时性工程或大跨度建筑。充气结构使用材料简单，一般用尼龙薄膜，人造纤维或金属薄片等，表面常涂有各种涂料，这种结构可以达到很大的跨度，安装、充气、拆卸、搬运均较方便。主要用于园林中的大型展厅，体育馆、工厂或军事设施等。

（2）骨架式膜结构。

以钢构或集成材构成屋顶骨架后，在其上方张拉膜材的构造形式，下部支撑结构安定性高，因屋顶造型比较单纯，开口部不易受限制，且具经济效益较高等特点，广泛适用于任何规模的空间。

（3）张拉式膜结构。

张拉式膜结构是通过拉索将膜材料张拉于结构上而形成的结构形式。膜材完全靠外部施加的预应力保持其形状，膜表面通过自身曲率变化达到内外力平衡。具有高度的形体可塑性和灵活性，是索膜结构建筑的代表和精华，如图8-9所示。施工精度要求高，结构性能强，且具丰富的表现力，造价略高于骨架式膜结构。

（4）组合式膜结构。

组合式膜结构通常在自身稳定的桁架体系上划分成若干个单元，每个单元上布置张拉式膜结构

图 8-9　张拉膜结构景观建筑

图 8-10　骨架式膜结构建筑

单位，膜结构单元之间在受力上基本是互相独立的，受力的复杂性介于张拉式膜结构与骨架式膜结构之间（见图 8-10）。这种体系在目前膜结构体育场中有着较广泛地应用。

此外，高强度树脂复合材料因具有良好的抗冲击和拉伸强度、耐磨、耐腐蚀、盖结合严密、重量轻、可任意着色、安装简便等优点，常用作园林工程中的排水沟盖板、水篦子等。

8.2 玻 璃

玻璃是以 72% 的 SiO_2、15% 的 Na_2O 和 9% 的 CaO，另外还含有少量的 Al_2O_3、MgO 等原料，再加入适量的辅助材料，在 1500～1660℃ 高温下熔融、成型，并经急冷制成的透明、脆硬性固体材料。尽管玻璃不像砖石等传统材料那样在园林工程中被大量应用，但设计师往往利用它的特殊性能将其应用到园林工程中，使其成为一种不可多得的景观载体、创造元素和艺术材料。

8.2.1 玻璃的分类、组成及特性

8.2.1.1 玻璃的分类

玻璃的种类繁多，有 80 余种，当前园林工程中应用的玻璃种类主要有以下 4 大类。

第 1 类：饰面玻璃——用于面层装饰的玻璃。

第 2 类：节能玻璃——具有生态环保功能的玻璃。

第 3 类：结构玻璃——可以形成独立景观的玻璃。

第 4 类：其他玻璃——可回收的玻璃碎片、玻璃屑和立体装饰品等。

1. 饰面玻璃

这类玻璃由于自身性质限制，只能用作面层装饰，它需要结构层来承受外力。

（1）压花玻璃。透光不透视，可使透过的光线柔和悦目，主要用于需要透光装饰又需要遮断视线的场所，并可用作艺术装饰。有浅黄色、浅蓝色、橄榄色等。抗拉强度 60MPa，抗压强度 200MPa，抗弯强度 40MPa，透光率为 60%～70%。

（2）釉面玻璃。色彩鲜艳耐久，易于清洗，图案丰富并可按用户要求或设计图案制作。一般用于小品立面、地面装饰。

（3）热弯玻璃。透光性能、隔声性能和力学强度好，可制成各式曲面，如 U 形、半 U 形、半圆球面、单双向弯曲等。主要用于雕塑、小品立面。

（4）彩印玻璃。图案逼真、色彩丰富、立体感强，耐酸碱、耐高低温、透光不透视，适用于屏风、墙幕、广告灯箱和灯饰等。

（5）镜面玻璃。镜面玻璃即镜子，园林工程中利用镜面玻璃的影像功能，可以在视觉上使空间延伸，同时起到让周围景物相互借用的作用，丰富空间的艺术效果。

（6）镭射玻璃。表面色彩和装饰图形因光线不同的入射角度发生变化，装饰效果富丽堂皇。颜色有蓝色、灰色、紫色、绿色等。适用于地面、柱面、墙面、隔断和台面的装饰。

（7）七彩变色玻璃。可以在不同角度、不同光线下变幻出不同色彩，高雅、美观、豪华。主要应用于地面装饰及大型室外景观。

（8）彩绘玻璃。在玻璃上以特制的胶状颜料绘图上色，图案丰富亮丽，能自如地创造出赏心悦目的和谐氛围，增添浪漫迷人的现代情调。

（9）玻璃大理石。具有天然大理石的色彩、纹理、光泽的玻璃制品。可以代替大理石使用。

2. 节能玻璃

节能玻璃具有良好的保温隔热效果，并且有赏心悦目的色彩和图案。

（1）热反射玻璃。热反射玻璃是镀膜玻璃中的一员，单向透视，可过滤反射紫外线、红外线和太阳可见光，避免眩光，热透过率低、隔热性能好。色彩丰富，如灰色、茶色、金色、浅蓝色、青铜色和古铜色等。

（2）吸热玻璃。吸热玻璃能够吸收大量红外线、紫外线和太阳的可见光，防止眩光，有明显的降温效果。颜色与热反射玻璃相同。

（3）变色玻璃。变色玻璃自身颜色可随着外界光线变化而变化，能控制太阳辐射热，降低能耗，同时改善自然采光条件，具有防眩光、防窥视等作用。

（4）中空玻璃。中空玻璃是将中间注入干燥空气或其他气体的两片或多片平板玻璃进行密封制成的。抗冲击能力强，隔热、隔声、防结露。一般可降耗 20%～30%，降噪 30～40dB。颜色有无色、绿色、黄色、金色、蓝色、灰色、茶色等。

按玻璃原片的性能分有普通中空、压花中空、吸热中空、钢化中空、夹丝中空、夹层中空、热反射中空、热弯中空等。

3. 结构玻璃

结构玻璃也可称为安全性玻璃，不仅力学性能好，机械强度高，对园林环境的适应力强，而且能够由大部分饰面玻璃和节能玻璃经过深加工制得，装饰性能优越。既可以通过不同组合构成园林景观，也可独立成景。

（1）钢化玻璃。

钢化玻璃又称强化玻璃，是利用一些特殊方法进行处理，使其表面具有预应力的玻璃。

1）钢化玻璃的特点。

安全性。当玻璃被外力破坏时，碎片成类似蜂窝状的碎小钝角颗粒，减少对人体的伤害。

高强度。同等厚度的钢化玻璃抗冲击强度是普通玻璃的 3～5 倍，抗弯强度是普通玻璃的 2～5 倍。

热稳定性。钢化玻璃具有良好的热稳定性，可承受 200℃的温差变化，是普通玻璃的 3 倍。

2）钢化玻璃的技术标准。

分类。钢化玻璃按形状分为平面钢化玻璃和曲面钢化玻璃两类。

技术要求。尺寸及公差：钢化玻璃的长度、宽度由供需双方商定。平面钢化玻璃的边长允许偏差见表 8-1。平面钢化玻璃的弯曲度：弓形时不超过 0.5%，波形时不超过 0.3%；边长大于 1.5m 的钢化玻璃的弯曲度由供需双方协商。曲面钢化玻璃的形状和边长的允许偏差及吻合度由供需双方商定。厚度允许偏差应符合《平板玻璃》（GB 11614—2009）的规定。

表 8-1　　　　　　　　　　　　平面钢化玻璃的边长允许偏差

允许偏差/mm　边长 L/mm 玻璃厚度/mm	L≤1000	1000<L≤2000	2000<L≤3000	L>3000
3，4，5，6	+1 -2	±3	±4	±5
8，10，12	+2 -3			
15	±4	±4		
19	±5	±5	±6	±7
>19	供需双方商定			

外观质量。钢化玻璃的外观质量必须符合的规定，见表 8-2。

表 8-2　　　　　　　　　　　　钢化玻璃的外观质量规定

缺陷名称	说　明	允许缺陷个数	
		优等品	合格品
爆边	每片玻璃每米上允许有长度不超过 20mm，自玻璃边部向玻璃表面延伸深度不超过 6mm，自板面向玻璃厚度延伸深度不超过厚度一半的爆边	1 个	3 个
划伤	宽度在 0.1mm 以下的轻微划伤	距表面 600mm 处观察不到的不限	
	宽度在 0.1~0.5mm 之间，每 0.1m² 面积内允许存在条数	1 条	4 条
缺角	玻璃四角残缺以等分角线计算，长度在 5mm 范围之内	不允许有	1 个
夹钳印	玻璃挂钩痕迹中心与边缘的距离	不得大于 12mm	
结石	均不允许存在		
波筋、气泡、线道、疙瘩、砂粒	优等品不得低于 GB 11614—2009 一等品的规定 合格品不得低于 GB 11614—2009 二等品的规定		

钢化玻璃适用于园林工程的亭廊顶棚、玻璃隔断、玻璃栏板等处。

（2）夹层玻璃。

在两片或两片以上玻璃之间夹入一层 PVB 膜片，经过不同的压合工艺融合为一体的玻璃类产品。

夹层玻璃的透明度好，抗冲击性能比一般平板玻璃高几倍。即使玻璃破碎，碎片也仍会与夹层内的 PVB 膜片在一起，避免造成人身伤害或财产损失。夹层玻璃还具有隔声、防眩光、阻挡紫外线、耐寒耐热等性能。

夹层玻璃在园林工程中的应用主要取决于设计师想要得到的景观视觉效果，可通过夹层的色彩、纹理、质感来表达，又可表现外层玻璃的透明、光滑等。

（3）夹丝玻璃。

在玻璃内部嵌入金属丝或金属网。其性能特点主要表现在两方面：一方面是安全性，在冲击荷载作用下，即使开裂或破坏仍连在一起；另一方面是防火性，当火焰蔓延，夹丝玻璃受热炸裂时，由于金属丝网的作用，玻璃仍能保持固定，隔绝火势，故称防火玻璃。夹丝玻璃适用于亭廊采光顶棚、护栏等。

（4）玻璃空心砖。玻璃空心砖是由两块压铸成凹形的玻璃，经焊接或胶结而成的方形和矩形的玻璃砖块。

其特点是透光不透视，表面有光面和花纹面，颜色绚丽多彩，具有抗压、保温、隔热、隔音、防水、阻燃、耐磨、耐侵蚀、不结霜等性能。玻璃空心砖适用于园林工程中的隔断、景墙等处。

4. 其他玻璃制品

（1）碎玻璃和玻璃屑。

将废弃的玻璃制品碾碎，研磨处理成无尖锐边角、形状各异、色彩鲜艳的玻璃屑或碎玻璃。

碎玻璃和玻璃屑适用于铺地或铺设在植物的覆土层上，形成美妙的地面景观。

（2）立体装饰品。

用玻璃制作的形状各异、具有极强观赏性的灯具和雕塑小品等立体造型的装饰品。

8.2.1.2 玻璃的组成

所有材料不管是人工的还是自然的都有其自身的性格，它是材料内部结构的外在表现。玻璃内部结构变化之多说其变化万千都不为过，它的性能也就多种多样，每种材料的物理属性制约着它的某些审美属性，因此，了解玻璃的内部组成，是掌握其在园林工程中使用效果和装饰效果的前提。玻璃的组成及各组分作用见表8-3和表8-4。

表8-3　　　　　　　　　　　　玻璃中各主要氧化物的作用

氧化物名称	所 起 作 用	
	增加	减少
二氧化硅（SiO_2）	熔融温度、化学稳定性、热稳定性、机械强度	密度、热膨胀系数
氧化钠（Na_2O）	热膨胀系数	化学稳定性、耐热性、熔融温度、析晶倾向、退火温度、韧性
氧化钙（CaO）	硬度、机械强度、化学稳定性、析晶倾向、退火温度	耐热性
三氧化二铝（Al_2O_3）	熔融温度、化学稳定性、机械强度	析晶倾向
氧化镁（MgO）	耐热性、化学稳定性、机械强度、退火温度	析晶倾向、韧性

表8-4　　　　　　　　　　　　玻璃中主要辅助原料及其作用

名称	常用化合物	作 用
助熔剂	萤石、硼砂、硝酸钠、纯碱等	缩短玻璃熔制时间。其中萤石与玻璃液中的杂质FeO作用后，还可增加玻璃的透明度
脱色剂	硒、硝酸钠、氧化钴、氧化镍等	在玻璃中呈现为原来颜色的补色，达到使玻璃无色的作用
澄清剂	白砒、氧化锑、硝酸钠、硝酸镁、二氧化锑	降低玻璃液黏度，有利于玻璃液消除气泡
着色剂	氧化铁（Fe_2O_3）、氧化钴、氧化锰、氧化镍、氧化铜、氧化铬	赋予玻璃一定颜色
乳浊剂	冰晶石、氟硅酸钠、磷酸三钙、氧化锡等	使玻璃呈乳白色的半透明体

8.2.1.3 玻璃的特性

根据玻璃自身的性质和在园林工程中的应用特点，可分为一般特性和美学特性。

1. 玻璃的一般特性

玻璃的一般特性又称玻璃的自然特性、共性或通性，见表8-5。

2. 玻璃的美学特性

材料本来只是建造所需的工具，当它被设计师进行精心表现之后，就超越了物质层面的意义，变成了一种有着独特文化背景的美学追求，具有精神意义和美学内容。玻璃的美学特性主要表现在以下几点。

表 8-5　　　　　　　　　　　　　　　　　玻 璃 的 一 般 特 性

一般特性	注　　解
各向同性	玻璃的质点无规则排列，满足统计均匀分布，因此，它在各方向上的物理化学性质相同。如在机械应力不存在的情况下，玻璃没有双折射现象
介稳性	玻璃在冷却过程中，来不及释放出结晶潜热。因此内能比相应的结晶态结晶物质大，不是处于能量最低的稳定状态，而是介于熔融态和晶态之间，属于介稳态
无固定熔点	玻璃在一定温度范围内进行固体到液体的转变，没有确定的熔点
可变性	在一定温度范围内，玻璃的性质随成分产生逐渐的、连续的变化
变化的可逆性	玻璃的物理化学性质变化在冷却（或加热）过程中是可逆的

（1）单纯性。因玻璃具有透明、纯净、光滑的特性，所以其表面呈现的是简洁、清澈的视觉效果，在形式上往往表现为平板造型或三维造型形式，加之色彩的透明和单纯使其在很大程度上具有单纯性。

（2）神秘性。空灵、色彩凄迷的玻璃蕴含着某种神秘的力量，让人心生遐想。利用玻璃的透明性、反射性和遮挡性使其营造出空间、光影、色彩与材质的虚幻，改变真实环境的空间感，创造出虚拟的景象，环境透过玻璃存在，同时又与玻璃形成空间的分隔。

（3）渗透性。玻璃的透明特征，使其在空间环境中形成不遮挡、半遮挡或完全遮挡的效果，由此营造的景观空间效果形成了空间在视觉上的联系，具有隔而不断、相互渗透的特点。

（4）反射性。玻璃能把周围环境中的树木、山川、云天等物体映射到自身表面，形成多种光影交织、丰富多变的视觉感受。园林工程中利用玻璃材料的反射性，使光线改变其直线传播的特点，产生多重空间的幻象与光怪陆离的气氛，能达到两种效果：其一，使景物双倍增加，起到扩大空间的感觉；其二，使景物之间互相对话。如巴黎拉·维莱特公园的"镜园"是在欧洲赤松和枫树林中竖立着 20 块整体石碑，一侧贴有镜面，镜子内外景色相映成趣，使人难辨真假。

8.2.2　玻璃及制品的应用

在园林工程中，玻璃及其制品可以同混凝土、砖石一样做成围墙、桥面、栏板、坐凳、台阶、花池、水池等。

8.2.2.1　玻璃围墙

随着玻璃生产工艺水平的提高，钢化玻璃等强度和安全性较高的玻璃材料，可以代替传统的砖石材料建造围墙。玻璃材料透明亮丽、透光不透视等特性，为围墙景观带来了特有的魅力。比如，将一堵有文物价值的古墙包裹在玻璃围墙里，即可以保护古墙免受风雨的侵袭，又可以避免人或动物对古墙的接触性破坏。如果这堵古墙是供参观的，外面维护的玻璃就应使用超白的透明玻璃，这样可以保证游人透过玻璃看到的景物颜色不会失真。玻璃围墙是否采用透明玻璃与设计师的设计意图有关，如图 8-11 所示。

(a)透明玻璃围墙　　　　　　　　　　　　　　(b)玻璃砖围墙

图 8-11　玻璃围墙

8.2.2.2　玻璃顶棚

在园林工程中，玻璃越来越多的代替各种传统的瓦材，成为亭廊的顶棚。玻璃的透明、轻盈使得亭廊不再像传统亭廊那么厚重，并且使得各种形式亭廊的建造成为可能，如图8-12所示。

(a)廊架顶棚　　　　　　　　　(b)地下停车场采光顶棚

图8-12　玻璃顶棚

8.2.2.3　玻璃铺装

由于玻璃材料的价格较高，利用玻璃材料作地面铺装时，通常作为人行桥面或是小范围的装饰性铺地，面积较小，便于节约建设成本。比如架高的桥梁用玻璃做桥面是很有趣的，它突破了传统材料铺面后看不见桥面下方景物的问题，如果桥架在林中，走在桥上的人们就像在树梢上行走一般；如果桥架于水上，走在桥上的人们就好像凌波于湖面之上，甚至可以看见鱼儿在脚下游动。如图8-13所示为徐州市汉墓博物馆中用玻璃架起的廊道，游客可以很方便地观看左右及脚下的发掘现状。

图8-13　徐州市汉墓博物馆玻璃廊道　　　　　图8-14　玻璃铺地

需要注意的是，当表面光滑的材料被铺在脚下时，它的防滑性就变得很重要了，因普通玻璃或钢化玻璃在遇到水时就会变得很滑。设计者可以通过给玻璃加上防滑点或防滑带的方法来解决，防滑点和防滑带就是在玻璃表面做出粗糙的面来增加玻璃的防滑性，如图8-14所示。

8.2.2.4　玻璃栏板

玻璃栏板通常会选用钢化玻璃、夹丝玻璃等安全玻璃。玻璃用作栏板，安装方法也很简单，既可以用点式支撑将其固定在结构构件上，也可以像安

图8-15　玻璃栏板

装窗户玻璃那样卡在凹槽里。根据设计者的需要选用不同的安装方法，如图 8-15 所示。

8.2.2.5　玻璃水池

利用玻璃的透明特性，可以在湖体中做下沉式的观光廊道，无论在湖体四周或是廊道内部游览，都会有极强的视觉冲击。如图 8-16 所示，从远处侧面观看，只见游客纷纷渐入渐沉，犹如在水中行走，最后水面慢慢地淹没了他们的头顶。进入内部观看，左右两侧尽是金鱼嬉戏、虾龟畅游，犹如进入了宽敞的水宫世界。

（a）从外部侧面观看

（b）在入口向内部观看

（c）在内部向侧面观看

（d）整体效果

图 8-16　徐州市清园下沉式玻璃观光廊道

8.2.2.6　玻璃种植池

如果用透明玻璃作种植池，能将池内土壤情况看得一清二楚。用玻璃作花池，高度不能太高，一般在 40cm，这是因为太高的花池需要玻璃抵抗更多来自土壤和水的侧压力，对玻璃厚度的要求增加。如果用单层玻璃做花池，还要将玻璃的边角进行磨圆处理，避免划伤观赏者。

8.2.2.7　玻璃灯光覆盖层

园林工程中有部分景观追求夜晚的灯光效果，通常在地面设置灯光带或灯光面，将灯光设施埋置在地表层以下。此时需要既能起到保护作用又能透光的材料覆盖在灯光设施之上，玻璃材料是最佳选择。

8.2.2.8　玻璃台阶

用玻璃做台阶，其应用要点和特点与用玻璃作桥面一样，主要是防滑和结构支撑件的美观。另一个需要注意的是排水问题，玻璃本身不吸水，不透水，只有靠面层排水的方法来组织排水，因此玻璃桥和玻璃台阶都应在保证安全的前提下设计出合理的排水坡度。

8.2.2.9　玻璃坐凳

木材、金属等材料的坐凳在园林工程中随处可见，但玻璃坐凳受材料本身易破碎的限制，应用在室外的并不多。玻璃坐凳需要固定在地面上，玻璃应使用安全玻璃。玻璃还可用于排水沟、管线槽盖板等设施中。

小　结

塑料与传统造园工程材料相比具有许多优点，如表观密度小、比强度高、加工性能好、装饰性强、绝缘性能好、耐腐蚀性优良、节能效果显著等。塑料按热特性不同可分为热塑性塑料（如聚乙烯、聚丙烯、聚苯乙烯、聚氯乙烯、聚甲基丙烯酸甲酯、ABS塑料、聚酰胺、聚甲醛、聚碳酸酯、聚苯醚等）和热固性塑料（酚醛树脂、脲醛树脂、三聚氢胺树脂、环氧树脂、聚氨酯等）。园林工程中所用塑料主要是热塑性塑料。塑料是由合成树脂及填充料、增塑剂、稳定剂、固化剂、着色剂及其他添加剂组成的高分子材料，它的主要成分是合成树脂。各种塑料制品（塑料花盆、塑料排水板、塑料栏杆或护栏、塑料板材、塑料管材、塑木复合材料以及膜结构等）在园林工程中经常采用。

玻璃是一种重要的园林工程材料，具有透光、透视、隔声、隔热和装饰功能。当前园林工程中应用的玻璃种类主要有饰面玻璃、节能玻璃、结构玻璃和其他玻璃4大类。玻璃具有各向同性、介稳性、无固定熔点、可变性、变化的可逆性等一般特性，以及单纯性、神秘性、渗透性、反射性等美学特性。园林工程中常用的玻璃制品有玻璃围墙、玻璃顶棚、玻璃铺装、玻璃台阶、玻璃栏板、玻璃灯光覆盖层、玻璃坐凳、玻璃水池、玻璃种植池等。

思 考 题

1. 园林工程常用热塑性高聚物的特征是什么？常见品种有哪些？
2. 与传统造园材料相比，塑料有什么优缺点？园林工程中常用的塑料制品有哪些？
3. 有机玻璃在园林工程应用中有哪些优点和缺点？
4. 有机玻璃和PVC透明塑料板在园林工程中各有哪些用途？
5. 塑木的特点是什么？举例说明塑木在园林工程中的应用。
6. 园林工程中塑料管道与铸铁管道相比，有什么优缺点？
7. 膜结构的特点是什么？
8. 玻璃在园林工程中可以分为哪4大类？
9. 简述玻璃美学特性在园林工程中的应用，并举例说明。
10. 举例说明钢化玻璃在园林工程中的应用。

第9章 金属材料及制品

金属材料是指具有良好导电、导热性能，具有一定强度和塑性，并有金属光泽的物质。它是由一种纯金属或以一种金属为主并掺加其他元素生产的具有金属特性的造园材料。

金属材料与砖石等材料相比质量更轻，可以减少结构荷载，并具有一定的延展性，韧性；它易于工厂规模化加工，无湿作业，机械加工精度高；施工方便，可缩短工期，降低人工成本；此外，金属还是世界上回收利用率最高的材料，是名副其实的环保材料。

金属材料种类繁多，目前，一般按其表面颜色分为两大类：黑色金属和有色金属。具体分类如图9-1所示。

图9-1 金属材料的分类

近年来，随着金属加工工艺的发展及结构技术的进步，金属材料以它独特的性能赢得了造园者的广泛青睐，在园林工程中的应用愈加广泛。金属材料造型丰富、特点鲜明、耐磨耐用、便于维护，并易与土、木、石、水泥等材料和谐搭配，为园林景观的创新设计带来了材料上的支持，使更多的园林艺术形式得以实现。目前，在各种金属材料中，钢材、铝及其合金、铜及其合金是园林工程中应用最为广泛的金属材料。

9.1 钢材及其制品

钢材是重要的园林工程和建筑材料，与水泥、木材合称为3大主材。由于钢材在生产中有较严格的工艺控制，因此质量通常能够得到保证。

钢材具有较高的强度，有良好的塑性和韧性，能承受冲击和振动荷载，可以焊接、螺栓连接或铆接，易于加工和装配，被广泛地应用于园林工程中。但钢材也存在易锈蚀及耐火性差的缺点。

9.1.1 钢材的分类

钢材种类繁多，性质各异，可以按照多种方法进行分类。

9.1.1.1 按化学成分分类

1. 碳素钢

碳素钢的主要化学成分是铁，其次是碳，故也称为铁—碳合金，其含碳量低于 2.11％，此外还含有少量的硅、锰、磷、硫等。根据含碳量的高低，碳素钢又可分为低碳钢（含碳量低于 0.25％），中碳钢（含碳量为 0.25％～0.60％）和高碳钢（含碳量高于 0.60％）。

2. 合金钢

合金钢中除含有铁、碳外，还含有一种或多种具有改善钢材性能的合金元素，如锰、硅、钒、钛等。根据合金元素的总含量，合金钢可分为低合金钢（合金元素含量低于 5％）、中合金钢（合金元素含量为 5％～10％）和高合金钢（合金元素含量高于 10％）。

园林工程中所用的钢材主要是碳素钢中的低碳钢和合金钢中的低合金钢。

9.1.1.2 按钢材品质分类

根据钢材料的好坏，钢材可分为普通钢、优质钢和高级优质钢（主要是对硫、磷等有害杂质的限制范围不同）。

9.1.1.3 按脱氧程度分类

根据脱氧程度，钢材可分为以下四类。

1. 沸腾钢

沸腾钢脱氧不充分，钢中含氧量高，浇铸后钢液在冷却和凝固过程中会有大量的 CO 气体逸出，引起钢液呈"沸腾"状，故称为沸腾钢。此种钢的质量较差。其代号为 F。

2. 镇静钢

镇静钢在浇铸时钢液平静地冷却凝固，是脱氧较完全的钢。镇静钢脱氧充分，钢锭的组织密度大，气泡少，偏析程度少，各种力学性能比沸腾钢优越。其代号为 Z。

3. 半镇静钢

半镇静钢指脱氧程度及钢的质量介于沸腾钢和镇静钢之间的钢，其质量较好。其代号为 b。

4. 特殊镇静钢

特殊镇静钢是比镇静钢脱氧程度还要彻底的钢，其质量最好。适用于特别重要的结构工程。其代号为 TZ。

9.1.1.4 按用途分类

1. 结构钢

这类钢材主要用于工程构件及机械零件，一般属低碳钢、中碳钢和合成钢。

2. 工具钢

这类钢材主要用于各种刀具、量具及模具，一般属高碳钢。

3. 特殊钢

这类钢材具有特殊物理、化学或机械性能，例如不锈钢、耐热钢和耐磨钢等，一般属合金钢。

9.1.2 钢材的主要技术性能

园林工程用钢材主要作为构件的受力结构材料。不仅需要一定的力学性能，同时还要求具有容易加工的性能。其主要的力学性能有抗拉性能、冲击韧性、硬度及疲劳强度，其重要的工艺性能是冷弯性能和可焊接性。

材料在加工及使用过程中受到的外力称为荷载。根据荷载作用性质的不同，它可以分为以下几种。

（1）静荷载。指大小不变或变化极慢的荷载。

（2）冲击荷载。指突然增加的荷载，特点是有速度和大小。

（3）疲劳荷载。指经受周期性或非周期性的动荷载（又称循环荷载）。

根据荷载作用方式不同，还可以分为拉伸或压缩荷载、弯曲荷载、剪切荷载、扭转荷载等。

9.1.2.1　钢的化学成分对钢性能的影响

钢材中除基本元素铁和碳外，还含有少量的硅、锰、硫、磷、氧、氮及一些合金元素等，这些元素来自炼钢原料、炉气及脱氧剂，在熔炼中无法除净。它们的含量决定了钢材的性能和质量。

（1）碳：是碳素钢的重要元素，当含碳量小于 0.8% 时，随着含碳量的增加，钢的抗拉强度和硬度提高，而塑性和韧性降低，同时，钢的冷弯、焊接及抗腐蚀等性能降低，并增加了钢的冷脆性和时效敏感性。

（2）硅：是炼钢时用脱氧剂硅铁脱氧而残留在钢中的。硅是钢的主要合金元素，当硅的含量在 1.0% 以内时，可提高钢的强度，且对钢的塑性和冲击韧性无明显影响。

（3）锰：是炼钢时为了脱氧而加入的元素，也是钢的主要合金元素。在炼钢过程中，锰和钢中的硫、氧化合成 MnS 和 MnO，入渣排除，起到脱氧去硫的作用，当锰的含量在 0.8%～1% 时，可显著提高强度和硬度，消除热脆性，并略微降低塑性和韧性。

（4）磷：是钢中的有害元素，由炼钢原料带入，以夹杂物的形式存在于钢中。磷在低温下可引起钢材的冷脆性。磷还能使钢的冷弯性能降低，可焊性变差，但磷可使钢材的强度、硬度、耐磨性、耐腐蚀性提高。

（5）硫：是钢中极为有害的元素，以夹杂物的形式存在于钢中，易引起钢材的热脆性。硫的存在还会导致钢材的冲击韧性、疲劳强度、可焊性及耐腐蚀性降低，即使有微量存在也对钢有害，故钢材中应严格控制硫的含量。

（6）氧、氮：也是钢中的有害元素，它们显著降低了钢材的塑性、韧性、冷弯性能和可焊性。

（7）铝、钛、钒、铌：都是炼钢时的脱氧剂，也是最常用的合金元素。在钢内适量加入这些合金元素能改善钢的组织，细化晶粒，显著提高强度，改善韧性和可焊性。

9.1.2.2　钢材的力学性能

1. 抗拉性能

在静载、常温条件下，对钢材标准试件作一次单向均匀拉伸试验是机械性能试验中最具有代表性的。它简单易行，可得到反映钢材强度和塑形的几项主要机械性能指标。且对其他受力状态（受压、受剪）也有代表性。

（1）弹性阶段，即图 9-2 中 OA 段。该阶段的特点是应力较低，应力 σ 和应变 ε 成正比关系。在该阶段的任意一点卸荷，变形消失，试件能完全恢复到初始形状，故这一阶段为弹性阶段。A 点对应的应力称作弹性极限，其值用 σ_p 表示。在弹性阶段，应力和应变的比值称为杨氏弹性模量，并且为常数，用符号 E 来表示，即 $E = \sigma/\varepsilon$。它反映钢材的刚度，是计算结构受力变形的重要指标。造园工程中常用钢材的弹性模量为 $(2.0\sim2.1)\times10^5$ MPa。

（2）屈服阶段，即图 9-2 中 AB 段。该阶段的特点是应力 σ 变化不大，但应变 ε 却持续增长。该阶段的应力最低点即为屈服点（或屈服极限），其值用 σ_s 表示。屈服极限在实际工作中意义重大，是构件设计中钢材许用应力取值的依据。如 Q235 钢的屈服强度 σ_s 不小于 210～240MPa。

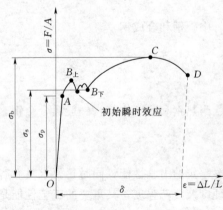

图 9-2　低碳钢的 $\sigma-\varepsilon$ 伸长曲线

在 $\sigma-\varepsilon$ 曲线中，$B_{上}$ 是上屈服点，是指试件发生屈服而应力首次下降前的最大应力；$B_{下}$ 是下屈服点，是指不计初始瞬时效应时屈服阶段中的最小应力。由于下屈服点比较稳定且易于测得，因此，一般采用下屈服点作为钢材的屈服强度。

(3) 强化阶段，即图 9-2 中 BC 段。该阶段表示经过屈服阶段后，钢材内部组织经过重新调整，钢材抵抗变形的能力提高，当曲线达到最高点 C 以后，试件薄弱处产生局部横向收缩变形（颈缩），直至破坏。该阶段的应力最高点 C 称为抗拉强度，其值用 σ_b 表示，它表示钢材能承受的最大拉应力。常用低碳钢的抗拉强度为 $375\sim500\text{MPa}$。如 Q235 钢的抗拉强度不小于 $380\sim470\text{MPa}$。抗拉强度不作为设计强度的取值依据，但它反映了钢材的潜在强度大小。

钢材的屈服强度与抗拉强度之比称为屈强比，它能反映钢材的利用率和结构的安全可靠度。

$$屈强比=\sigma_s/\sigma_b \tag{9-1}$$

屈强比越小，延缓结构破坏过程的潜力越大，结构的安全可靠度越高。如果屈强比过小，则钢材强度的利用率偏低，造成钢材浪费。碳素钢合理的屈强比一般为 $0.58\sim0.63$；合金钢合理的屈强比一般为 $0.65\sim0.75$。

(4) 颈缩阶段，即图 9-2 中 CD 段。试件在该阶段，中部截面开始缩颈，承载能力下降，当到达 D 点时，发生断裂，如图 9-3 所示。

塑性是钢材的一个重要性能指标，是指钢材破坏前产生塑性变形的能力。钢材的塑性可由静力拉伸试验得到的机械性能指标伸长率 δ 来衡量。伸长率 δ 等于试件拉断后的塑性变形（即伸长值）和原标距的比值，以百分数表示，即：

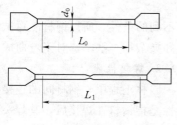

图 9-3 钢材的伸长率

$$\delta=\frac{L_1-L_0}{L_0}\times100\% \tag{9-2}$$

式中　δ——伸长率，%；

　　　L_0——试件原标距长度，mm；

　　　L_1——试件拉断拼合后的标距长度，mm。

δ 随试件的标距长度与试件直径 d_0 的比值（L_0/d_0）的增大而减小。标准试件一般取 $L_0=5d_0$（短试件）或 $L_0=10d_0$（长试件），所得伸长率用 δ_5 和 δ_{10} 表示。因此，对于同一种钢材，$\delta_5>\delta_{10}$。

伸长率 δ 是衡量钢材塑性的指标，它的数值越大，表示钢材塑性越好。良好的塑性，可将结构上的应力（超过屈服点的应力）重新分布，从而避免结构过早的破坏。工程中把伸长率不小于 5% 的材料称为塑性材料，伸长率小于 5% 的材料称为脆性材料。

2. 冲击韧性

钢材抵抗冲击荷载不被破坏的能力称为冲击韧性。用于重要结构的钢材，特别是承受冲击振动荷载结构所使用的钢材，必须保证冲击韧性。

钢材的冲击韧性与钢材的化学成分、组织状态、加工和冶炼有关。例如，当钢材内硫、磷的含量高，存在化学偏析，含有非金属夹杂物和焊接形成的微裂纹等，钢材的冲击韧性都会显著降低。

3. 硬度

钢材硬度是指抵抗比其更坚硬的其他材料压入钢材表面的能力。钢材的硬度和强度成一定的关系，因此测定钢材的硬度后可间接求得其强度。一般来说，硬度越高，强度越大。

4. 疲劳强度

在交变荷载作用下，结构工程中所使用的钢材往往会在应力远低于其抗拉强度的情况下，发生突然破坏，这种现象称为钢材的疲劳破坏。疲劳破坏的危险应力用疲劳极限来表示，它是指疲劳试验时，试件在交变应力作用下，于规定周期基数内不发生断裂所能承受的最大应力。一般把钢材承受交变荷载 $10^6\sim10^7$ 次时不发生破坏的最大应力作为疲劳强度。

试验研究表明，钢材的疲劳破坏是由内部拉应力引起的。抗拉强度高，其疲劳极限也越高。钢材的疲劳极限与其内部组织和表面质量有关。设计承受交变荷载且需进行疲劳验算的结构时，应当了解所用钢材的疲劳强度。

9.1.2.3　钢材的工艺性能

1. 冷弯性能

冷弯是指钢材在常温下承受弯曲变形的能力。冷弯性能指标是用试件的弯曲角度 α 及弯心直径 d 来表示。通过冷弯试验将直径为 a 的钢材试件在规定的弯心 d（$d = na$，n 为整数），弯曲到规定的角度（180° 或 90°）时，在弯曲处的外面及两侧面，无裂纹、起层及断裂现象，即认为冷弯性能合格。如图 9 - 4 所示。

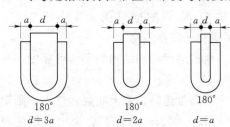

图 9 - 4　钢材冷弯试验

冷弯是通过弯曲处的塑性变形来实现的。因此，钢材的冷弯性能越好，说明其塑性也就越好。冷弯的塑性变形是局部的不均匀变形，与拉伸试验相比，冷弯处于更不利的条件，所以钢材冷弯试验是一种更严格的考验，冷弯能反映出钢材内部组织不均匀、内应力和夹杂物等缺陷。对于弯曲成型及重要结构所用的钢材，必须进行冷弯性能检验。

2. 焊接性能

园林工程中，钢材间的连接绝大多数采用焊接方式，因此要求钢材具有良好的可焊接性。可焊接性是指钢材在焊接后，其焊头连接的牢固性和硬脆性大小的一种性能，可焊接性好的钢材，焊接后焊头牢固可靠，硬脆性倾向小。

钢材的化学成分影响可焊接性。含碳量越高，其硬脆性增加，可焊接性降低。含碳量小于 0.25% 的碳素钢具有良好的可焊接性。钢材中加入合金元素如硅、锰、钛等，将增大焊接硬脆性，降低可焊接性。因此，焊接结构用钢材，宜选用含碳量较低的镇静钢。

9.1.2.4　钢材的冷加工和热处理

1. 钢材的冷加工

钢材属晶体材料，晶体结构中各个原子是以金属键方式结合的。这种结合方式是钢材具备较高强度和良好塑性的根本原因。

将钢材在常温下进行冷拉、冷拔或冷轧，使其产生塑性变形，从而提高屈服强度，这个过程称为冷加工强化处理。钢材的屈服点提高，塑性和冲击韧性降低。由于塑性变形中产生内应力，故钢材的弹性模量降低。利用这一原理，对钢筋或低碳钢盘条按一定方法进行冷拉或冷拔加工，以提高屈服强度，节约钢材。

将经过冷拉的钢筋于常温下存放 15～20d，或加热到 100～200℃ 并保持一段时间，这个过程称为时效处理。前者称为自然时效，后者称为人工时效。

冷拉以后再经过时效处理的钢筋，其屈服点进一步提高，抗拉强度稍见增长，塑性继续有所降低。由于时效过程中应力的消减，弹性模量可基本恢复。

工程中，通常是通过试验选择恰当的冷拉应力和时效处理措施。一般强度较低的钢筋，采用自然时效即可达到时效目的；强度较高的钢筋，对自然时效几乎没有反应，必须进行人工时效。

2. 钢材的热处理

热处理是将钢材按一定规则加热、保温和冷却，以改变其组织，获得需要性能的一种工艺过程。热处理的方法有退火、正火、淬火和回火。园林工程所用钢材一般只在工厂进行热处理并以热处理状态供应。在施工现场，有时候对焊接件进行热处理。

（1）退火。将钢加热到适当温度，保温一定时间后缓慢冷却（炉冷、砂冷、缓冷坑中冷却）的热处理工艺称为退火。

其目的是降低钢的硬度，改善塑性、韧性，以利于切削和冷变形加工；细化晶粒，均匀钢的组织和化学成分，改善钢的性能，或为以后的热处理作准备；消除钢中的残余内应力，防止变形和开裂。

常用的退火方法有完全退火、球化退火、去应力退火等。

（2）正火。将钢材或钢件加热至规定的温度，保温适当时间后，在空气中冷却的热处理工艺称为正火。

正火与退火的目的基本相同。两者的主要区别是正火因是空冷（静止或流动空气），速度稍快于退火，故其组织比退火钢材细，强度和硬度也比退火钢材稍高。

在造园用的普通低碳结构钢中，钢厂一般是以热轧空冷（即正火）状态供货。

正火的生产周期短、成本低、操作方便。

（3）淬火。将钢加热到规定的温度，保温后立即在水或油中冷却的热处理工艺称为淬火。经适当冷却淬火后得到马氏体或贝氏体组织。马氏体组织硬度高、脆性大，极不稳定，必须与不同的回火相配合，方可获得需要的力学性能。

（4）回火。将淬火钢材在 727℃ 以下的温度范围内重新加热，保温后以一定速度冷却到室温的过程叫回火。

回火目的是改善马氏体的晶格构造，降低硬度；消除淬火产生的内应力；改善塑性和韧性。

9.1.3 园林工程钢材的选用

9.1.3.1 结构用钢材

结构用钢材主要是热轧成型的钢板和型钢，薄壁轻型钢结构中主要采用薄壁型钢、圆钢和小角钢；钢材所用的母材主要是普通碳素结构钢和低合金高强度结构钢。

1. 热轧型钢

结构常用的热轧型钢有工字钢、H 型钢、T 型钢、槽钢、等边角钢、不等边角钢等，型钢由于截面形式合理，材料在截面上分布对受力最为有利，且构件间连接方便，所以它是结构用钢材中主要采用的钢材。

H 型钢由工字钢演变发展而来，它改善了截面的形状和尺寸，优化了截面的几何性质。与工字钢相比，H 型钢具有翼缘宽、侧向刚度大、抗弯能力强，翼缘两表面相互平行，连接构件方便、省劳力，重量轻、节省钢材等优点。由于 H 型钢截面形状经济合理，力学性能好，故常用于要求承载力大、截面稳定性好的大型建筑。将 H 型钢进行对半剖分就是 T 型钢，如图 9-5 和图 9-6 所示。

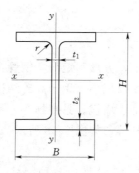

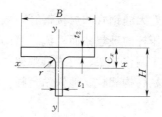

图 9-5　H 型钢、H 型钢桩截面　　　　　图 9-6　T 型钢截面

H—高度；B—宽度；t_1—腹板宽度；　　　H—高度；B—宽度；t_1—腹板宽度；t_2—翼缘宽度；

t_2—翼缘宽度；r—圆角半径　　　　　　C_x—重心至上边缘距离；r—圆角半径

按国标《热轧 H 型钢和剖分 T 型钢》（GB/T 11263—2010）规定，H 型钢分为三类：宽翼缘

H 型钢（代号为 HW）、中翼缘 H 型钢（代号为 HM）和窄翼缘 H 型钢（代号为 HN），H 型钢桩代号为 HP。剖分 T 型钢分为三类：宽翼缘剖分 T 型钢（代号为 TW）、中翼缘剖分 T 型钢（代号为 TM）和窄翼缘剖分 T 型钢（代号为 TN）。

H 型钢、H 型钢桩的规格标记采用"高度 $H×$宽度 $B×$腹板宽 $t_1×$翼缘厚 t_2"的表示方法，例如：

$$HW350×350×12×19$$

剖分 T 型钢的规格标记采用"高度 $H×$宽度 $B×$腹板宽 $t_1×$翼缘厚 t_2"的表示方法，例如：

$$TW\ 248×199×9×14$$

热轧型钢在园林工程中主要适用于体量或跨度较大的景观建筑的承重构件、需要承重的园林设施，也可应用于小型的园林小品等，如图 9－7 所示。

（a）型钢廊架　　　　　　　　　　　　　　　（b）型钢园椅

图 9－7　型钢小品

2. 冷弯薄壁型钢

冷弯薄壁型钢分为结构用冷弯空心型钢和通用冷弯开口型钢。

（1）结构用冷弯空心型钢。

空心型钢是用连续辊式冷弯机组生产的。按其形状分为方形空心型钢（代号为 F）和矩形空心型钢（代号为 J）。

（2）通用冷弯开口型钢。

该型钢是利用可冷加工变形的冷轧或热轧钢带在连续辊式冷弯机组上生产的。按其形状分为 8 种，即冷弯等边和冷弯不等边角钢、冷弯等边和冷弯不等边槽钢、冷弯内卷边和冷弯外卷边槽钢、冷弯 Z 型钢、冷弯卷边 Z 型钢。

3. 钢管和板材

（1）钢管。

结构中常用热轧无缝钢管和焊接钢管，截面形状有圆形、方形和矩形。钢管在相同截面积下刚度较大，是中心受压杆的理想截面；流线型的表面使其承受风压小，用于高耸结构十分有利。园林工程中，钢管多用于制作花架、门式景观架、景墙立面装饰、塔檐、景观柱等，也可用于制作钢管混凝土，用于厂房柱、构架柱、地铁站台柱、塔柱和景观柱等，如图 9－8 所示。

（2）板材。

板材根据要求可以通过弯曲、剪裁、冲压及焊接的加工工艺做成各种制品。板材分为平板钢板、花纹钢板、压型钢板、彩色涂层钢板、不锈钢板和耐候钢板等，如图 9－9 和图 9－10 所示。钢板是矩形平板状的钢材，可以直接轧制而成或由宽钢带剪切而成。钢板规格表示方法为：宽×厚×长（单位为 mm）。

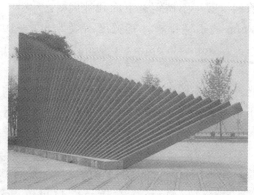
（a）方钢管波浪

（b）圆钢管门式景观架

（c）圆钢管景观柱

图 9-8 钢管小品

图 9-9 花纹钢板

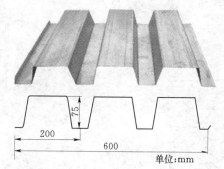
图 9-10 压型钢板
（图片由上海苏新压型钢板有限公司提供）

　　钢板根据不同厚度又分为厚板（厚度大于 4mm）和薄板（厚度不大于 4mm）两种。厚板主要用于景观建筑结构构件中，薄板主要用于顶板、景墙板等。在结构用钢中，一般较少使用单块钢板，通常将几块钢板焊接组合成工字形或箱形结构来承受荷载。

　　在园林工程中，采用铸造方法生产的花纹钢板凸起处厚度大，更加耐磨、防滑，适宜作为人流量大的地面材料；采用冲压法生产的花纹钢板厚度相对较薄、较轻，一般用于景观小品立面装饰。

　　4. 不锈钢

　　不锈钢是指耐空气、蒸汽、水等弱腐蚀介质和酸、碱、盐等化学侵蚀性介质腐蚀的不生锈的高铬（含铬量一般为 12%～30%）合金钢，又称不锈耐酸钢。实际应用中，常将耐弱腐蚀介质腐蚀

165

的钢称为不锈钢，将耐化学介质腐蚀的钢称为耐酸钢。常用不锈钢有下面几种规格。

（1）不锈钢薄板。不锈钢薄板是指厚度小于 2mm 的不锈钢板，其宽度一般为 500～1000mm，长度一般为 2000～3000mm，厚度一般有 0.35mm，0.4mm，0.5mm，1.0mm，1.2mm，1.4mm，1.5mm，1.8mm，2.0mm 等。

（2）镜面不锈钢板。镜面不锈钢是指有一定光泽度的不锈钢板，具有光洁豪华、坚固耐用、永不生锈、容易清洗等特点。园林工程中所用镜面不锈钢板主要是 8K（不锈钢板表面经过研磨后如镜面般光亮的表面质量）。厚度一般为 0.6～1.5mm，宽度一般为 1219mm，长度一般为 2438mm 和 3048mm 两种。

（3）不锈钢管材。不锈钢管材分为圆管、方管、矩形管三种。不锈钢管的壁厚一般有 0.5mm，0.6mm，0.8mm，1.0mm，1.2mm，2.0mm，2.5mm，3.0mm，3.5mm，4.0mm，5.0mm，6.0mm 几种。园林工程中所用不锈钢管按《装饰用焊接不锈钢管》（YB/T 5363—2006）的规定执行。

（4）彩色不锈钢板材。彩色不锈钢板材其厚度一般为 0.2mm，0.3mm，0.4mm，0.5mm，0.6mm，0.8mm 等几种，长宽一般为 2000mm×1000mm 和 1000mm×500mm 两种。

不锈钢在园林工程中的应用主要体现在以下几个方面。

（1）幕墙与覆面。不锈钢引人注目的外观和极好的耐腐蚀性及维护简便，特别适合于作园林建筑外墙、景墙、支柱的覆面材料和各种装饰面板。不锈钢塑性好，可以轧制成很薄的薄板，重量轻且便于安装，除了装饰效果外，还能起到防火作用，如图 9-11 所示。

（2）园林建筑小品顶棚。顶棚系统是不锈钢应用的良好领域。作为顶棚材料必须具有良好的耐久性，不同设计风格的适应性，优良的抗震、防水、耐雪、抗风和防火等性能。不锈钢正是具备了这些要求的综合性能，在世界各国得到了广泛的应用。例如宣传栏顶、公交站台等采用不锈钢，可以保证使用寿命，表面不易污染，还可形成镜面等，如图 9-12 所示。

图 9-11　不锈钢覆面　　　　　　　　　　　图 9-12　不锈钢顶棚

（3）纪念物与艺术雕塑。在城市公园、街道的行人集散区适当建造一些不锈钢纪念物或艺术雕塑品，可以提高城市的文化内涵，为人们提供休闲场所的同时带来美的享受。用于这类艺术品的不锈钢必须具有极好的成形性和加工性，并具有极好的耐大气腐蚀性能，能永久地保持美丽的外观。不锈钢雕塑极具金属感的明快光泽和反照，且不锈钢是现代材料科学的产物，它体现了雕塑的真实与现代，呈现了艺术家所要表达的持久和永恒的精神追求，如图 9-13 所示。

（4）公共设施。公共设施采用不锈钢是城市走向现代化的标志之一。例如，园路指标牌、宣传栏、栏杆及扶手、街灯园灯灯柱、园椅、园凳、排水沟和垃圾筒等均可采用不锈钢，在设计造型上与环境完美地配合，给城市添加洁净、靓丽、环保和现代的气息，如图 9-14 所示。

(a)　　　　　　　　　　　(b)

图 9-13　不锈钢雕塑

(a)不锈钢指示牌　　　　　　　　　　(b)不锈钢宣传栏

(c)不锈钢凉亭　　　　　　　　　　(d)不锈钢护栏

图 9-14　公共设施

5. 耐候钢

耐候钢即耐大气腐蚀钢，是介于普通钢和不锈钢之间的低合金钢系列。耐候钢由普通钢添加少量铜、镍等耐腐蚀元素制成，具有优质钢的强韧、塑延、成型、焊割、耐磨蚀、耐高温、抗疲劳等特性。

耐候钢与普通钢相比其耐腐蚀性强。在自然气候下，耐候钢在锈层和基体之间形成一层约 50~100μm 厚的致密且与基体金属粘附性好的氧化物层。这层致密氧化物膜阻止了大气中氧和水向钢铁基体的渗入，减缓了锈蚀向钢铁材料纵深发展，大大提高了钢铁材料的耐大气腐蚀的能力。耐候钢在园林工程中有以下应用。

图 9-15 耐候钢景观构筑物

（1）景观构筑物。耐候钢能承担一定的荷载，可以解决结构方面的难题，降低人工成本，缩短工期。许多公园的廊架、景观桥使用耐候钢做成后，能与自然环境搭配得十分和谐，成为城市或公园的一道靓丽风景线。如上海辰山植物园矿坑花园的耐候钢景观构筑物，在阳光下犹如燃烧的火焰，显示出独具匠心的无限创意，如图 9-15 所示。

（2）地面铺装。利用钢材本身的腐蚀性，在大气环境中形成一种特殊的色彩，这种独特的色彩和质感融于其他材料中，不同材质的完美结合，体现了较强的美学及工程应用价值。如瑞士地面景观公园，这些红色钢制地板根据地势和周围结构折叠或扭曲，以连续的条形覆盖了整个公园。每块钢板的边缘都被切割折叠出一定的形状，有些为攀爬植物提供支撑，有些形成座位供游人休息，如图 9-16 所示。

图 9-16 耐候钢地面

（3）侧壁、挡墙、隔断。韩国首尔西部湖畔公园，利用塑造的钢板作为种植池的侧壁挡板，选用极为简洁的几何造型，充满体积感和重量感，随着时光的流逝慢慢老化，在绿化背景的衬托下突现出别样的艺术魅力，如图 9-17（a）所示。同样的经典案例如荷兰埃因霍温街头景观、青海省原子城爱国主义纪念公园，都体现出了现代主义的景观风格，如图 9-17（b）和图 9-17（c）所示。

（a）   （b）   （c）

图 9-17 耐候钢侧挡

（4）景观雕塑。利用耐候钢的可塑性及自然腐蚀性，给人锈迹斑斑的感觉，使作品"锈"色可餐。这种景观兼具外观与气候的适应性，可回收利用，不仅艺术感十足，也符合环保和可持续发展的理念，如图 9-18 所示。

图 9-18 耐候钢雕塑

9.1.3.2 钢筋混凝土用钢材

混凝土虽然具有较高的抗压强度，但是抗拉强度很低。因此，加入钢筋可以增强混凝土的抗拉强度，从而扩大混凝土的使用范围。同时，混凝土对钢筋又能起到良好的保护作用。

钢筋混凝土用钢材主要有热轧钢筋、冷轧扭钢筋、冷轧带肋钢筋、预应力混凝土用热处理钢筋。

1. 热轧钢筋

热轧钢筋是园林工程中用量最大的钢材品种，主要用于钢筋混凝土结构和预应力混凝土结构的配筋。

热轧钢筋根据表面形状分为光圆钢筋和带肋钢筋，常用的带肋钢筋是月牙肋钢筋和等高肋（螺纹）钢筋，如图 9-19 所示。

热轧钢筋按其力学性能分为Ⅰ，Ⅱ，Ⅲ，Ⅳ级。其强度等级代号分别为 HRB235、HRB335、HRB400、HRB500。H、R、B 分别为热轧（Hot Rolled）、带肋（Ribbed）、钢筋（Bars）3 个词的英文首字母。其中Ⅰ级钢筋是由碳素结构钢轧制而成，其余均由低合金钢轧制而成。

Ⅰ级钢筋的强度较低，但塑性及焊接性能好，便于弯折成型，故广泛用于普通小型钢筋混凝土构件的受力筋、箍筋，钢木结构的拉杆等。Ⅱ级和Ⅲ级钢筋的强度较高，塑性和焊接性能也较好，广泛用作大、中型钢筋混凝土结构的受力钢筋。Ⅳ级钢筋强度高，但塑性和可焊性较差，可用作预应力钢筋。园林工程中常用Ⅰ，Ⅱ级钢筋。

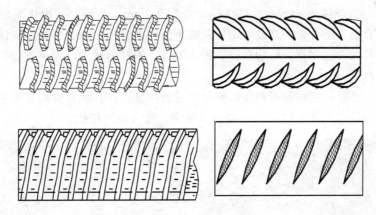

图 9-19 带肋钢筋外形

2. 冷轧扭钢筋

冷轧扭钢筋是采用低碳钢热轧圆盘条经专用的钢筋冷轧扭机组调直、冷轧并冷扭一次成型，具有规定截面形状和节距的连续螺旋状钢筋。

冷轧扭钢筋刚度大，不易变形，与混凝土的握裹力大，无需加工，可直接用于混凝土工程，能节约钢材 30%；使用冷轧扭钢筋可减小板的设计厚度、减轻自重，施工时可按需要将成品钢筋直接供应现场铺设，免除现场加工钢筋，改变了传统加工钢筋占用场地、不利于机械化生产的弊端。冷轧扭钢筋在园林工程中主要适用于钢筋混凝土板和小型钢筋混凝土梁等构件。

3. 冷轧带肋钢筋

热轧圆盘条经冷轧后，在其表面带有沿长度方向均匀分布的三面或两面横肋，即成为冷轧带肋钢筋。冷轧带肋钢筋按抗拉强度分为 5 个牌号，分别为 CRB550、CRB650、CRB800、CRB970、CRB1170。C、R、B 分别为冷轧（Cold Rolled）、带肋（Ribbed）、钢筋（Bars）3 个词的英文首字母，数值为抗拉强度的最小值。

冷轧带肋钢筋与冷拔低碳钢丝相比，冷轧带肋钢筋具有强度高、塑性好，与混凝土的黏结力强，综合性能良好等优点。工程上使用该钢筋能节约钢材，降低成本，如以 CRB550 代替 I 级热轧钢筋，可节约钢材 30％以上。CRB550 为普通混凝土钢筋，其公称直径范围是 4～12mm，可用于非预应力混凝土的受力主筋、架立筋、箍筋和构造钢筋。CRB650 及其以上牌号钢筋公称直径为 4mm、5mm 和 6mm，它们适用于中、小型预应力混凝土的受力主筋。但上述钢筋不宜在温度低于 −30℃时使用。

4. 预应力混凝土用热处理钢筋

预应力混凝土用热处理钢筋是用热轧带肋钢筋经淬火和回火调质处理后的钢筋，代号为 RB250。有直径为 6、8、10（mm）三种规格。热处理钢筋成盘供应，每盘长约 100～120m，开盘后钢筋自然伸直，按要求的长度切断即可使用。

预应力混凝土用热处理钢筋的优点是：强度高，可代替高强钢丝使用；配筋根数少，节约钢材；锚固性好，不易打滑，预应力值稳定；施工简便，开盘后钢筋自然伸直，不需调直、焊接。主要用作预应力钢筋混凝土轨枕，也可用于预应力梁、板结构及吊车梁等。

9.1.3.3　钢丝与钢绞线

1. 普通钢丝

钢丝是用热轧盘条经冷拉制成的再加工产品。

（1）钢丝分类。

根据钢丝的截面形状可将钢丝分为椭圆形钢丝、圆形钢丝、三角形钢丝和异形钢丝。按尺寸分为特细（小于 0.1mm）、较细（0.1～0.5mm）、细（0.5～1.5mm）、中等（1.5～3.0mm）、粗（3.0～6.0mm）、较粗（6.0～8.0mm）和特粗（大于 8.0mm）的钢丝；按化学成分分为低碳、中碳、高碳钢丝和低合金、中合金、高合金钢丝；按表面状态分为抛光、磨光、酸洗、氧化处理和镀层钢丝等；按用途分为普通钢丝、结构钢丝、弹簧钢丝、不锈钢丝、电工钢丝、钢绳钢丝等。

（2）钢丝的用途。

在园林工程中，普通质量钢丝可制作成钢丝网进行护坡；制作成钢丝石笼砌筑小溪拦水坝，钢丝网片柔性生态挡墙等（见图 9-20）。也可由多根钢丝绞合成钢绞线。

(a)　　　　　　　　　　　　　　(b)

图 9-20　钢丝网生态挡墙

2. 预应力混凝土用优质钢丝及钢绞线

（1）预应力混凝土用钢丝。

预应力混凝土用钢丝是高碳钢盘条经淬火、酸洗、冷拉加工制成的高强度钢丝。

国标《预应力混凝土用钢丝》（GB/T 5223—2002）规定，钢丝按加工状态分为两类：冷拉钢丝和消除应力钢丝。为了增加混凝土与钢丝之间的握裹力，还可以在碳索钢丝表面压痕制成刻痕钢丝。冷拉钢丝代号为 WCD；低松弛钢丝代号为 WCR；普通松弛钢丝代号为 WNR。预应力钢丝分为冷拉钢丝（代号 RCD）、消除应力钢丝（代号 S）、消除应力刻痕钢丝（代号 SI）3 种。消除应力钢丝按松弛性能又分为低松弛钢丝和普通松弛钢丝。

钢丝按外圆分为光圆钢丝（代号 P）、螺旋肋钢丝（代号 H）和刻痕钢丝（代号 I）。钢丝的抗拉强度比钢筋混凝土用热轧光圆钢筋、热轧带肋钢筋高许多，质量稳定，安全可靠，柔性好，无接头。在园林工程钢筋混凝土大跨度构件中采用预应力钢丝可以节省钢材和混凝土，减小构件截面。

（2）预应力混凝土用钢绞线。

预应力混凝土用钢绞线是由 7 根直径为 2.5～5.0mm 的高强度钢丝，绞捻（一般为左捻）后经一定热处理，清除内应力制成。一般以一根钢丝为中心，其余 6 根钢丝围绕其进行螺旋状左捻绞合，再经低温回火制成。钢绞线直径有 9.0mm，12.0mm 和 15.0mm 3 种。钢绞线的破坏荷载为108～300kN，屈服荷载为 86.6～255kN。

预应力钢绞线主要用于园桥系杆、栏杆、拉索和悬挂重物等，如图 9-21 所示。

(a)   (b)

图 9-21 钢绞线栏杆

9.2 铝及其合金

铝作为化学元素，在地壳组成中占第三位，约占 7.45%，仅次于氧和硅。随着炼铝技术的提高，铝及铝合金成为一种被广泛应用的金属材料。

9.2.1 铝及其特性

铝属于有色金属中的轻金属，质轻，密度为 $2.7g/cm^3$，为钢密度的 1/3，是各类轻结构的基本材料。铝的熔点低，为 660℃，铝呈银白色，反射能力很强，常用来制造反射镜、冷气设备的屋顶等。铝有很好的导电性和导热性，仅次于铜、银和金，铝也被广泛用来制造导电材料、导热材料和蒸煮器皿等。

铝是活泼的金属元素，它与氧的亲和力很强，暴露在空气中，表面易生一层致密而坚固的氧化铝（Al_2O_3）薄膜，可以阻止铝继续氧化，从而起到保护作用，所以铝在大气中的耐腐蚀性较强。但氧化铝薄膜的厚度一般小于 $0.1\mu m$，因而它的耐腐蚀性是有限的，如纯铝不能与盐酸、浓硫酸、氢氟酸、强碱及氯、溴、碘等接触，否则将会发生化学反应而被腐蚀。

铝具有良好的塑性，易加工成板、管、线及箔（厚度 6～25μm）等。铝的强度和硬度较低，常用冷压法加工成制品。

9.2.2　铝合金及其性质

纯铝强度较低，为了提高铝的强度和硬度，常在冷炼时加入适量的锰、镁、铜、硅、锌等元素制得铝合金。Al-Mn、Al-Mg 合金具有很好的耐蚀性，良好的塑性和较高的强度，称为防锈铝合金；Al-Cu-Mg 系和 Al-Cu-Mg-Zn 系属于硬铝合金，其强度较防锈铝合金高，但防蚀性能有所下降。

通过热挤压、轧制、铸造等工艺，铝合金可以被加工成各种铝合金门窗、龙骨、压型板、花纹板、管材、型材等。压型板和花纹板直接用于墙面、屋面、顶棚等的装饰，也可以与泡沫塑料或其他隔热保温材料复合制成轻质、隔热保温的复合材料。某些铝合金还可替代部分钢材用于建筑物和构筑物结构中，大大降低建筑物和构筑物的自重。

9.2.3　铝合金的分类及牌号

9.2.3.1　铝合金的分类

根据化学成分及生产工艺，铝合金可以分为变形铝合金和铸造铝合金（又称生铝合金）两大类。变形铝合金是指可以进行冷或热压力加工的铝合金；铸造铝合金是指由液态直接浇铸成各种形状复杂制品的铝合金。园林工程中所用铝合金主要为变形铝合金。

9.2.3.2　铝合金的牌号

目前，应用的铸造铝合金有铝硅（Al-Si）、铝铜（Al—Cu）、铝镁（Al—Mg）及铝锌（Al—Zn）4 个系列。按规定，铸造铝合金的牌号用汉语拼音字母 ZL（铸铝）和三位数字组成，如 ZL101、ZL102、ZL201 等。三位数字中的第一位数（1～4）表示合金的组别，其中 1 代表铝硅合金，2、3、4 分别代表铝铜合金、铝镁合金和铝锌合金，后面两位数字表示顺序号（无特殊意义，仅用来识别同一组中的不同合金），优质合金的数字后面附加字母 A。

变形铝合金分为防锈铝合金、硬铝合金、超硬铝合金、锻铝合金和特殊铝合金，分别用汉语拼音字母 LF，LY，LC，LD，LT 表示。变形铝合金牌号用其代号加顺序号表示，如 LF_{10}、LD_8 等，顺序号不直接表示合金元素的含量。

9.2.3.3　铝合金制品

园林工程上常用的铝合金制品有铝合金门窗、铝合金板、铝箔、铝粉以及铝合金吊顶龙骨等。另外，家具设备及各种室内装饰配件也大量采用铝合金。

1. 铝合金门窗

按结构和开启方式不同，铝合金门窗分为推拉窗（门）、平开窗（门）、悬挂窗、回转窗、百叶窗、纱窗等，按其抗风压强度、气密性和水密性三项性能指标不同，将产品分为 A、B、C 三类，每类又分优等品、一等品和合格品 3 个等级。

2. 铝合金板

铝合金板主要用于装饰工程中，品种和规格很多。按装饰效果分为铝合金花纹板、铝合金波纹板、铝合金压型板、铝合金浅花纹板和铝合金冲孔板等。

9.3　铜 及 其 合 金

其他金属材料主要还有铜和铜合金、轴承合金、钛合金等。在造园中铜和铜合金及制品用得较多，其他合金主要应用于工业中。

9.3.1　铜及其应用

铜是我国历史上使用最早，用途较广的一种有色金属。铜在地壳中储藏量不大，约占0.01％，且在自然界中很少以游离状态存在，多以化合物状态存在。炼铜的矿石有黄铜矿（$CuFeS_2$）、斑铜矿（Cu_5FeS_4）、赤铜矿（Cu_2O）和孔雀石［$CuCO_3 \cdot Cu(OH)_2$］等。铜是一种容易炼制的金属材料。铜合金最初是从制造武器发展起来的，它也可以用作生活用品，如宗教祭具、货币和装饰品等。铜也是一种古老的建筑材料，并广泛应用于园林工程材料中。

纯铜表面氧化生成氧化铜薄膜后呈紫红色，故称紫铜。铜的密度为$8.92g/cm^3$，熔点1083℃，具有较高的导电性（电阻率为$0.0156\Omega \cdot mm^2/m$）、导热性、耐蚀性及良好的延展性、易加工性，可压延成薄片（紫铜片）和线材，是良好的止水材料和导电材料。纯铜强度低，不宜直接用作结构材料。

我国纯铜产品分两类：一类属冶炼产品，另一类属加工产品。纯铜的牌号分四种，即一号铜、二号铜、三号铜、四号铜。纯铜的冶炼产品包括铜锭、铜线锭和电解铜3种。纯铜的加工产品是铜锭经过加工变性后获得的各种形状的纯铜材。纯铜锭块的代号用化学元素符号Cu后面加顺序号表示。纯铜加工产品其代号用汉语拼音字母T和顺序号表示，即T1、T2、T3、T4，编号越大，纯度越低。纯铜的有害杂质是氧，但可用磷、锰脱氧。含氧在0.01％以下的叫纯铜，无氧铜用TU表示。磷、锰脱氧铜用TUP和TUMn表示。

在古建筑中，铜材是一种高档的装饰材料，用于宫廷、寺庙、纪念性建筑，如杭州雷峰塔和灵隐铜殿，颐和园万寿山佛香阁西侧的宝云阁等。在现代建筑中，铜仍是高级的装饰材料，如南京五星级金陵饭店正门大厅选用了铜扶手和铜栏杆，北京、上海、广州等地的高级宾馆、商厦，也常用铜作装饰，显得光彩夺目，富丽堂皇；铜还应用于建筑和商店的铜字招牌、景观雕塑及浮雕等，效果极佳。

9.3.2　铜合金及其应用

在铜中掺加锌、锡等元素可制成铜合金，铜合金主要有黄铜、白铜和青铜，其强度、硬度等机械性能得到提高。

9.3.2.1　黄铜

1. 普通黄铜

铜（Cu）和锌（Zn）的合金叫普通黄铜。普通黄铜呈金黄色或黄色，色泽随含锌的增加逐渐变淡。工业用黄铜的含锌量约为30％～45％。含锌30％左右的黄铜称为7：3黄铜或α黄铜，其延展性好，可通过冷加工制成薄板或线材。含锌约为40％的黄铜称6：4黄铜或$\alpha+\beta$黄铜，其硬度高，主要用于铸造，但在高压下，通过轧制和挤压也可成型。铜合金的机械强度、硬度、耐磨性都比纯铜高，且价格比纯铜低。

黄铜不易生锈腐蚀，延展性较好，易于加工成各种建筑五金、装饰制品、水暖器材和机械零件。黄铜还可以制作出质量好的铜雕塑，如图9-22所示。

2. 特殊黄铜

为了增加黄铜的强度、韧性和其他特殊性质，在铜、锌之外，再添加一些其他元素，便组成了特殊黄铜，如锡黄铜、锰黄铜、镍黄铜、铁黄铜等。

（1）锡黄铜。锡黄铜中，含锡在2％以上时，硬度和强度增大，但延展性显著减小。在α黄铜或$\alpha+\beta$黄铜中添加1％的锡，有较强的抵抗海水侵蚀的能力，故称为海军黄铜。

（2）镍黄铜（白铜）。镍黄铜是在黄铜中添加15％～20％镍合金，呈美丽的银白色故称为白铜。它的力学性质、耐热性和耐腐蚀性等都特别好，如果进行冷加工，则更增大其屈服点，疲劳强

(a)   (b)

图 9-22 铜雕塑

度也会更高。镍黄铜多用作弹簧，或用于制造首饰等装饰品及餐具，也可用作建筑、化工、机械材料。在 $\alpha+\beta$ 黄铜中加入 $1\%\sim2\%$ 的锰，可得到高强度白铜，适用于特别要求高强度和耐腐蚀性的部位、铸件和锻件，也可制造涡轮叶片和船舶、矿山机械和器具。

9.3.2.2　青铜

青铜是以铜和锡作为主要成分的合金。欧洲大多数铜雕塑都采用青铜。

1. 锡青铜

锡青铜含锡量约 30% 以下，它的抗拉强度以含锡量在 $15\%\sim20\%$ 时为最大；延伸率则以含锡量在 10% 以内比较大，超过这个限度就会急剧变小。含锡 10% 的铜称炮铜，炮铜的铸造性能好，机械性质也好。因其在近代炼铜方法发明以前，曾用于制造大炮，故得名炮铜。

2. 铝青铜

铜铝合金中含铝在 15% 以下时称铝青铜。工业用的这种铜合金含铝量大都在 12% 以下。没有单纯的铜铝合金，实际上，大多还添加了少量的铁和锰，以改善其力学性能。含铝 10% 以上的铜合金，随着热处理不同，其性质各异。这种青铜耐腐蚀性很好，经过加工的材料，其强度近于一般碳素钢，在大气中不变色，即使加热到高温也不会氧化。这是由于合金中铝经氧化形成致密的薄膜所致。可用于制造铜丝、棒、管、板、弹簧和螺栓等。

小　结

金属材料是指具有良好导电、导热性能，具有一定强度和塑性，并有金属光泽的园林工程和建筑工程材料。在各种金属材料中，钢材、铝及其合金和铜及其合金是园林工程中应用最为广泛的金属材料。

钢材种类繁多，可以按照多种方法进行分类。按钢材的化学组成不同可以将其分为碳素钢和合金钢；根据材料含杂质的量的不同又可以分为普通钢、优质钢和高级优质钢；按材料不同的用途还可以分为工具钢、结构钢和特殊性能钢等。

园林工程所用钢材包括钢结构用钢和混凝土结构用钢。最常用的钢结构用钢材有：碳素结构钢、低合金钢及各种型材、钢板、钢管等。最常用的混凝土结构用钢材有：热轧钢筋、冷拉热轧钢筋、冷轧带肋钢筋、冷轧扭钢筋、热处理钢筋及预应力钢丝、钢绞线等。其中热轧钢筋是最主要的品种。

不锈钢在园林工程中主要用于覆面与幕墙、屋顶材料、纪念物与艺术雕塑和公共设施等。

因耐候钢比普通钢耐腐蚀，所以被大量应用于构筑物、地面铺装、侧挡和雕塑小品等景观中，与自然融合十分完美。

在园林工程中，铝及其合金用量也比较多。铜及其合金主要用在雕塑和点缀饰面上。

思 考 题

1. 园林工程中常用的金属材料有哪些？
2. 钢材有哪些特点？在园林工程中有哪些优点和缺点？
3. 园林工程中常用什么类型的钢材？
4. 园林工程中结构用钢材有哪些类型？
5. 不锈钢在园林工程中有什么用途？
6. 列举几种在造园中用不锈钢板覆面的景观。
7. 举例说明耐候钢在园林工程中的应用。
8. 园林工程用热轧钢筋有哪些特点？
9. 举例说明钢丝在园林工程中的应用。
10. 钢管在园林工程中的用途有哪些？
11. 铝合金按化学成分及生产工艺，可以分为哪两大类？
12. 列举几个例子说明铜合金在园林工程中的应用。

第10章 造园功能材料

造园功能材料泛指为了满足造园时的某一特殊功能要求为主要目的的一类造园材料，可以概括为装饰防护材料、防水堵漏材料、保温隔热材料和吸声隔音材料等几大系列。造园功能材料涉及面广，用途广泛，尤其是随着现代造园艺术和技术的不断发展，人们对园林景观的社会性、经济性、观赏性、生态性等多项功能提出了更多、更新、更严的要求，造园功能材料在满足人们对园林的上述要求中，发挥着越来越重要的作用。

10.1 装饰防护材料

装饰防护材料是铺设或涂刷在建筑构件表面起装饰、防护或其他特殊效果的材料。该类材料一般色彩丰富、施工方便，可以较大程度地改善建筑物或构筑物的整体风貌和艺术效果，或者保护建筑构件不受破坏。

10.1.1 装饰防护材料的分类

装饰防护材料品种繁多，按材质的不同可划分为塑料、金属、陶瓷、玻璃、木材、涂料、纺织品、石材等；按装饰防护部位的不同可划分为墙面装饰防护材料、地面装饰防护材料和顶棚装饰防护材料等3种类型。按部位分类时，其类别与品种详见表10-1。

表10-1　　　　　　　　　　装饰防护材料分类

类别	种类	品　种
墙面装饰防护材料	墙面涂料	墙面漆、有机涂料、无机涂料、有机无机涂料
	墙纸	纸面纸基壁纸、纺织物壁纸、天然材料壁纸、塑料壁纸
	装饰板	木质装饰人造板、树脂浸渍纸高压装饰层积板、塑料装饰板、金属装饰板、矿物装饰板、陶瓷装饰壁画、穿孔装饰吸音板、植绒装饰吸音板
	墙布	玻璃纤维贴墙布、麻纤无纺墙布、化纤墙布
	石饰面板	天然大理石饰面板、天然花岗石饰面板、人造大理石饰面板、水磨石饰面板
	墙面砖	陶瓷釉面砖、陶瓷墙面砖、陶瓷锦砖、玻璃马赛克
地面装饰防护材料	地面涂料	地板漆、水性地面涂料、乳液型地面涂料、溶剂型地面涂料
	聚合物地坪	聚醋酸乙烯地坪、环氧地坪、聚酯地坪、聚氨酯地坪
	地面砖	水泥花阶砖、水磨石预制地砖、陶瓷地面砖、马赛克地砖、现浇水磨石地面
	塑料地板	印花压花塑料地板、碎粒花纹地板、发泡塑料地板、塑料地面卷材
	地毯	纯毛地毯、混纺地毯、合成纤维地毯、塑料地毯、植物纤维地毯
顶棚装饰防护材料	塑料吊顶板	钙塑装饰吊顶板、PS装饰板、玻璃钢吊顶板、有机玻璃板
	木质装饰板	木丝板、软质穿孔吸声纤维板、硬质穿孔吸声纤维板
	矿物吸声板	珍珠岩吸声板、矿棉吸声板、玻璃棉吸声板、石膏吸声板、石膏装饰板
	金属吊顶板	铝合金吊顶板、金属微穿孔吸声吊顶板、金属箔贴面吊顶板

10.1.2 装饰防护材料的基本要求

装饰防护材料的基本要求除了颜色、光泽、透明度、表面组织以及形状尺寸等美感方面 3 处，还应根据不同的装饰防护目的和部位，具有一定的环保、强度、硬度、防火性、阻燃性、耐水性、抗冻性、耐污染性、耐腐蚀性等特性。对不同使用部位的装饰防护材料，其具体要求如下。

（1）外墙装饰防护材料的功能及要求：使景观建筑的色彩与周围环境协调统一，同时起到保护墙体结构、延长构件使用寿命的作用。

（2）内墙装饰防护材料的功能及要求：保护墙体和保证室内的使用条件，创造一个舒适、美观、整洁的工作和生活环境。内墙装饰的另一功能是具有反射声波、吸声、隔音等作用。由于人对内墙面的距离较近，质感要细腻逼真。

（3）地面装饰防护材料的功能及要求：地面装饰的目的是保护基底材料，并达到装饰功能。最主要的性能指标是具有良好的耐磨性。

（4）顶棚装饰防护材料的功能及要求：顶棚是内墙的一部分，色彩宜选用浅淡、柔和的色调，不宜采用浓艳的色调，还应与灯饰相协调。

为了加强对室内装饰装修材料污染的控制，保障人民群众的身体健康和人身安全，国家制定了《建筑材料放射性核素限量》（GB 6566—2001）以及对于室内装饰装修材料有害物质限量等 10 项国家标准，并于 2002 年正式实施。

10.1.3 几种常用装饰防护材料的应用

10.1.3.1 涂料油漆

（1）涂料。

涂料是指涂敷于物体表面，能与物体黏结在一起，并能形成连续性涂膜，对物体起到装饰、保护或使物体具有某种特殊功能的材料。涂料可塑性强，用途很广，可以用于墙、地面、天花及各种园林室外工程。涂料的组成可分为主要成膜物质、次要成膜组织、溶剂和助剂。

1）基料。

基料又称主要成膜物、胶黏剂或固着剂，主要由油料或树脂组成，是涂料中的主要成膜物质，在涂料中起到成膜及粘接填料和颜料的作用，使涂料在干燥或固化后能形成连续的涂层（又称涂膜）。

2）颜料与填料。

颜料与填料也是构成涂膜的组成部分，又称为次要成膜物质，但它不能脱离主要成膜物单独成膜。其主要用于着色和改善涂膜性能，增强涂膜的装饰和保护作用，也可降低涂料成本。

3）溶剂。

溶剂主要作用是使成膜基料分散，形成黏稠液体，它本身不构成涂层，但在涂料制造和施工过程中都不可缺少。水也是一种溶剂，用于水溶性涂料和乳液型涂料。

4）助剂。

助剂是为进一步改善或增加涂料的某些性能，加入的少量物质（如催干剂、流平剂、增塑剂等），掺量一般为百分之几至万分之几，但效果显著。助剂也属于辅助成膜物质。

涂料的品种很多，按基料类别可分为有机涂料、无机涂料和有机—无机复合涂料 3 大类；按在建筑物中使用部位的不同可分为外墙涂料、内墙涂料、顶棚涂料、地面涂料、屋面防水涂料等；按建筑装饰涂料的特殊功能可分为防火涂料、防水涂料、防腐涂料和保温涂料等。用于涂刷建筑表面，起装饰和保护作用，分内墙装饰涂料和外墙装饰涂料。外墙装饰涂料最重要的一项指标就是抗紫外线照射，要求达到长时间照射不变色，还要求有抗水性和自洁性，漆膜要硬而平整，脏污一冲就掉。内墙涂料的优点是施工简单，有多种色调，宜在其上点缀各种装饰品，装饰效果简洁大方，是应用最广泛的内墙装饰材料。

现在一些涂料品种能够提供更多的特殊功能，如电绝缘、导电、屏蔽电磁波、防静电的产生等作用；防霉、杀菌、杀虫、防海洋生物黏附等生物化学方面的作用；耐高温、保温、示温和温度标记、防止延燃、烧蚀隔热等热能方面的作用；反射光、发光、吸收和反射红外线、吸收太阳能、屏蔽射线、标志颜色等光学性能方面的作用；防滑、自润滑、防碎裂飞溅等机械性能方面的作用；还有防噪声、减振、卫生消毒、防结露、防结冰等各种不同的作用等。随着经济的发展和科学技术的进步，涂料将在更多方面提供和发挥各种更新的特种功能。

（2）油漆。

油漆早期大多以植物油为主要原料，故被叫做"油漆"，如健康、环保、原生态的熟桐油。油漆的起源尚无定论。公元前 6000 年，中国已经开始用无机化合物和有机颜料混合焙烧对油漆加以改进。公元前 1500 年，在法国和西班牙的山洞里，油漆已用于绘画和装饰。公元前 1500 年，埃及人用染料如靛蓝和茜草制造蓝色和红色颜料，但这种油漆还很不完善。18 世纪，由于对亚麻仁油和氧化锌的开发利用，使油漆工业迅速发展。20 世纪，油漆工艺有了重大发展，出现了黏着力更强、光泽度更高、阻燃、抗腐蚀与热稳定性高的各种颜色的油漆。

具体来讲，油漆是一种能牢固覆盖在物体表面，起保护、装饰、标志和其他特殊用途的化学混合物涂料，属于有机化工高分子材料，所形成的漆膜属于高分子化合物类型。物体暴露在大气中，受到氧气、水分等的侵蚀，造成金属锈蚀、木材腐朽、水泥风化等破坏现象。在物体表面涂以油漆，形成一层保护膜，能够阻止或延迟这些破坏现象的发生和发展，使各种材料的使用寿命延长。

对于园林景观，油漆对构件的保护作用与艺术作用同等重要，且不说古典园林的雕梁画栋、油漆彩绘对园林艺术有着十分重要的作用，在现代园林中，油漆同样不可或缺。众所周知，从 19 世纪中叶混凝土出现以来，就以其较高的强度、良好的塑性以及经济实用等优点，迅速成为园林各种景观建筑的首选结构用材，然而混凝土的外观效果往往较差，有时甚至与园景格格不入，此时，油漆的使用能够极大地改善混凝土构件的外观效果（见图 10-1 和图 10-2）。

图 10-1　油漆在混凝土结构凉亭中的使用　　图 10-2　仿木漆在混凝土结构廊架中的使用

（3）油漆涂料等涂饰工程的一般施工方法。

油漆涂料等涂饰工程施工时，要求施工现场环境在 5~35℃之间，同时要求基层干燥，在混凝土或抹灰基层涂刷溶剂型涂料时，含水量不得大于 8%，涂刷水性涂料时，含水量不得大于 10%，木质基层含水率不得大于 12%，现场要注意通风换气。施工可以选择如下方法。

1）滚涂法：将蘸取漆液的毛辊先按 W 方式运动将涂料大致涂在基层上，然后用不蘸取漆液的毛辊紧贴基层上下、左右来回滚动，使漆液在基层上均匀展开，然后用蘸取漆液的毛辊按一定方向满滚一遍。阴角及上下口宜采用排笔刷涂找齐。

2）喷涂法：喷枪压力宜控制在 0.4~0.8MPa 范围内，喷涂时喷枪与墙面应保持垂直，距离

500mm 左右，匀速平行移动。两行重叠宽度应控制在喷涂宽度的 1/3。

3）刷涂法：宜按先左后右、先上后下、先难后易、先边后面的顺序进行。

对于木质基层，应先满刷清油一遍，待其干后用油腻子将钉孔、裂缝、残缺处嵌刮平整，干后打磨光滑，再刷中层和面层油漆。

10.1.3.2 塑料壁纸

塑料壁纸又名墙布，是以纸为基材，以聚氯乙烯塑料、纤维等为面层，经压延或涂布以及印刷、轧花或发泡等工艺制成的一种墙体装饰材料。

（1）塑料壁纸的特点。

塑料壁纸与传统墙纸及织物面饰材料相比，它具有以下特点。

1）装饰效果好。由于塑料壁纸表面可进行印花、压花及发泡处理，能仿天然石材、木纹及锦缎，达到以假乱真的地步，通过精心设计，可印制适合各种环境的花纹图案，几乎不受限制。色彩也可任意调配，做到自然流畅，清淡高雅。

2）性能优越。根据需要可加工成难燃、隔热、吸音、防霉、不容易结露、不怕水洗、不易受机械损伤的各种产品。

3）适合大规模生产。塑料壁纸的加工性能良好，可进行工业化连续生产。

4）粘贴方便。纸基的塑料墙纸，可用普通 107 黏合剂、白乳胶或者市场上新出现的粘墙纸粉兑水调好即可粘贴，且透气性好，可在尚未完全干燥的墙面粘贴，这样不致造成起鼓、剥落。

5）使用寿命长、易维修保养。塑料墙纸表面可清洗，对酸碱有较强的抵抗能力。

塑料壁纸是目前国内外使用最广泛的一种室内墙面装饰材料。它也可用于顶棚、梁柱以及车辆、船舶、飞机表面的装饰。

（2）塑料壁纸的分类。

目前，在国内外市场上，塑料壁纸大致可分为普通塑料壁纸、发泡塑料壁纸、特种塑料壁纸 3 类。每一种塑料壁纸又有 3～4 个品种，几十种乃至上百种花色。

1）普通塑料壁纸。

普通墙纸是以 80～100g/m² 的纸作基材，涂塑 100g/m² 左右的聚氯乙烯糊，经印花、压花而成。这类壁纸又分单色压花、印花压花和有光、平光印花几种，花色品种多，适用面广，价格也低，是民用住宅和公共建筑墙面装饰应用最普遍的一种壁纸。

2）发泡塑料壁纸。

发泡塑料壁纸是以 100g/m² 的纸作基材，涂塑 300～400g/m² 掺有发泡剂的 PVC 糊，印花后再加热发泡而成。这类壁纸有高发泡印花、低发泡印花、低发泡印花压花等几个品种。高发泡壁纸的发泡倍数大，表面呈富有弹性的凹凸花纹，是一种装饰兼吸音的多功能墙纸，常用于歌剧院、会议室、住房的天花板装饰。低发泡印花壁纸，是在掺有适量发泡剂的 PVC 糊涂层的表面印有图案或花纹，通过采用含有抑制发泡作用的油墨，使表面形成具有不同色彩的凹凸花纹图案，又加化学浮雕。这种壁纸的图案逼真，立体感强，装饰效果好，并有一定的弹性。适用于室内墙裙、客厅和内走廊装饰。还有一种仿砖、石面的深浮雕型壁纸，其凹凸高度可达 25mm，采用座模压制而成。该种壁纸只适用于室内墙面装饰。

3）特种塑料壁纸。特种塑料壁纸是指具有耐水、防火和特殊装饰效果的壁纸品种。耐水壁纸是用玻璃纤维毡作基材，在 PVC 涂塑材料中，配以具有耐水性的胶粘剂，以适应卫生间、浴室等墙面的装饰要求；防火壁纸是用 100～200g/m² 石棉纸作基材，并在 PVC 涂塑材料中掺有阻燃剂，使壁纸具有一定的阻燃防火功能，使用于防火要求很高的建筑；特殊装饰效果的彩色沙粒壁纸是在基材上散布彩色沙粒，再涂黏结剂，使表面呈砂粘毛面，可用于门厅、柱头、走廊等局部装饰。

（3）塑料壁纸的规格和技术要求。

一般有以下 3 种规格：①幅宽 530～600mm，长 10～12m，每卷为 5～6m² 的窄幅小卷；②幅宽 760～900mm，长 25～50m，每卷为 20～45m² 的中幅中卷；③幅宽 920～1200mm，长 50m，每卷 46～90m² 的宽幅大卷。小卷壁纸是生产最多的一种规格，它施工方便，选购数量和花色灵活，比较适合民用，一般用户可自行粘贴。中卷、大卷粘贴工效高，接缝少，适合公共建筑，由专业人员粘贴。

（4）塑料壁纸的技术标准。

塑料壁纸现在还没有国家统一技术标准，引进的生产线则以国外标准为生产依据。不过，壁纸在生产加工过程中由于原材料、工艺配方等原因，可能残留铅、钡、氯乙烯、甲醛等有毒物质，为保障消费者身体健康，国家颁布实施了《室内装饰装修材料壁纸中有害物质限量》（GB 18585—2001）等 10 项室内装饰装修材料有害物质限量强制性国家标准，见表 10 - 2。

表 10 - 2　　　　　　　　　　　　　　壁纸中有害物质限量值　　　　　　　　　　　单位：mg/kg

有　害　物　质		限　量　值
重金属（或其他）元素	钡	≤1000
	镉	≤25
	铬	≤60
	铅	≤90
	砷	≤8
	汞	≤20
	硒	≤165
	锑	≤20
氯乙烯单体		≤1.0
甲醛		≤120

10.1.3.3　织物类装饰材料

织物类装饰材料是利用织物对建筑物进行覆盖装饰的薄质材料。它多具有触感柔软、舒适的特殊性能，主要用于建筑物室内装饰。目前工程中较常用的装饰织物主要有墙壁布、地毯、壁挂、窗帘等。这些织物在色彩、质地、柔软度、弹性等方面的优点可使室内的景观、光线、质感及色彩等获得其他材料所不能达到的效果。有些织物类装饰材料还具有保温、隔音、防潮等作用。

织物的制作可分为纺织、编织、簇绒、无纺等不同工艺。根据装饰织物的材质不同，可分为羊毛类、棉纱类、化纤类、塑料类、混纺类、剑麻类、矿纤类等。各种服装纺织面料也可作为墙面贴布或悬挂装饰织物，如各种化纤装饰布、棉纺装饰布、锦缎、丝绒、毛呢等材料。其中，锦缎、丝绒、毛呢等织物属高级墙面装饰织物。在墙面装饰效果、织物所具有的独特质感和触感等方面是其他材料所不能相比的。由于织物的纤维不同、织造方式和处理工艺不同，所生产的质感效果也不同，因而给人的美感也有所不同。如丝绒、锦缎色彩华丽，质感温暖、格调高雅，显示出富贵、豪华的特色；粗毛料、仿毛化纤织物和麻类编织物，粗实厚重，具有温暖感，还能从纹理上显示出厚实、古朴等特色。

10.1.3.4　皮革类装饰材料

皮革类装饰材料有两种：一种是真皮类装饰材料，一种是人造皮革类装饰材料。

真皮的种类很多，主要有猪皮、牛皮（包括黄牛皮、水牛皮、牦牛皮、犏牛皮）、羊皮（包括绵羊皮和山羊皮）、马科真皮（包括马皮、驴皮、骡皮和骆驼皮）、蛇皮、鳄鱼皮以及其他各类鱼皮等。真皮又因产地、年龄以及加工工艺不同又有不同的分类方法，根据加工工艺有软皮和硬皮之分，有带毛皮和不带毛皮两种。装饰工程中常用的软包真皮主要是不带毛皮的软皮，颜色和质感也多种多样。真皮类装饰材料具有柔软细腻、触感舒服、装饰雅致、耐磨损、易清洁、透气性好、保温隔热、吸声隔音等优点，由于其价格昂贵，常被用作高级宾馆、会议室、居室等建筑的墙面、门等处的镶包。

人造皮革类装饰材料颜色多样、质感细腻、色泽美观，比真皮经济，其性能在有些方面甚至超过真皮，其用途与真皮相同，有时可以以假乱真。人造皮革又以原材料不同分为再生革、合成革和人造革等多种产品。常用仿羊皮人造革制作软包、吸声门等。

总之，皮革类装饰材料具有柔软、消音、温暖和耐磨等特点，但对墙体湿度要求较高，需防止霉变。适用于幼儿园、练功房等要求防止碰撞的房间，也可用于电话间、录音室等声学要求较高的房间，还可以用于小餐厅和会客室等，使环境更高雅，用于客厅、起居室等可使环境更舒适。

10.1.3.5 装饰灯具

灯具是光源、灯罩及其附件的总称。灯具的作用是固定电光源，把光分配到需要的方向，防止光源引起的眩光以及保护光源不受外力及外界潮湿气体的影响。灯具有装饰灯具和功能灯具两类，装饰灯具以灯罩的造型、色彩为首要考虑因素，功能灯具把提高光效、降低眩光、保护光源作为主要选择条件。

装饰灯具按使用的场所不同可分为室内装饰灯具与室外装饰灯具。室内灯具有吊灯、吸顶灯、槽灯、发光顶棚、壁灯、浴室灯、落地灯、台灯、室内功能灯等。室外灯具分为室外壁灯、门前座灯、路灯、园林灯、庭院灯、广告灯、探照灯、建筑物照明用灯等。

10.2 防 水 堵 漏 材 料

防水堵漏材料是指用于满足景观建筑、水景工程等防水、防渗、防潮要求的功能材料。防水堵漏材料在景观设计、园林施工中占有十分重要的地位，建筑防水和各种水景防水是保证其发挥正常功能和寿命的一项重要措施。有些设计者或施工单位往往对防水设计不重视，结果造成景观建筑或湖池渗漏严重，这样不仅影响工程的整体质量，无法较好地实现预期的景观效果，而且也增加了工程总决算，对景观要素的使用年限有很大影响。目前，防水堵漏材料主要包括刚性防水材料、柔性防水材料、瓦材和板材以及其他堵漏止水材料。

10.2.1 刚性防水材料

常见的刚性防水材料有防水混凝土和防水砂浆两大类。

在造园防水工程中刚性防水材料占有较大的比重，与其他防水材料相比具有很多优点。

（1）刚性防水材料既具有抗渗能力又具有较高的抗压强度，因此，既可防水又可兼作承重结构或围护结构，能节约材料，加快施工速度。

（2）材料来源广泛，造价较低；施工简便，工艺成熟，基层潮湿条件下仍可施工。

（3）在结构和造型复杂的情况下，可灵活选用施工方法，易于施工。

（4）抗冻、抗老化性能好，能满足建筑物、构筑物耐久性的要求，其耐久年限一般可达20年以上。

（5）渗漏水时易于检查，便于修补。

（6）大多数原材料为无机材料，不易燃烧，无毒无味，有一定的透气性，使劳动条件相对改善。

刚性防水材料也存在一定的缺点，主要是抗拉强度低，极限抗应变小，常因干缩、地基沉降、地基振动变形、温差等造成裂缝。另外，防水混凝土自重大，易造成层面载荷增加。

10.2.2 柔性防水材料

在建筑物基层上铺贴防水卷材或涂布防水涂料，使之形成防水隔离层，这就是通常所说的柔性防水。其特点是在施工和正常使用过程中，该材料可产生明显的弹性或塑性变形，以适应主体结构或基层变形的需要，并保持其材料本身的结构连续性，不开裂。如选材合理，且采用复合柔性防水技术，使用耐久年限可达 20 年以上。目前，造园中常用的柔性防水材料有沥青防水卷材、高聚物改性沥青防水卷材和合成高分子防水卷材。

10.2.2.1　沥青防水卷材

沥青防水卷材是用原纸、纤维织物、纤维毡等胎体浸涂沥青，表面撒布粉状、粒状或片状材料制成的可卷曲的片状防水材料。根据卷材选用的胎基不同，可分为沥青纸胎防水卷材、沥青玻璃布胎防水卷材、沥青玻璃纤维胎防水卷材、沥青石棉布胎防水卷材、沥青麻布胎防水卷材和沥青聚乙烯胎防水卷材等。

（1）石油沥青纸胎防水卷材。

石油沥青纸胎防水卷材包括石油沥青纸胎油毡和油纸。石油沥青纸胎油毡是采用低软化点石油沥青浸渍原纸，然后用高软化点石油沥青涂盖油纸两面，再涂或撒隔离材料制成的一种纸胎防水卷材。幅宽分 915mm 和 1000mm 两种规格，每卷面积 20m^2±0.3m^2。按原纸 1m^2 的质量克数，分为 200 号、350 号、500 号 3 个标号。每一标号的油毡按物理性能分为优等品、一等品和合格品 3 个等级。其中，200 号油毡适用于简易防水、临时性建筑防水、建筑防潮及包装；350 号油毡适用于屋面、地下、水利等工程的多层防水。

石油沥青油纸是采用低软化点石油沥青浸渍原纸制成的一种无涂盖层的纸胎防水卷材。其幅宽和面积规格均与石油沥青纸胎油毡相同。按原纸 1m^2 的质量克数，油纸分为 200 号、350 号两种标号。油纸适用于建筑防潮和包装，也可用于多层防水层的下层。

石油沥青纸胎防水卷材低温柔性差，胎体易腐烂，耐用年限较短，因此，目前大部分发达国家已淘汰了纸胎，以玻璃布胎体、玻璃纤维胎以及其他胎体为主。

（2）石油沥青玻璃布胎防水卷材。

石油沥青玻璃布胎防水卷材简称玻璃布油毡，它是以玻璃纤维布为胎基，浸涂石油沥青，并在两面涂撒矿物隔离材料制成的可卷曲片状防水材料。玻璃布油毡幅宽 1000mm，每卷面积 10m^2±0.3m^2。按物理性能可分为一等品和合格品。

玻璃布油毡与纸胎油毡相比，其拉伸强度、低温柔度、耐腐蚀性等均得到了明显提高，适用于地下工程做防水、防腐层，并适用于屋面做防水层及金属管道（热管道除外）做防腐保护层。

（3）石油沥青玻璃纤维毡胎防水卷材。

石油沥青玻璃纤维毡胎防水卷材简称玻纤胎油毡，它采用玻璃纤维薄毡为胎基，浸涂石油沥青，在其表面涂撒以矿物粉料或覆盖聚乙烯膜等隔离材料制成的可卷曲的片状防水材料。油毡幅宽为 1000mm。其品种按油毡上表面材料的不同分为膜面、粉面和砂面 3 个品种。按每 10m^2 标称质量（kg）分为 15 号、25 号、35 号 3 个标号。按物理性能分为优等品（A）、一等品（B）和合格品（C）3 个等级。

沥青玻纤胎油毡的耐腐蚀性和柔性好，耐久性也比纸胎沥青油毡高。适用于地下和屋面防水工程，使用中可产生较大的变形以适应基层变形，尤其适用于形状复杂（如阴阳角部位）的防水面施工，粘贴牢固。

10.2.2.2　高聚物改性沥青防水卷材

高聚物改性沥青防水卷材是以玻纤毡、聚酯毡、黄麻布、聚乙烯膜、聚酯无纺布、金属箔或两种材料复合为胎基，以掺量不少于 10％的聚合物改性沥青、氧化沥青为浸涂材料，以片岩、彩色砂、矿物砂、合成膜或铝箔等为覆面材料制成的防水卷材。

高聚物改性沥青防水卷材包括弹性体、塑性体和橡塑共混体改性沥青防水卷材等 3 类。其中，弹性体（SBS）改性沥青防水卷材和塑性体（APP）改性沥青防水卷材应用较多。

（1）SBS 改性沥青防水卷材。

SBS 改性沥青防水卷材是用沥青或 SBS 改性沥青（又称"弹性体沥青"）浸渍胎基，两面涂以

SBS 改性沥青涂盖层，上面撒以细砂、矿物粒（片）料或覆盖聚乙烯膜，下表面撒以细砂或覆盖聚乙烯膜制成的防水卷材。属中、高档防水材料，是弹性体沥青防水卷材中有代表性的品种。

该卷材中加入 10%～15% 的 SBS 热塑性弹性体（苯乙烯—丁二烯—苯乙烯嵌段共聚物），使其具有橡胶和塑料的双重特性。在常温下，具有橡胶状弹性，在高温下像塑料那样具有熔融流动特性，是塑料、沥青等脆性材料的增韧剂，经过 SBS 这种热塑性弹性体材料改性后的沥青作防水卷材的浸渍涂盖层，提高了卷材的弹性和耐疲劳性，延长了卷材的使用寿命，增强了卷材的综合性能。将卷材加热到 90℃，2h 后观察，卷材的表面仍不起泡，不流淌，当温度降低到 −75℃ 时，卷材仍然具有一定程度的柔软性，−50℃ 以下仍然有防水功能，其优异的耐高、低温性能特别适宜于在严寒的地区使用，也可用于高温地区。

依据卷材所使用玻纤毡胎或聚酯无纺布两种胎体，使用矿物粒（如板岩片等）、砂粒（河砂或彩砂）、聚乙烯膜等 3 种表面材料，共形成 6 个品种（见表 10−3）。

表 10−3 高聚物改性沥青防水卷材品种

上表面材料 ＼ 胎基	聚 酯 胎	玻 纤 胎
聚乙烯膜	PY-PE	G-PE
细砂	PY-S	G-S
矿物粒（片）料	PY-M	G-M

该卷材幅宽规格为 1000mm，长度规格为 10m/卷，并以 10m² 卷材的称重量（kg）作为卷材的标号，玻纤毡胎基卷材分为 25 号、35 号和 45 号 3 种标号，聚酯无纺布胎基卷材分为 25 号、35 号、45 号和 55 号 4 种标号。每一种标号卷材按物理性能不同分为优等品、一等品、合格品 3 个等级。

SBS 改性沥青防水卷材具有拉伸强度高、伸长率大、自重轻，既可以用热熔施工，又可用冷黏结施工。其最大优点是具有良好的耐高温、耐低温以及耐老化性能。适用于工业与民间建筑的屋面、地下及卫生间等的防水防潮，以及游泳池、隧道、蓄水池等的防水工程。

（2）APP 改性沥青防水卷材。

APP 改性沥青防水卷材是用 APP 改性沥青浸渍胎基（玻纤毡、聚酯毡），并涂盖两面，上表面撒以细砂、矿物粒（片）料或覆盖聚乙烯膜，下表面撒以砂或覆盖聚乙烯膜的一类防水卷材。属中、高档防水卷材，是塑性体沥青防水卷材的一种。

该卷材中加入量为 30%～35% 的 APP（无规聚丙烯）是生产聚丙烯的副产品，它在改性沥青中呈网状结构，与石油沥青有良好的互溶性，将沥青包在网中。APP 分子结构为饱和态，有很好的稳定性，受高温、阳光照射后，分子结构不会重新排列，老化期长。一般情况下，APP 改性沥青的老化期在 20 年以上。该卷材温度适应范围为 −15～130℃，特别是耐紫外线能力比其他改性沥青防水卷材强，适宜在有强烈阳光照射的炎热地区使用。APP 改性沥青复合在具有良好物理性能的聚酯毡或玻纤毡上，使制成的卷材具有良好的拉伸强度和伸长率。该卷材具有良好的憎水性和黏结性，既可冷黏施工，又可热熔施工，无污染，可在混凝土板、塑料板、木板、金属板等材料上施工。

该卷材使用玻纤毡胎（G）或聚酯胎（PY）两种胎体，形成六个品种（见表 10−3）。其幅宽规格、长度规格、厚度规格与 SBS 改性沥青防水卷材相同，标号分类方法也相同。

APP 改性沥青防水卷材具有分子结构稳定、老化期长，具有良好的耐热性、拉伸强度高、伸长率大、施工简便、无污染等特点。主要用于屋面、地下或水中防水工程，尤其适用于有强烈阳光照射或炎热环境中的防水工程。

10.2.2.3 合成高分子防水卷材

合成高分子防水卷材也称高分子防水片材，是以合成橡胶、合成树脂或两者的共混体为基料，加入适当化学助剂和填充料等，经过塑炼混炼、压延或挤出成型、硫化、定型等工序加工而成的无胎加筋或不加筋的弹性或塑性的片状可卷曲的一类防水材料。

合成高分子防水卷材，在我国起步较晚，但发展迅速，在整个防水材料工业中处于发展、上升阶段，仅次于改性沥青防水卷材，其生产工艺、产品品种、生产技术设备、应用技术以及应用领域等都在不断提高和发展完善中。该卷材具有抗拉强度高，断裂伸长率大、抗撕裂强度高、耐热、耐低温性能好以及耐腐蚀、耐老化、可冷施工等优良特性，属高档新型防水卷材。

目前，我国开发的合成高分子防水卷材品种繁多，主要有橡胶型、塑料型、橡塑共混型三大系列，最具代表性的有合成橡胶型的三元乙丙橡胶（EPDM）防水卷材、合成树脂的聚氯乙烯（PVC）防水卷材和氯化聚乙烯—橡胶共混防水卷材。

（1）三元乙丙橡胶防水卷材。

三元乙丙橡胶防水卷材是以三元乙丙橡胶或在三元乙丙橡胶中掺入适量的丁基橡胶为基本原料，加入硫化剂、软化剂、促进剂、补强剂等，经精确配料、塑炼、拉片、压延或挤出成型、硫化等工序加工而成的高弹性防水卷材。

三元乙丙橡胶防水卷材具有重量轻、使用温度范围宽（可在 $-40\sim80℃$ 范围内长期使用）、耐候性能优异、抗拉强度高、延伸率大、对基层伸缩或开裂的适应性强等特点，是一种高效防水材料。另外，它采用冷施工，操作简便，能改善工人的劳动条件。

该卷材适用于屋面、厨房及卫生间、楼房地下室、地下铁道、地下停车站的防水，桥梁、隧道工程防水，排灌渠道、水库、蓄水池、污水处理池等方面的防水隔水等。

三元乙丙橡胶防水卷材的规格尺寸和允许偏差见表 10－4 和表 10－5。

表 10－4　　　　　三元乙丙橡胶防水卷材的规格尺寸

项目	厚度/mm	宽度/m	长度/m
规格尺寸	1.0、1.2、1.5、1.8、2.0	1.0、1.1、1.2	≥20

表 10－5　　　　　　　　　　允　许　偏　差

项　目	厚　　度		宽　度	长　度
允许偏差	<1.0mm	≥1.0mm	±1%	不允许出现负值
	±10%	±5%		

（2）聚氯乙烯（PVC）防水卷材。

聚氯乙烯防水卷材是以聚氯乙烯树脂（PVC）为主要材料，掺入适量的改性剂、增塑剂和填充料等添加剂，以挤出制片法或压延法制成的，可卷曲的片状防水材料。

PVC 树脂可以通过改变增塑剂的加入量制成软质和硬质 PVC 材料，一般来说，增塑剂加入量在 40％以上（以树脂量计）为软质制品（还与填料的加入量有关）。

软质 PVC 卷材的特点是防水性能好，低温柔性好，尤其是以癸二酸二丁酯做增塑剂的卷材，冷脆点低达 $-60℃$。PVC 来源丰富，原料易得，在聚合物防水卷材中价格较低。PVC 卷材的黏结采用热焊法或溶剂（如四氢呋喃 THF 等）黏结法。无底层 PVC 卷材，收缩率高达 $1.5％\sim3％$，铺设时必须四周固定，有增强层类型的 PVC 卷材则无需四周固定。

软质 PVC 卷材适用于大型屋面板、空心板作防水层，也可作刚性层下的防水层及旧建筑物混凝土构件屋面的修缮，以及地下室或地下工程的防水、防潮、水池、储水槽及污水处理池的防渗，有一定耐腐蚀要求的地面工程的防水、防渗。

PVC 防水卷材根据其基料的组成及特性又可分为 S 型和 P 型。S 型是以煤油与聚氯乙烯树脂溶料为基料的柔性卷材；P 型是以增塑聚氯乙烯为基料的塑性卷材之一。在卷材的实际生产中，S 型卷材的 PVC 树脂掺有较多的废旧塑料，因此 S 型卷材性能远低于 P 型卷材。

PVC防水卷材是目前世界上应用最广泛的防水卷材，仅次于三元乙丙防水卷材，居第二位。以P型产品为代表的PVC卷材的突出特点是拉伸强度高，断裂伸长率较大，与三元乙丙橡胶防水卷材相比，PVC防水卷材性能稍逊，但其优势是原料丰富，价格较低。

（3）氯化聚乙烯—橡胶共混防水卷材。

氯化聚乙烯—橡胶共混防水卷材是以高分子材料氯化聚乙烯与合成橡胶共混为基料，掺入各种适量化学助剂和填充料，经过混炼、压延或挤出等工序制成的防水卷材。

该卷材兼有塑料和橡胶的特点，它不但具有氯化聚乙烯所特有的高强度和优异的耐臭氧、耐老化性能，而且具有橡胶类材料的高弹性、高伸长性以及良好的低温柔韧性。这种合成高分子聚合物的共混改性材料，在工业上被称为高分子"合金"，其综合防水性能得到提高。主要特性如下。

1）耐老化性能优异。该防水卷材具有优异的耐老化性能，在 $10cm^3/m^3$ 的高浓度臭氧环境中，使卷材处于拉伸100%的受力状态下，经168h处理后，试件仍无裂纹出现。因此，该卷材的大气稳定性好，使用寿命长。

2）具有良好的黏结性能和阻燃性能。采用含氯量30%～40%的氯化聚乙烯树脂作为共混改性体系的主要原料，由于氯原子的存在，大大提高了共混卷材的黏结性能和阻燃性能，使该卷材本身成为一种易黏结材料。多种氯丁系胶黏剂均可实现卷材与卷材、卷材与基层之间的黏结，便于形成弹性整体的防水层，提高了防水工程的可靠程度。

3）拉伸强度高、伸长率大。此类卷材属硫化型橡胶类弹性体防水卷材，具有拉伸强度高、伸长率大的特性。因此，对基层伸缩或开裂变形的适应性较强，为提高防水工程质量和延长防水层的使用寿命创造了条件。

4）具有良好的高低温特性。该卷材能在－40～80℃温度范围内正常使用，高低温性能良好。

5）稳定性好，使用寿命长。氯化聚乙烯分子结构的主链上以单键连接，属高饱和稳定结构，不易受紫外光影响，也不易和大气中臭氧、化学介质发生反应。故此类卷材具有良好的耐油、耐酸碱、耐臭氧等性能，大气稳定性好，使用寿命长。

6）施工方便简单。此类卷材采用冷黏法施工，配套材料少，工艺简单，操作方便，安全，工效高，施工质量易于保证。

氯化聚乙烯—橡胶共混防水卷材根据共混材料和物理学性能的不同，可分为S型和N型两个品种。S型是以氯化聚乙烯与合成橡胶共混体制成的防水卷材；N型是以氯化聚乙烯与合成橡胶或再生橡胶共混体制成的防水卷材。

氯化聚乙烯—橡胶共混防水卷材最适宜用单层冷黏外露防水施工法作屋面的防水层，也适用于有保护层的屋面或楼地面、地下、游泳池、隧道、涵洞等中高档建筑的防水工程。

10.2.2.4　防水卷材的施工工艺

防水卷材的铺贴方法应根据屋面基层的结构类型、干湿程度等实际情况确定。卷材防水层一般采用满粘法、点粘法、条粘法和空铺法等进行铺贴。当防水层上有重物覆盖或基层变形较大时，应优先采用空铺法、点粘法、条铺法或者机械固定法。铺贴方向应根据屋面的坡度和屋面是否受震动确定，卷材铺贴方向应符合下列规定：当屋面坡度小于3%时，宜平行于屋面铺贴，当屋面坡度在3%～5%时，卷材可以平行或者垂直屋面铺贴，但是尽可能采用平行于屋脊方向铺贴，这样做可以减少卷材接头，便于施工操作；当屋面坡度大于15%时或者屋面受到震动时，由于沥青软化点较低，防水层加厚，可以垂直于屋面方向铺贴。平行于屋脊的搭接缝，应顺着流水方向搭接，垂直于屋脊的搭接缝应按照从排水口、檐口、天沟等屋面最低标高处向上铺贴。

满贴法防水卷材层铺贴的主要步骤如下：第一步，将已经找平的基层清扫干净；第二步，刷涂冷底子油；第三步，将卷材一边加热一边铺贴牢固、平整见图10-3。

(a)刷涂冷底子油　　　　　　　　　　(b)加热卷材

(c)铺贴卷材　　　　　　　　　　　(d)加热卷材收头

(e)铺贴卷材收头　　　　　　　　　　(f)铺贴完毕

图 10-3　防水卷材的铺贴过程

10.2.3　瓦及型材防水

在造园工程中，坡屋面随处可见，包括凉亭、茶室、厅廊等。坡屋面根据面层采用的材料分为沥青瓦屋面、水泥瓦屋面、波形瓦屋面和金属板等轻型屋面系统。在屋面工程防水技术中，采用瓦材进行排水，在我国具有悠久的历史。在现代建筑工程中，采用瓦材进行防水、排水的技术措施仍在广泛应用。瓦材是建筑物传统屋面防水工程采用的防水材料。

10.2.3.1　常用瓦材

（1）混凝土屋面瓦。

混凝土屋面瓦，亦称水泥屋面瓦，是以水泥为基料，加入金属氧化物、化学增强剂并涂饰透明外层涂料制成的屋面瓦材。在混凝土基础上添加各种纤维材料制成各种纤维增强水泥瓦，纤维增强水泥瓦是以增强纤维和水泥为主要原料，经配料、打浆、成型、养护而成。目前市售的主要是石棉水泥瓦，分大波、中波、小波三种类型。由于纤维的增强作用，水泥浆的脆性得以改善，抗折强度、抗冲刷与抗冻融能力增强。该瓦具有防水、防潮、防腐、绝缘及隔声等性能，主要用于工业建筑和临时性建筑，如厂房、库房、堆货棚、凉棚等。

（2）聚氯乙烯瓦。

聚氯乙烯瓦（UPVC轻质屋面瓦）是一种新型的屋面防水材料。聚氯乙烯瓦是以硬质聚氯乙烯（UPVC）为主体材料并分别加以热稳定剂、润滑剂、填料以及光屏蔽剂、紫外线吸收剂、发泡剂等，经混合、塑化并经3层共挤出成型得到的3层共挤芯层发泡板。

10.2.3.2 其他防水型材

（1）金属屋面。

金属屋面是以彩色涂层钢板、镀锌钢板等薄钢板经辊压冷弯成V形、O形或其他形状的轻质高强度屋面板材构成。具有自重轻、构造简单、材料单一、构件标准定型、装配化程度高、现场安装快、施工期短等优点。金属屋面材料属环保型、节能型材料。主要有非保温压型钢板、防结露压型钢板和保温压型钢板3大类。

（2）阳光板。

阳光板学名为聚碳酸酯板，是一种新型的高强、防水、透光、节能的屋面材料。它以聚碳酸塑料（PC）为原料，经热挤出工艺加工成型的透明、加筋中空板或实心板。综合性能好，既能起到防水作用，又有很好的装饰效果，应用范围广泛。

（3）膜结构防水。

膜材是新型膜结构建筑屋面的主体材料，它既为防水材料又兼为屋面结构。膜结构建筑是一种具有时代感的建筑物。它的特点是不需要梁（屋架）和刚性屋面板，只以膜材由钢支架、钢索支撑和固定，膜结构建筑造型美观、独特，结构形式简单，表观效果好，目前已被广泛用于体育场馆、展厅等。

10.2.4 防水补漏材料

目前市面上防水补漏材料种类较多，价格各异，质量不一。事实上，防水补漏材料的原理就是修补防水层，对于坚固的混凝土防水层的补漏方法有两种：一种是拆除防水层重新铺设，该种做法施工时间长、难度系数大、所需费用高；另一种是保留防水层，用防水材料填塞空隙，目前开发的使用高分子纳米材料构成的防水材料，可以直接喷涂到墙上，防水剂就会沿着防水层的空隙渗透进墙里并凝固，形成永久的防水层。

防水堵漏材料主要用于房屋建筑、构筑物、景观水体等在有水或潮湿环境下的防水堵漏，故需要满足带水操作的施工要求。

10.3 保温隔热材料

在园林工程中，保温隔热材料通常在园林建筑中使用，人们习惯上把用于控制室内热量外流的材料叫保温材料；把防止室外热量进入室内的材料叫隔热材料。建筑上将主要起保温、隔热作用，对热流起阻抗作用的材料称作绝热材料，绝热性能的好坏，主要由隔热指标，即导热系数决定。绝热材料主要用于屋面、墙体、墙面、管道等的隔热与保温，以减少建筑物的采暖和空调消耗，达到节能的目的。

10.3.1 保温隔热材料的性能要求

10.3.1.1 导热性

在任何介质中，当两处存在温差时，热量都会由高温部分通过不同方式自动向低温部分传导。

材料传导热量的能力,称为导热性。用导热系数 λ 表示。

实践证明,在稳定导热的情况下,通过壁体的热量 Q 与壁体材料的导热能力、壁面之间的温差、传热面积和传热时间成正比,与壁体的厚度成反比。即:

$$Q=\frac{\lambda(t_n-t_w)FZ}{\delta} \tag{10-1}$$

式中　Q——总的传热量,J;

　　　λ——材料的导热系数,W/(m·K);

　　　δ——壁体的厚度,m;

t_n, t_w——壁体内、外表面的温度,K 或℃;

　　　Z——传热时间,s;

　　　F——传热面积,m²。

式(10-1)可改写为式(10-2):

$$\lambda=\frac{Q\delta}{(t_n-t_w)FZ} \tag{10-2}$$

由式(10-2)可以说明导热系数 λ 的物理意义:即在稳定传热条件下,当材料层单位厚度内相对表面的温差为 1K 时,在 1s 内通过单位面积(1m²)传递的热量。材料的导热系数越小,表示其绝热性能越好。

影响材料导热系数的主要因素有材料的化学结构、组成和聚集状态、表观密度、湿度、温度以及热流方向等。

(1)材料的化学结构、组成和聚集状态。材料的分子结构不同,其导热系数有很大差别,通常结晶构造的材料导热系数最大,微晶体构造的材料次之,玻璃体构造的材料导热系数最小。材料中有机物组分增加,导热系数降低,通常金属材料导热系数最大,无机非金属材料次之,有机材料导热系数最小。一般地,多孔保温隔热材料的孔隙率很高,颗粒或纤维之间充满空气,此时气体的导热系数起主要作用,固体部分的影响较小,因此导热系数较小。

(2)材料的表观密度。由于材料中固体物质的导热能力比空气的导热能力大得多,因此孔隙率较大、表观密度较小的材料,其导热系数也较小。在孔隙率相同的条件下,孔隙尺寸越大,孔隙间连通越多,导热系数越大。此外,对于表观密度很小的材料,特别是纤维状材料(如超细玻璃纤维),当表观密度低于某一极限时,导热系数反而增大,这是由于孔隙率过大,相互连通的孔隙增多,对流传热增强,导致导热系数增大。

(3)湿度。由于水的导热系数[0.5815W/(m·K)]比静态空气的导热系数[0.02326W/(m·K)]大 20 多倍,当材料受潮时,其导热系数必然会增大,若水结冰导热系数会进一步增大。因此,为了保证保温效果,保温材料应尽可能选用吸水性小的原材料;同时绝热材料在使用过程中,应注意防潮、防水。

(4)温度。材料的导热系数随着温度的升高而增大。这种影响在 0~50℃范围内不太明显,只有在高温或负温下比较明显,应用时要多加考虑。

(5)热流方向。对于各向异性材料,如木材等纤维质材料,热流方向与纤维排列方向垂直时的导热系数要小于二者平行时的导热系数。

10.3.1.2　热容量与比热

热容量为材料受热时吸收热量,冷却时放出热量的性能。材料的比热表示单位质量的材料,温度升高或降低 1K 时吸收或放出的热量,单位为 J/(kg·K)。其公式为:

$$C=\frac{Q}{m(t_2-t_1)} \tag{10-3}$$

式中　C——材料的质量比热,J/(kg·K);

　　　Q——材料吸收或放出的热量,J;

t_1——材料受热或冷却前的温度，K；

t_2——材料受热或冷却后的温度，K；

m——材料的质量，kg。

材料的导热系数和比热是设计建筑物围护结构（墙体、屋盖、地面）进行热工计算的重要参数。选用导热系数小，比热大的建筑材料，可提高围护结构的绝热性能并保持室内温度的稳定。几种典型工程材料的热工性质指标见表 10-6。

表 10-6   几种典型材料的热工性质指标

材　　料	导热系数/〔W/(m·K)〕	比热/〔J/(kg·K)〕×10³
铜	370	0.38
钢	55	0.45
花岗岩	2.9	0.80
普通混凝土	1.8	0.88
烧结普通砖	0.55	0.84
松木（横纹）	0.15	1.63
冰	2.20	2.05
水	0.60	4.19
静止空气	0.025	1.00
泡沫塑料	0.03	1.30

对绝热材料的基本要求：导热系数不大于 0.23W/(m·K)，表观密度不大于 600kg/m³，抗压强度不小于 0.3MPa。除此之外，还要根据工程的特点，了解材料在耐久性、耐火性、耐侵蚀性等方面是否符合要求。

10.3.2　保温隔热材料的种类及使用要点

保温隔热材料按材质可分为两大类，一类是无机保温隔热材料，一般用矿物质原料制成，呈散粒状、纤维状或多孔状构造，可制成板、片、卷材或套管等形式的制品，包括石棉、岩棉、矿渣棉、玻璃棉、膨胀珍珠岩、膨胀蛭石、多孔混凝土等；另一类是有机保温隔热材料，是由有机原料制成的保温隔热材料，包括软木、纤维板、刨花板、聚苯乙烯泡沫塑料、脲醛泡沫塑料、聚氨酯泡沫塑料、聚氯乙烯泡塑料等。

10.3.2.1　常用无机绝热材料

（1）散粒状保温隔热材料。

散粒状保温隔热材料主要有膨胀蛭石和膨胀珍珠岩及其制品。

1）膨胀蛭石。

蛭石是一种复杂的镁、铁含水铝硅酸盐矿物，由云母类矿物经风化而成，具有层状结构，层间有结晶水。将天然蛭石经晾干、破碎、预热后快速通过煅烧带（850～1000℃）、速冷得到膨胀蛭石。

蛭石的品位和质量等级是根据其膨胀倍数、薄片平面尺寸和杂质含量的多少划分的。但是由于蛭石的外观和成分变化很大，很难进行确切的分级，因此主要以其体积膨胀倍数为划分等级的依据，一般划分为一级品、二级品、三级品 3 个等级。

膨胀后的蛭石薄片间可形成空气夹层，其中充满无数细小孔隙，表现密度降至 80～200kg/m³，$\lambda=0.047\sim0.07$W/(m·K)。膨胀蛭石是一种良好的无机保温隔热材料，既可直接作为松散填料，用于填充和装置在建筑维护结构中，又可与水泥、水玻璃、沥青、树脂等胶结材料配制混凝土，现浇或预制成各种规格的构件或不同形状和性能的蛭石制品。常见的有水泥蛭石制品、水玻璃蛭石制品、热（冷）压沥青蛭石板、蛭石棉制品、蛭石矿渣棉制品等。

2）膨胀珍珠岩。

珍珠岩是一种白色（或灰白色）多孔粒状物料，是由地下喷出的酸性火山玻璃质熔岩（珍珠岩、松脂岩、黑曜岩等）在地表水中急冷而成的玻璃质熔岩，二氧化硅含量较高，含有结晶水，具有类似玉髓的隐晶结构。显微镜下观察基质部分，有明显的圆弧裂开，形成珍珠结构，并具有波纹构造、珍珠和油脂光泽，故称珍珠岩。将珍珠岩原矿破碎、筛分、预热后快速通过煅烧带，可使其体积膨胀约 20 倍。膨胀珍珠岩的堆积密度为 $40\sim500kg/m^3$，导热系数 λ 为 $0.047\sim0.074W/(m\cdot K)$，最高使用温度可达 $800℃$，最低使用温度为 $-200℃$，是一种表观密度很小的白色颗粒物质，具有轻质、绝热、吸音、无毒、无味、不燃及熔点高于 $1050℃$ 等特点，其原料来源丰富、加工工艺简单、价格低廉，除了可用作填充材料外，还是建筑行业乐于采用的一种物美价廉的保温隔热材料。

（2）纤维质保温隔热材料。

常用的纤维质保温隔热材料有天然纤维质材料，如石棉；人造纤维材料，如矿渣棉、火山棉及玻璃棉等。

1）石棉。

石棉是天然石棉矿经过加工而成的纤维状硅酸盐矿物的总称，是常见的耐热度较高的保温隔热材料，具有优良的防火、绝热、耐酸、耐碱、保温、隔音、防腐、电绝缘性和较高的抗拉强度等特点。由于各种石棉的化学成分不同，它们的特性也有显著的差别。石棉按其成分和内部结构，可分为纤维状蛇纹石石棉和角闪石石棉两大类。平常所说的石棉，即是指蛇纹石石棉。该种石棉的密度为 $2.2\sim2.4g/cm^3$，导热系数约为 $0.069W/(m\cdot K)$。通常松散的石棉很少单独使用，常制成石棉粉、石棉涂料、石棉板、石棉毡、石棉桶和白云石石棉制品等。

2）岩矿棉。

岩矿棉是一种优良的保温隔热材料，根据生产所用的原料不同，可分为岩棉和矿渣棉。由熔融的岩石经喷吹制成的纤维材料称为岩棉，由熔融矿渣经喷吹制成的纤维材料称为矿渣棉。将岩矿棉与有机胶结剂结合可以制成矿棉板、毡、管壳等制品，其堆积密度约为 $45\sim150kg/m^3$，导热系数为 $0.039\sim0.044W/(m\cdot K)$。由于低堆积密度的岩矿棉内空气可发生对流导热，因而，堆积密度低的岩矿棉导热系数反而略高。最高使用温度约为 $600℃$。岩矿棉也可制成粒状棉，用作填充材料，其缺点是吸水性大、弹性小。

3）玻璃纤维。

玻璃纤维一般分为长纤维和短纤维。连续的长纤维一般是将玻璃原料熔化后滚筒拉制，短纤维一般由喷吹法和离心法制得。短纤维（$150\mu m$ 以下）由于相互纵横交错在一起，构成了多孔结构的玻璃棉，其表观密度为 $100\sim150kg/m^3$，导热系数低于 $0.035W/(m\cdot K)$。玻璃纤维制品的导热系数主要取决于表观密度、温度和纤维的直径。导热系数随纤维直径增大而增加，并且表观密度低的玻璃纤维制品其导热系数反而略高。以玻璃纤维为主要原料的保温隔热制品主要有：沥青玻璃棉毡和酚醛玻璃棉板，以及各种玻璃毡、玻璃毯等，通常用于房屋建筑的墙体保温层。

（3）多孔保温隔热材料。

1）轻质混凝土。

轻质混凝土包括轻骨料混凝土和多孔混凝土。

轻骨料混凝土是以发泡多孔颗粒为骨料的混凝土。由于其采用的轻骨料有多种，如膨胀珍珠岩、膨胀蛭石、黏土陶粒等，采用的胶结材料也有多种，如各种水泥或水玻璃等，从而使其性能和应用范围变化很大。当其体积质量为 $1000kg/m^3$ 时，导热系数为 $0.2W/(m\cdot K)$，当其体积质量为 $1400kg/m^3$ 和 $1800kg/m^3$ 时，导热系数分别为 $0.42W/(m\cdot K)$ 和 $0.75W/(m\cdot K)$。通常用来拌制轻骨料混凝土的水泥有硅酸盐水泥、矾土水泥和纯铝酸盐水泥等。为了保证轻骨料混凝土的耐久性和防止体积质量过大及其他不利影响，$1m^3$ 混凝土的水泥用量最少不得低于 $200kg$，最多不得超过 $550kg$。轻质混凝土具有质量轻、保温性能好等特点，主要应用于承重的配筋构件、预应力构件和热工构筑物等。

多孔混凝土是指具有大量均匀分布，直径小于 2mm 的封闭气孔的轻质混凝土。这种混凝土既无粗骨料也无细骨料，全由磨细的胶结材料和其他粉料加水拌成的料浆，用机械方法、化学方法使之形成许多微小的气泡后，再经硬化制成。其中气孔体积可达 85%，体积质量为 $300 \sim 500 kg/m^3$。随着表观密度减小，多孔混凝土的绝热效果增强，但强度下降。主要有泡沫混凝土和加气混凝土。

2）微孔硅酸钙。

微孔硅酸钙是一种新颖的保温隔热材料，用 65% 的硅藻土、35% 的石灰，加入两者总重 5.5～6.5 倍的水，为调节性能，还可以加入占总质量 5% 的石棉和水玻璃，经拌和、成型、蒸压处理和烘干等工艺制成。其主要水化产物为托贝莫来石或硬硅钙石。

微孔硅酸钙材料由于表观密度小（$100 \sim 1000 kg/m^3$），强度高（抗折强度 0.2～15MPa），导热系数小 [$0.036 \sim 0.224 W/(m \cdot K)$] 和使用温度高（100～1000℃）以及质量稳定等特点，并具有耐水性好、防火性强、无腐蚀、经久耐用、制品可锯可刨、安装方便等优点，被广泛用作冶金、电力、化工等工业的热力管道、设备、窑炉的保温隔热材料，房屋建筑的内墙、外墙、屋顶的防火覆盖材料，各类舰船的舱室墙壁以及走道的防火隔热材料。

3）泡沫玻璃。

泡沫玻璃是一种以磨细玻璃粉为主要原料，通过添加发泡剂，经熔融发泡和退火冷却加工处理后，制得的具有均匀孔隙结构的多孔轻质玻璃制品。其内部充满无数开口或闭口的小气孔，气孔占总体积的 80%～95%，孔径大小一般为 0.1～5mm，也有的孔径是几微米。泡沫玻璃是一种理想的绝热材料，具有不燃、耐火、隔热、耐虫蛀及耐细菌侵蚀等性能，并能抵抗大多数有机酸、无机酸及碱的侵蚀。作为隔热材料，它不仅具有良好的机械强度，而且加工方便，用一般的木工工具，即可将其锯成所需规格。

泡沫玻璃许多优异的物理、化学性能，主要基于两点：第一，它是玻璃基质，因此具有公认的玻璃性质；第二，它是泡沫状的，并且整体充满均匀分布的微小封闭气孔。这两点使它在多种物理、化学性能上优于其他无机、有机绝缘材料，在保温隔热方面更有其独特的优点。泡沫玻璃作为绝热材料在建筑上主要用于墙体、地板、天花板及屋顶保温。也可用于寒冷地区建造低层的建筑物。

10.3.2.2 常用有机绝热材料

（1）泡沫塑料。

泡沫塑料是以各种树脂为基料，加入少量的发泡剂、催化剂、稳定剂以及其他辅助材料，经加热发泡成的一种轻质、保温、隔热、吸声、防震材料。它保持了原有树脂的性能，并且比同种塑料具有表观密度小（一般为 $20 \sim 80 kg/m^3$），导热系数低，隔热性能好，加工使用方便等优点，因此广泛用作建筑上的绝热隔音材料。常用的泡沫塑料有聚苯乙烯泡沫塑料、聚氨酯泡沫塑料、聚氯乙烯泡沫塑料、脲醛泡沫塑料和酚醛泡沫塑料等。

（2）硬质泡沫橡胶。

硬质泡沫橡胶用化学发泡法制成。特点是导热系数小，强度大。硬质泡沫橡胶的表观密度在 $0.064 \sim 0.12 kg/m^3$ 之间。表观密度越小，保温性能越好，但强度越低。硬质泡沫橡胶抗碱和盐的侵蚀能力较强，但强的无机酸及有机酸对它有侵蚀作用。它不溶于醇等弱溶剂，但易被某些强有机溶剂软化溶解。硬质泡沫橡胶为热塑性材料，耐热性不好，在 65℃ 左右开始软化。硬质泡沫橡胶有良好的低温性能，低温下强度较高且具有较好的体积稳定性，可用于冷冻库。

（3）纤维板。

凡是用植物纤维、无机纤维制成的或用水泥、石膏将植物纤维凝固成的人造板统称为纤维板，其表观密度为 $210 \sim 1150 kg/m^3$，导热系数为 $0.058 \sim 0.307 W/(m \cdot K)$。纤维板的热传导性能与表观密度及湿度有关。表观密度增大，板的热传导性也增大，当表观密度超过 $1 g/cm^3$ 时，其热传导性能几乎与木材相同。纤维板经防火处理后，具有良好的防火性能，但会影响它的物理力学性能。

该板材在建筑上用途广泛，可用于墙壁、地板、屋顶等，也可用于包装箱、冷藏库等。

10.4　吸声隔音材料

现代社会，噪音污染严重，威胁着人类的身心健康。吸声、隔音材料是一类具有实现和改善室内音质和声环境、降低噪音污染等功能的造园材料，主要应用于园林建筑。广泛地讲，吸声材料主要应用于如剧场、电影院、音乐厅、录音室及监视厅等对音质效果有一定要求的建筑物内，创造良好的音质，满足建筑的功能要求；隔音材料主要用于建筑物的围护结构，如围墙、门、窗、楼梯及屋顶的隔音，并越来越多地应用于道路两旁以及一些需要重点隔音保护的建筑周围。

10.4.1　吸声材料

当声波在一定空间（室内或管道内）传播，并入射至材料壁面时，部分声能就会被反射，部分声能被吸收（包括透射）。正是由于材料的这种吸声特性，使反射声能减小，从而使噪音得以降低。这种具有吸声特性的材料称为吸声材料。

吸声不但与材料有关，而且与结构有关，同一种材料在不同构造下的吸声性能可能会有很大区别，所以对吸声材料的介绍离不开其结构。吸声材料的吸声特性一般是材料本身所固有的，吸声结构的吸声性能则随着结构的变化而变化。

按照材料的吸声机理可以将吸声材料（结构）分为 3 类：多孔性吸声材料、共振吸声材料和特殊吸声材料。

10.4.1.1　多孔性吸声材料

（1）多孔性吸声材料的分类。

多孔性吸声材料，其品种规格较多，应用较为广泛，主要包括纤维材料、颗粒材料及泡沫材料。

1）纤维性吸声材料。

纤维性吸声材料是应用最早而且直至今天仍是使用最广和应用最多的一种吸声材料。按其化学成分一般可分有机纤维材料和无机纤维材料两大类，其中超细玻璃棉（纤维直径一般为 $0.1\sim4\mu m$）应用较为广泛，其优点是质轻（密度一般为 $15\sim25 kg/m^3$）、耐热、抗冻、防蛀、耐腐蚀、不燃、隔热等。经硅油处理过的超细玻璃棉，还具有防水、防火、防潮等特点。

2）泡沫吸声材料。

泡沫类材料包括氨基甲酸酯、脲醛泡沫塑料、聚氨酯泡沫塑料、海绵乳胶、泡沫橡胶等。材料的特点是质轻、防潮、富有弹性、易于安装、导热系数小。缺点是塑料类材料易老化、耐火性能差，不宜用于有明火以及有酸碱等腐蚀性气体的场合。

3）颗粒吸声材料。

常用的颗粒吸声材料根据材质的不同，大致可分为珍珠岩吸声制品和陶瓷颗粒吸声制品；根据吸声制品的形状，又可分为吸声板和吸声砖。

颗粒状吸声材料一般为无机材料，具有不燃、耐水、不霉烂、无毒、无味、使用温度高、性能稳定、制品有一定的刚度、不需要软质纤维性吸声材料作护面层，构造简单，原材料资源丰富等特点。其中，陶瓷颗料吸声制品的强度较高，砌成墙体后不仅可以吸声，而且又是建筑的一部分。但是轻质颗粒吸声材料如珍珠岩吸声板，材质性脆、强度较低，运输、施工、安装过程中易破损。

（2）多孔性吸声材料的吸声机理。

多孔性材料吸声性能是通过其内部具有的大量内外连通的微小空隙和孔洞实现的。当声波沿着微孔或间隙进入材料内部以后，激发起微孔或间隙内的空气振动，空气与孔壁摩擦产生热传导作用，由于空气的黏滞性在微孔或间隙内产生相应的黏滞阻力，使振动空气的能量不断转化为热能被消耗，声能减弱，从而达到吸声目的。

（3）多孔性吸声材料的使用要点。

1）多孔材料一般很疏松，整体性很差，直接用于建筑物表面既不宜固定，又不美观，需要在材料面层覆盖一层护面层。常用的护面层有网罩、纤维织物、塑料薄膜和穿孔板等。由于护面层本身具有一定的声质量和声阻作用，对材料的吸声频率影响很大。因此，在使用护面层时要合理选用并采取一定措施，尽量减小其对吸声效果的影响。

2）多孔材料一般都具有很强的吸湿、吸水性，当材料吸水后，其中的孔隙就会减小，随着含湿量的增加，吸声性能会大幅度下降，因此要对其表面进行处理。另外，由于多孔材料易吸湿，安装时应考虑胀缩的影响。

在对多孔材料进行防水（或为美观）和表面粉饰时，要防止涂料将孔隙封闭或使用硬质涂料，宜采用水质涂料喷涂。在喷涂材料时要严格控制其厚度。较小的厚度不降低吸声系数；适当的厚度则由于薄膜吸声结构的吸声作用可以提高吸声系数；较大的厚度因为堵塞多孔结构的通道，阻塞声波进入吸声材料被吸收，从而减弱空腔共振吸声作用，最终导致吸声系数降低乃至严重降低。

3）在多孔性吸声材料背后留出空腔，能够非常有效地提高中低频的吸声效果。该空腔与用同样材料填满的效果近似，因此，工程中可利用多孔吸声材料的这一特性来节省材料。

（4）工程中常用的多孔吸声材料其吸声系数见表 10-7。

表 10-7　　　　　　　　　　常用多孔吸声材料的吸声系数

材料	类型	厚度/cm	各种频率（Hz）下的吸声系数						装置情况
			125	250	500	1000	2000	4000	
无机材料	吸声砖	6.5	0.05	0.07	0.10	0.12	0.16	—	—
	石膏板（花纹）	—	0.03	0.05	0.06	0.09	0.04	0.06	贴实
	水泥蛭石板	4.0	—	0.14	0.46	0.78	0.50	0.60	贴实
	石膏砂浆	2.2	0.24	0.12	0.09	0.30	0.32	0.83	墙面粉刷
	水泥珍珠岩板	5	0.16	0.46	0.64	0.48	0.56	0.56	
	水泥砂浆	1.7	0.21	0.16	0.25	0.40	0.42	0.48	
	砖（清水墙面）	—	0.02		0.03	0.04	0.05	0.05	
纤维材料	矿棉板	3.1	0.10	0.21	0.60	0.95	0.85	0.72	贴实
	玻璃棉	5.0	0.06	0.08	0.18	0.44	0.72	0.82	贴实
	酚醛玻璃纤维板	8.0	0.25	0.55	0.80	0.92	0.98	0.95	贴实
	工业毛毡	3.0	0.10	0.28	0.55	0.60	0.60	0.56	紧靠墙面粉刷
木质材料	软木板	2.5	0.05	0.11	0.25	0.63	0.70	0.70	后留 10cm 空气层
	木丝板	3.0	0.10	0.36	0.62	0.53	0.71	0.90	后留 5cm 空气层
	三夹板	0.3	0.21	0.73	0.21	0.19	0.08	0.12	后留 5～15cm 空气层
	穿孔五夹板	0.5	0.01	0.25	0.55	0.30	0.16	0.19	钉在龙骨上 —
	木丝板	0.8	0.03	0.02	0.03	0.03	0.04	—	后留 5cm 空气层
	木质纤维斑	1.1	0.06	0.15	0.28	0.30	0.33	0.31	后留 5cm 空气层
泡沫材料	泡沫玻璃	4.4	0.11	0.32	0.52	0.44	0.52	0.33	—
	脲醛泡沫塑料	5.0	0.22	0.29	0.40	0.68	0.95	0.94	贴实
	泡沫水泥	2.0	0.18	0.05	0.22	0.48	0.22	0.32	贴实
	吸声蜂窝板	—	0.27	0.12	0.42	0.86	0.48	0.30	紧靠基层粉刷
	泡沫塑料	1.0	0.03	0.06	0.12	0.41	0.85	0.67	

10.4.1.2 共振吸声结构

共振吸声结构即利用共振原理设计的具有吸声功能的结构。

共振吸声结构大致可分为 4 种类型，即共振吸声器、穿孔板共振吸声结构、板式共振吸声结构和膜式共振吸声结构。各种吸声结构在工程中的应用：

（1）共振吸声器。利用墙体安装共振吸声器，常见的有石膏共振吸声器、共振吸声砖以及利用空心砖砌筑空斗墙等。

（2）穿孔板共振吸声结构。一般板穿孔率较低，后部需留空腔安装，可靠墙安装，也可做共振吸声吊顶。

（3）板式共振吸声结构。建筑物内板式共振构件较多，如胶合板、中密度木纤维板、石膏板、FC 板、硅酸钙板、TK 板等吊顶以及后部留有空腔的护墙板均可组成板式共振吸声结构；窗玻璃、搁空木地板以及水泥砂浆抹灰顶棚也可形成板式共振吸声结构。

（4）膜式共振吸声结构。多彩塑料膜可以在室内装修中做出各种复杂体形，许多建筑中已采用这种柔性材料作为装修材料。从声学的角度看，这就是膜式共振吸声结构。

10.4.1.3 特殊吸声结构

特殊吸声结构主要包括吸声尖劈和空间吸声体等。

特殊吸声结构主要应用在消音室等特殊场合。

10.4.2 隔音材料

隔音材料与吸声材料不同，吸声材料一般为轻质、疏松、多孔性材料，对入射其上的声波具有较强的吸收和透射，使反射的声波大大减少；隔音材料则多为沉重、密实性材料，对入射其上的声波具有较强的反射，使透射的声波大大减少，从而起到隔音作用。通常隔音性能好的材料其吸声性能就差，同样吸声性能好的材料其隔音能力也较弱。但是，在实际工程中也可以采取一定的措施将两者结合起来应用，其吸声性能与隔音性能都得到提高。

隔音是声波传播途径中的一种降低噪音的方法，它的效果要比吸声降噪明显，所以隔音是获得安静建筑声环境的有效措施。根据声波传播方式的不同，通常把隔音分为两类：一类是空气声隔绝；另一类是撞击声隔绝，又称固体声隔绝。

10.4.2.1 空气声隔绝

一般把通过空气传播的噪声称为空气声，如飞机噪声、汽车喇叭声以及人们唱歌声等。利用墙、门、窗或屏障等隔离空气中传播的声音就叫做空气声隔绝。

空气声隔绝可分为 4 类，即单层均匀密实墙的空气声隔绝、双层墙的空气声隔绝、轻质墙的空气声隔绝和门窗隔音。

（1）单层均匀密实墙的空气声隔绝。其隔音性能与入射声波的频率有关，频率特性取决于墙体本身的单位面积质量、刚度、材料的内阻尼以及墙的边界条件等因素。严格地从理论上研究单层均匀密实墙的隔音是相当复杂和困难的。

（2）双层墙的空气声隔绝。双层墙可以提高隔音能力的重要原因是空气间层的作用。由于空气间层的弹性变形具有减振作用，传递给第二层墙体的振动大为减弱，从而提高了墙体的总隔音量。

（3）轻质墙的空气声隔绝。其主要应用于高层建筑和框架式建筑中。轻质墙的隔音性能较差，需通过一定的构造措施来提高其隔音效果，主要措施有：多层复合、双墙分离、薄板叠合、弹性连接、加填吸声材料、增加结构阻尼等。

（4）门窗隔音。一般门窗结构轻薄，而且存在较多缝隙，因此门窗的隔音能力往往比墙体低得多，形成隔音的"薄弱环节"。要提高门窗的隔音能力，一方面可以采用比较厚重的材料或采用多层结构制作门窗，另一方面，要密封缝隙，减少缝隙透声。

10.4.2.2　撞击声隔绝

撞击声是建筑空间围蔽结构（通常是楼板）在外侧被直接撞击激发的，楼板因受撞击而振动，并通过房屋结构的刚性连接进行传播，最后振动结构向接收空间辐射声能，并形成空气声传给接受者。

撞击声的隔绝措施主要有三条：一是使振动源撞击楼板引起的振动减弱，这可以通过振动源治理和采取隔振措施来达到，也可以在楼板上铺设弹性面层来达到。二是阻隔振动在楼层结构中的传播，这通常可在楼板面层和承重结构之间设置弹性垫层来达到。三是阻隔振动结构向接收空间辐射的空气声，这通常在楼板下做隔音吊顶来解决。

小　结

造园功能材料为实现各种景观要素的不同功能和艺术要求，起到了十分重要的材料支撑。本章介绍了各种装饰防护材料，如涂料、油漆、壁纸等的用途和施工工艺；分析了刚性防水材料和柔性防水材料的用途和特点；介绍了几种常用保温隔热材料及其使用要求；讲解了吸声隔音材料的工作原理及常用材料类型。

学习本章内容时，应在掌握材料理论知识的基础上，注重思考如何根据材料的特性在造园中灵活运用，既能满足景观效果的要求，又能降低工程造价，并且能提高景观要素的耐久年限。学习中要举一反三，掌握各种材料的施工方法和工艺特点，因地制宜进行造园设计。同时，应及时关注新型材料的发展，以便为园林艺术注入新的设计元素。

思　考　题

1. 请简要阐述不同使用部位的装饰防护材料的功能和使用要求。
2. 请试说明涂料和油漆有何异同？
3. 刚性防水材料和柔性防水材料各有什么优缺点？举例说明它们各自的适用项目。
4. 什么是绝热材料？工程上对绝热材料有哪些要求？
5. 绝热材料为什么总是轻质的？使用时为什么一定要注意防潮？
6. 简述绝热材料实现保温隔热效果的基本原理。
7. 什么是吸声材料？材料的吸声性能用什么指标表示？吸声材料与隔音材料在结构上有何区别，为什么？
8. 试述隔绝空气传声和固体撞击传声的处理方法。

参 考 文 献

［1］ 周维权．中国古典园林史［M］．北京：清华大学出版社，2008．

［2］ 陈植．造园学概论［M］．北京：中国建筑工业出版社，2009．

［3］ 童寯．造园史纲［M］．北京：中国建筑工业出版社，1983．

［4］ 陈植．园冶注释［M］．北京：中国建筑工业出版社，2007．

［5］ 王建伟，郭东明．造园材料教学内容体系研究［J］．高等建筑教育，2008，17（2）：76－79．

［6］ 钱晓倩，詹树林，金南国．建筑材料［M］．北京：中国建筑工业出版社，2009．

［7］ 陈志源，李启令．土木工程材料．2版．［M］．武汉：武汉工业大学出版社，2003．

［8］ 王建伟，郭东明．造园材料课程对园林专业教学的意义［J］．河南建材，2008，（5）：21－22．

［9］ 陕西省建筑设计研究院．建筑材料手册（第四版）［M］．北京：中国建筑工业出版社，2005．

［10］ 马眷荣．建筑材料词典［M］．北京：化学工业出版社，2003．

［11］ 中华人民共和国公安部．建筑材料及制品燃烧性能分级（GB 8624—2006）［S］．中国标准出版社，2006．

［12］ 郭道明．实用建筑装饰材料手册［M］．上海：上海科学技术出版社，2009．

［13］ 梁伊任，瞿志，王沛勇．风景园林工程［M］．北京：中国农业出版社，2011．

［14］ 李百战．绿色建筑概论［M］．北京：化学工业出版社，2007．

［15］ 实惠生．土木工程材料［M］．重庆：重庆大学出版社，2011．

［16］ 马静．建筑材料员上岗指南［M］．北京：中国建材工业出版社，2012．

［17］ 任胜义．建筑材料［M］．北京：中国建材工业出版社，2012．

［18］ 邢振贤．土木工程材料［M］．郑州：郑州大学出版社，2013．

［19］ 李书进．建筑材料［M］．重庆：重庆大学出版社，2012．

［20］ 赵方冉．土木工程材料［M］．上海：同济大学出版社，2005．

［21］ 黄慧文．砖砌的景观（译）［M］．北京：中国建筑工业出版社，2005．

［22］ 杨杰．中国石材［M］．北京：中国建筑工业出版社，1994．

［23］ 毛培琳，朱志红．中国园林假山［M］．北京：中国建筑工业出版社，2004．

［24］ 刘卫斌．园林工程［M］．北京：中国科学技术出版社，2003．

［25］ 汤庆国．园林石材的选择与应用［J］．现代园艺，2012（16）．

［26］ 侯建华．建筑装饰石材［M］．北京：化学工业出版社，2004．

［27］ （英）劳伦斯（Lawrnce, M.）著．景园石材艺术［M］．于永双，等译．沈阳：辽宁科学技术出版社，2002．

［28］ 袁媛．浅谈园林湖石之美［J］．美术大观，2009（07）．

［29］ 许乙弘，徐静．浅谈园林工程中的新型人造石［J］．广东园林，2007（02）．

［30］ 洪原来．常用园林材料的基本特性、运用与发展［J］．农技服务，2013（07）．

［31］ 中国建筑标准设计研究院．国家建筑标准设计图集 03J012—1 环境景观室外工程细部构造［M］．2003．

［32］ www. yododo. com.

［33］ www. caststone. com.

［34］ www. chinagfrc. com.

［35］ baike. baidu. com.

［36］ 唐丽．建筑设计与新技术新材料［M］．天津：天津大学出版社，2011．

［37］ 刘力，俞友明，郭建忠．竹材化学与利用［M］．杭州：浙江大学出版社，2006．

［38］ 张文科．竹［M］．北京：中国林业出版社，2004．

［39］ 辉朝茂．中国竹子培育和利用手册［M］．北京：中国林业出版社，2002．

［40］ 潘谷西，何建中．营造法式解读［M］．南京：东南大学出版社，2006．

［41］ 张德思．土木工程材料典型题解析及自测试题［M］．西安：西北工业大学出版社，2002．

［42］ www. china—flower. com

［43］ 木村子著．简明造园实务手册［M］．北京：中国建筑工业出版社，2012．

［44］ 诺曼 K. 布思．风景园林设计要素［M］．北京：中国林业出版社，1989．

［45］丁绍刚．风景园林·景观设计师手册［M］．上海：上海科学技术出版社，2009．

［46］瞿志．风景建筑结构与构造．［M］．北京：中国林业出版社，2008．

［47］卢仁．园林建筑设计．［M］．北京：中国林业出版社，1991．

［48］俞昌斌．源于中国的现代景观设计［M］．北京：机械工业出版社，2010．

［49］国家建筑设计图集．环境景观—室外工程细部构造［M］．北京：中国计划出版社，2007．

［50］孟兆祯．园衍［M］．北京：中国建筑工业出版社，2012．

［51］赵兵．园林工程［M］．南京：东南大学出版社，2010．

［52］张文英．风景园林工程［M］．北京：中国农业出版社，2007．

［53］汪福生．欧派砖景［M］．北京：中国建材出版社，2008．

［54］克里斯·莱夫特瑞．陶瓷［M］．上海：上海人民美术出版社，2004．

［55］谷康．园林制图与识图［M］．南京：东南大学出版社，2010．

［56］周维权．风景·园林·建筑［M］．天津：百花文艺出版社，2006．

［57］唐学山．园林设计［M］．北京：中国林业出版社，1997．

［58］潘谷西．中国建筑史［M］．北京：中国建筑工业出版社，2008．

［59］李密芳．烧结砖瓦产品的力学性能及其他性能［J］．砖瓦，2009，（9）：131－140．

［60］龚美雄．现代园路铺装设计的发展趋势［J］．园林，2009，（2）：44－46．

［61］http：//www.hfjgjc.com

［62］周景斌．园林工程建设材料与施工机械［M］．北京：化学工业出版社，2005．

［63］朱敏，张媛媛．园林工程［M］．上海：上海交通大学出版社，2012．

［64］詹旭军，吴钰．材料与构造（景观部分）［M］．北京：中国建筑工业出版社，2006．

［65］柳俊哲．土木工程材料［M］．北京：科学出版社，2009．

［66］胡伦坚．《透水水泥混凝土路面技术规程》（CJJ/T 135—2009）编制与研究［J］．施工技术，2010，（4）：1－3，17．

［67］王春阳．建筑材料［M］．北京：高等教育出版社，2002．

［68］黄晓明，赵永利，高英．土木工程材料［M］．南京：东南大学出版社，2003．

［69］葛新亚．建筑装饰材料［M］．武汉：武汉理工大学出版社，2007．

［70］苏达根．土木工程材料［M］．北京：高等教育出版社，2008．

［71］朋改非．土木工程材料［M］．武汉：华中科技大学出版社，2008．

［72］蒋晓曙，李庆露．土木工程材料［M］．北京：知识产权出版社，2008．

［73］张光磊．新型建筑材料［M］．北京：中国出版社，2008．

［74］彭小芹，漆贵海．村镇建设常用建筑材料［M］．重庆：重庆大学出版社，2009．

［75］刘斌，许汉明．土木工程材料［M］．武汉：武汉理工大学出版社，2009．

［76］宋少民，孙凌主．土木工程材料［M］．武汉：武汉理工大学出版社，2010．

［77］王海波．土木工程材料［M］．南昌：江西科学技术出版社，2010．

［78］李运远，魏菲宇．金属材料在现代景观设计中的应用［J］．建筑材料，2008，（4）：61－63．

［79］吕延，陈璟，吴光荣．塑木制品在风景园林景观中的应用［J］．塑木制造，2010，（5）：56－66．

［80］董国军，张万荣．金属材料在现代园林景观中的运用［J］．现代园林，2010，（09）：48－51．

［81］姚瑶，詹炳维．造园材料在现代景观中的创新应用［J］．江苏农业科学，2012，40（1）：172－175．

［82］李永刚．玻璃材料在景观设计中的应用解析［D］．上海：同济大学大学，2009．

［83］杜怡安．玻璃在现代园林景观中的应用［D］．长沙：湖南农业大学，2010．

［84］赵艺源．硬质景观材料在景观设计中的应用研究［D］．西安：西安建筑科技大学，2012．

［85］宫艳敏，胡勇胜等．浅谈耐候钢在景观设计中的应用［J］．现代园艺，2013（3）：76．

［86］http：//photo.zhulong.com/proj/detail55608.html．

［87］http：//www.ctopos.com/．

［88］沈春林，苏立荣，李芳，周云．建筑防水卷材［M］．北京：化学工业出版社，2003．

［89］全国造价工程师执业资格考试培训教材编审委员会．建设工程技术与计量［M］．北京：中国计划出版社，2013．

［90］建设部人事教育司组织编写．抹灰工［M］．北京：中国建筑工业出版社，2002．

图2-6 古典园林中粉壁置石手法的运用

图2-7 现代园林中粉壁置石手法的运用

图3-1 留园冠云峰

图3-2 御花园堆秀山

图3-3 怡园散置湖石与植物配置成景

图3-4 狮子林临水湖石假山

图3-5 房山石假山

图3-6 青芝岫

图3-8　青石假山盆景

图3-12　斧劈石假山盆景

图3-14　人工塑山

图3-18　卵石铺装路面

图3-21　仿石材图案的压模艺术地坪

图3-22　规则图案的压模艺术地坪

图4-15　墙体下部设置通风洞（侧面）

图4-17　木柱下置柱础（1）

图4-18　木柱下置柱础（2）

图 4-25 木雕小品景观（2）

图 4-26 湿地木质栈道

图 4-34 竹质园门

图 4-35 竹篱笆

图 4-36 竹质园墙

图 4-43 竹质座椅

（a）小青瓦

（b）平瓦

（c）脊瓦

（d）琉璃瓦

图 5-16 黏土瓦

图 5-19　苏州狮子林一景

图 5-20　北京故宫博物院

（a）方格图案铺装

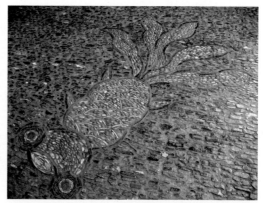

（b）金鱼图案铺装

（c）孔雀图案铺装

（d）梅花图案铺装

图 5-23　瓦材各种铺装图案

图 5-26　北京奥林匹克广场下沉院的
"古木花厅"镂空瓦墙

图 5-31　扬州瘦西湖熙春台翠绿色琉璃瓦建筑

图 6-1 工地上熟化石灰的储灰池

图 6-2 天然石膏矿

图 6-9 水泥生产厂

图 6-12 水泥室内存放

（a）铺洒彩色水泥和干燥粉

（b）用模板压出花纹

（c）养护成型的压模园路

图 7-17 彩色水泥压模园路面层的施工过程

图 8-2 塑料排水板

图 8-3 塑料栅栏

（b）塑木清水平台　　　　　　　　　　　　　　　　　（d）塑木栏杆

图 8-7　塑木复合板及应用

图 8-9　张拉膜结构景观建筑　　　　　　　　　图 8-10　骨架式膜结构建筑

（a）廊架顶棚　　　　　　　（b）地下停车场采光顶棚

图 8-12　玻璃顶棚　　　　　　　　　　图 8-13　徐州市汉墓博物馆玻璃廊道

（a）从外部侧面观看　　　　　　　　　　　　　（b）在入口向内部观看

图 8-16（一）　徐州市清园下沉式玻璃观光廊道

（c）在内部向侧面观看　　　　　　　　　　　　　　（d）整体效果

图 8-16（二）　徐州市清园下沉式玻璃观光廊道

（a）型钢廊架　　　　　　　　　　　　　　　　　（b）型钢园椅

图 9-7　型钢小品

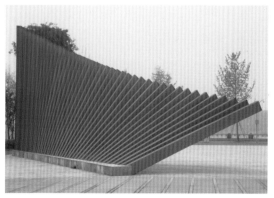

（a）方钢管波浪　　　　　　　　　　　　　　　　（b）圆钢管门式景观架

图 9-8　钢管小品

图 9-13　不锈钢雕塑　　　　图 9-15　耐候钢景观构筑物　　　　图 9-16　耐候钢地面

（a）

（b）

图 9-17（一）　耐候钢侧挡

（c）

图 9-17（二）　耐候钢侧挡

图 9-18　耐候钢雕塑

（a）

（b）

图 9-22　铜雕塑

（b）加热卷材

（c）铺贴卷材

图 10-3　防水卷材的铺贴过程